DAS
PRINZIP

DAS PRINZIP
100 Phänomene der Gegenwart,
durchleuchtet vom Süddeutsche Zeitung Magazin

Von Andreas Bernard & Tobias Kniebe

© Süddeutsche Zeitung GmbH
für die Süddeutsche Zeitung Edition 2007
Originalausgabe mit einem Vorwort von Dominik Wichmann
Gestaltung und Satz: Oliver Landgraf
Herstellung: H. Weixler & T. Neseker
Druck und Bindearbeiten: Ebner & Spiegel, Ulm

Bibliographische Information: Die Süddeutsche Zeitung Edition verzeichnet
diese Publikation in der Deutschen Nationalbibliographie; detaillierte
bibliographische Daten sind im Internet über http.//dnb.ddb.de abrufbar.

Printed in Germany
ISBN: 978-3-86615-486-5

Andreas Bernard & Tobias Kniebe

DAS
PRINZIP

---

100 Phänomene der Gegenwart,
durchleuchtet vom Süddeutsche Zeitung Magazin

Süddeutsche Zeitung **Edition**

Vorwort

Eigentlich dürfte es die Texte in diesem Buch gar nicht geben. So wenig wie die Kolumne auf der letzten Seite des *Süddeutsche Zeitung Magazins*, für die sie – die meisten zumindest – ursprünglich geschrieben wurden. Denn *Das Prinzip*, so der Titel der Rubrik, widerspricht so gut wie allen ungeschriebenen Regeln des journalistischen Handwerks.

Ein Grundsatz dieses Handwerks ist beispielsweise, dass das Naheliegende immer das Unerhebliche sei. Wer also die inneren Zusammenhänge einer Gesellschaft verstehen wolle, müsse hinabsteigen zu den Quellen des Wichtigen, des Bedeutsamen und Politischen. Demgegenüber sei das Erhebliche niemals an der Oberfläche unseres Alltags zu finden – und deshalb auch niemals einen längeren Gedankengang wert. Die gewichtigen Texte auf den Kommentarseiten der Zeitungen werden immer schon zu Themen verfasst, die mit dem gewöhnlichen Leben der Leser möglichst wenig zu tun zu haben wollen: neu entflammte Konflikte an der indisch-pakistanischen Grenze; die Reform des japanischen Unterhaltsrechts; oder die verminderten Erfolgschancen der brasilianischen Opposition bei den anstehenden Regionalwahlen.

Undenkbar hingegen wäre es, am gleichen Ort einen Text über die Bedeutung des Naturtrüben, der Espressokapsel oder der Amateurpornografie zu finden. Gleichwohl erklärt uns all das, was Andreas Bernard und Tobias Kniebe analysieren, weit mehr über unsere Wirklichkeit als ein im Gestus der Wichtigtuerei verfasster Besinnungsaufsatz. Seitdem das Private politisch geworden ist, seitdem wir die Welt als Zeichensystem begreifen, ist das Nachdenken über Krippenplätze und Eissorten, über Rollkoffer und Sudoku nicht mehr belanglos, sondern aufklärerisch im eigentlichen Sinne.

Die *Prinzip*-Texte wollen das letzte Wort zu einem Sachverhalt, einem in der Luft liegenden Thema formulieren. Darin liegt ein zweiter Widerspruch zur Mechanik des Journalismus, in dem ein Gegenstand gewöhnlich nicht mit dem Siegel der Endgültigkeit verschlossen wird. Im Gegenteil, journalistisches Handeln heißt meistens: Erinnerungen wachrufen, Analogien konstruieren, in Wiederholungen denken. Das unaufhörlich Neue wird mit dem Alten und Bekannten verknüpft, um es dadurch anschaulicher zu gestalten. Die Texte in diesem Buch hingegen verfolgen das gegenteilige Ziel – nämlich ultimative Erklärungen für die Phänomene unserer Zeit zu finden. Natürlich nicht für immer und alle Ewigkeit, denn wer kann schon prognostizieren, was Ikea, Fotohandys oder Glutamat in zehn Jahren bedeuten werden? Diese Texte sind Bestandsaufnahmen ihrer Entstehungszeit, und je genauer man diese Zeit aus ihnen herauslesen kann, desto länger werden sie interessant sein.

Nicht trotz, sondern gerade wegen dieser Widersprüche erzeugen die Texte von Andreas Bernard und Tobias Kniebe eine so große Anziehungskraft. Das Gewöhnliche wird ungewöhnlich. Vermeintliche Nebensächlichkeiten unseres Lebens werden in eine Art Museum des Alltags aufgenommen. Auf einmal fühlt man sich verstanden, oft durchschaut, fast immer amüsiert, selten belehrt, manchmal leider auch ertappt. Das Prinzip *Prinzip*: eine charmante Form von Selbstverständnis.

Dominik Wichmann

Chefredakteur Süddeutsche Zeitung Magazin

Inhalt

KAPITEL I

ORTE

Das Prinzip Betreffzeile

Sie arbeitete seit Kurzem in einer anderen Abteilung der Agentur, lief ihm hin und wieder am Kopierer oder im Eingangsbereich über den Weg. Die beiden kannten sich kaum, wechselten nur manchmal E-Mails, wenn es um allgemeine, sämtliche Bereiche des Unternehmens angehende Fragen ging. Es waren geschäftsmäßige, mit den üblichen, flüchtig hingeschriebenen Stichwörtern in der Betreffzeile versehene Mails. Ihm war die neue Kollegin sofort aufgefallen; sie gefiel ihm, und er hatte schon lange mit dem Gedanken gespielt, sie einmal zum Kaffee einzuladen.

Als er sich schließlich dazu durchrang, ihr eine Mail zu schreiben, zum ersten Mal also vom geschäftlichen in den privaten Tonfall wechselte, war es gerade die Betreffzeile, die ihm Schwierigkeiten bereitete. Er fand lange kein richtiges Wort: »Kaffee« war zu hölzern, »Treffen« zu offiziell, ein vages und seine Absichten noch nicht sofort preisgebendes »Hallo« nicht verbindlich genug. Ebenso unpassend wäre ihm auch etwas bemüht Lustiges, Originelles erschienen. Das Ausfüllen der Leiste dauerte länger als die Mail selbst, ja mit einer guten Betreffzeile, so dachte er, war dem Erfolg vielleicht schon der Weg geebnet. Er entschied sich schließlich für ein einfaches Satzzeichen, ein »?«. Ihre bejahende Antwort eine halbe Stunde später, verbunden mit der Frage, wo sie sich treffen sollten, war einfach mit »!« überschrieben. Ein Einfall, der seine Begeisterung für sie noch steigerte.

In den Wochen darauf sahen sie sich häufiger, kamen sich näher, und die Betreffzeile der Mails war in dieser Zeit ein verdichteter Ort ihrer Gemeinschaft. Anfangs war ihr Ausfüllen auch mit Wagnissen verbunden, etwa mit dem Abtasten eines gemeinsamen Verständnisses für Ironie. Sie hatte ihm am ersten Nachmittag von einem sympathischen, aber etwas aufdringlichen Nachbarn in ihrem Wohnhaus erzählt, einem spanischen Austauschstudenten, der mit ihr ausgehen wollte und immer wieder mit denselben Worten fragte, ob sie ihm »kulturelle Nachhilfe« in der Stadt geben wollte. Also schickte er seine Einladung zu einem Konzert mit der Betreffzeile »Kulturelle Nachhilfe« – mit leichter Unsicherheit, ob diese Anspielung von ihr richtig verstanden würde. Die Mails am Tag nach den ersten Treffen wiederum, wenn sie den Kontakt nicht abreißen lassen wollten, nahmen mit einer beiläufigen Pointe Bezug auf den Abend zuvor; in einem Restaurant hatten sie sich etwa über die Diktion der Speisekarte lustig gemacht, und ihre Mail am Morgen darauf war mit »Dialog von Edelfischen« überschrieben.

Immer noch flammt in kultur- und technikkritischen Abhandlungen regelmäßig der Verdacht auf, die E-Mail lasse die Sprache verrohen, nach der Ersetzung der brieflichen durch die elektronische Kommunikation gebe man sich nicht mehr genügend Mühe beim Formulieren von Schriftstücken. Übersehen wird dabei, dass das neue Medium einen Ort bereithält, der Bedeutung schon vor der Anrede, vor dem eigentlichen Text produziert. Die Betreffzeile, im Zeitalter des Briefes allein ein biederes Element der Geschäftskorrespondenz, stellt im privaten Kontext ein Forum zur Verfügung, das zu sprachlicher Sorgfalt und Ausdruckskraft anreizt.

Die Liebesbeziehung zwischen den beiden Bürokollegen dauerte nur kurze Zeit. Doch so wie zu Beginn war es auch am Ende der Liaison gerade die Betreffzeile ihrer E-Mails, die das erste Indiz einer Veränderung lieferte. Sie hatte Urlaub und war seit Längerem nicht mehr im Büro gewesen; am Telefon gab sie Verpflichtungen vor, und er hatte schon geahnt, dass etwas nicht stimmte. Er schrieb ihr eine längere Mail, erinnerte

sie an den letzten gemeinsamen Abend, als sie bei einem Spaziergang einen Pullover in einem Schaufenster entdeckt hatte,
den sie gern einmal anprobieren wollte. Er überschrieb die
Mail, in der er sie fragte, ob sie zusammen in das Geschäft gehen wollten, mit »Roter Pullover« – und als er ihre ablehnende
Antwort bekam, war schon vor dem Lesen alles entschieden.
Zum ersten Mal, seitdem sie nicht mehr in bloßer Bürokor-
respondenz miteinander verbunden waren, hatte sie sich nicht
die Mühe gemacht, eine eigene Zeile zu finden. Es stand einfach »Re: Roter Pullover« darüber. Er wusste, dass sie von nun
an wieder reine Arbeitskollegen waren.   (A.B.)

Das Prinzip Ebay

Von allen Ideen, die das Internet hervorgebracht hat, ist das
Ebay-Prinzip auf den ersten Blick die eingängigste: ein glo-
baler Onlinemarktplatz zum Steigern und Versteigern, Kaufen
und Verkaufen von praktisch allem, ein gigantisches Waren-
haus ohne eigene Produkte, das nur von der Vermittlung zwischen seinen Kunden lebt. Allein im Geschäftsjahr 2005 haben
dort schätzungsweise siebzig Millionen Menschen einen Deal
abgeschlossen und Waren für mehr als vierzig Milliarden Dollar verkauft. Dieses gigantische Volumen hat sicher mit den
unbegrenzten Möglichkeiten des Schnäppchenjagens und
Geldverdienens im Netz zu tun – aber seit einiger Zeit lässt
sich auch noch ein ganz anderes Phänomen beobachten: Ebay
bildet (zusammen natürlich mit vielen kleineren Onlinemär-
kten) eine Art Paralleluniversum der Dinge, in welchem Raum
und Zeit aufgehoben sind, eine Art virtuelle Dachkammer der
Welt, in der, so scheint es, kein Gegenstand jemals wieder verloren geht.

Wer einmal auf Ebay etwas verkauft hat, kennt den Bewusst-
seinswandel, den dieser Akt auslöst: Plötzlich gibt es keine
wertlosen oder nutzlosen Dinge mehr – die Hand, die ausholt,
um einen Gegenstand umstandslos in den Müll zu werfen,
wird von einer höheren Instanz gestoppt: Die formschöne
Zitronenpresse, die so elegant gestaltet ist, dass sie nicht funktionieren kann; das verstaubte Spielzeug aus Kindertagen; das
Buch, das man niemals mehr lesen wird: Auf einmal sind sie
nicht nur Geschenke, die man niemals haben wollte, Staub-
fänger, Ballast. Sie sind Ebay-Ware, und sie haben ein Recht auf
Asyl. So sinnlos und hässlich ein Ding gerade scheinen mag:
Irgendwo da draußen, in den Weiten des Ebay-Universums,
gibt es ganz sicher einen Menschen, der gerade darauf gewartet
hat, der noch Freude gerade an diesem Gegenstand haben
wird. Es ist, als hätten die Dinge plötzlich ein Karma, einen

geheimen Bestimmungsort, den sie irgendwann erreichen müssen – und nur ein absoluter Barbar würde ihre Reise vorzeitig beenden, indem er sie unter Kaffeesatz und Kartoffelschalen in der Mülltonne begräbt.

Die Befriedigung, die ein Ebay-Verkauf mit sich bringt, kehrt die Idee der Profitmaximierung, die man sonst mit einer Auktion verbindet, oft genug um: Gern stehen Aufwand und Erlös, nach Abzug aller Ebay-Gebühren, eben doch in keinem Verhältnis mehr, wäre der sekundenschnelle Wurf in den Abfalleimer finanziell die sinnvollere Option gewesen. In der Zeit des Fotografierens, Onlinestellens, Verpackens und Auf-die-Post-Tragens der Ware hätte man ja beispielsweise zwei gut bezahlte Überstunden im Büro machen können. Der eigentliche Lohn ist jedoch der, dass man den verkauften Gegenstand seiner wahren Bestimmung zugeführt, ihm geholfen hat, seinen richtigen Platz in der Welt zu finden. Man wird Teilnehmer an einem höheren ethischen Projekt, welches man als »Die Ordnung der Dinge« bezeichnen könnte – und man fühlt, Eingeweihte werden es bestätigen, eine Art Aufgeräumtheit der Seele, die man anders nur schwer erreichen kann.

Und so treffen wir, das ist die Kehrseite dieses Gefühls, auch immer mehr Menschen, die per Ebay ihre Biografien aufarbeiten und Fehler in der Ordnung der eigenen Dinge korrigieren: Diese ganz spezielle Lokomotive der Spielzeugeisenbahn, die man als Kind besitzen musste, die einem schicksalhaft bestimmt war, die man aber wegen herzloser Eltern oder mangelnden Taschengeldes niemals in die Arme schließen durfte – wetten, dass sie jetzt eines Tages bei Ebay auftaucht, genau beschrieben, identifizierbar bis hin zur Modellreihe und Seriennummer? Muss man nicht annehmen, dass sie all die Jahre auf einen gewartet hat? Nie werden wir den Ausdruck der Qual

im Gesicht eines Freundes vergessen, als er erzählte, wie er endlich ein mythisches Phantasma seiner Jugend auf Ebay entdeckte, einen Plastik-Spielzeugbunker aus Japan namens »German Secret Strong Point« – und dann doch in letzter Sekunde
überboten wurde. In diesem Moment haderte er mit der Welt
und fragte sich, ob es denn gar keine Gerechtigkeit mehr gebe
– aber die Wahrheit ist wohl einfach die, dass dies noch nicht
sein German Secret Strong Point war. Der ist noch da draußen, im unermesslichen Paralleluniversum der Dinge, auf
dem Weg zu ihm.   (T.K.)

Das Prinzip Einwohnermeldeamt

Jedem Eintritt in einen gemeinschaftlichen Raum gehen gewöhnlich eine Reihe von sozialen oder kulturellen Entscheidungen voraus. Schule, Arbeitsplatz, Sportverein, Cafés, Geschäfte, Clubs, ja sogar die Wartezimmer von Ärzten: Auf die
Zusammensetzung der Menschen an all diesen Orten wirkt
eine Vielzahl von Codes, von Geschmacksvorlieben, ökonomischen Verhältnissen, Fähigkeiten. Das Einwohnermeldeamt
dagegen – und darin besteht seine besondere Atmosphäre – ist
der einzige Raum der Stadt, der eine Anzahl von Menschen
ohne jeden Zusammenhang vereint (mit Ausnahme des An-
fangsbuchstabens der Nachnamen). Erfassung kennt keine
Distinktionen; um sich polizeilich registrieren, um die Iden-
titätspapiere verlängern zu lassen, bedarf es keiner Ausbildung oder kulturellen Kompetenz. Die Meldebehörde bringt
dadurch etwas Unvergleichliches hervor: einen Ort der Gemeinschaft, welcher sich der Verdichtung zum Milieu bestän-
dig widersetzt.

Im Einwohnermeldeamt verkehren Menschentypen, von deren Existenz man nichts gewusst hat, ähnlich wie an Sonnta-
gen großer politischer Wahlen, wenn die Straßen des eigenen
Viertels auf einmal von völlig unbekannten Personen bevölkert sind. Dem Ausschnitt der von zahllosen Präferenzen gelei-
teten eigenen Biografie tritt hier das bloße Leben entgegen,
seine Reduktion auf verwaltungstechnisch relevante Daten.
Augenfällig ist im Meldeamt natürlich stets die Häufung jener
Bevölkerungsschichten, die ihrer Herkunft oder ihrer sozialen
Lage wegen stärker von den Scharnieren des Verwaltungssy-
stems umgeben sind – reine Erfassungsexistenzen, mit Gesichtern, in denen das biometrische Raster der neuen Passfotos
bereits durchzuschimmern scheint. Unter die Wartenden kann
sich dann aber auch jederzeit ein Mädchen mischen, das genauso gut in den neuesten Club, in die exklusivste Umgebung

passen könnte und das an diesem Ort ohne Kontext, inmitten all der beziehungslosen Gesichter, plötzlich viel stärker auffällt als an seinen bevorzugten Schauplätzen.

Man könnte sich jemanden denken, der sich tatsächlich regelmäßig ins Einwohnermeldeamt setzt, um Frauen kennenzulernen. Anfangs nimmt er noch wie vorgesehen in dem für seinen Nachnamen zuständigen Abschnitt Platz, zieht eine Wartenummer und denkt sich Fragen an die Sachbearbeiterin über Zweitwohnsitze und Steuervergünstigungen aus. Bald aber wechselt er auch in die vier, fünf anderen Räume, weil er feststellt, dass die Mädchen umso interessanter werden, je weiter hinten im Alphabet der Anfangsbuchstabe ihres Namens liegt. Er ist keineswegs ein Sonderling im Umgang mit Frauen, eher einer, der die üblichen Wortwechsel in den Bars und Clubs mühelos beherrscht, ein Virtuose der Codes, den die immer gleichen Annäherungsrituale ermüdet haben. Was ihn am Einwohnermeldeamt als Ort des Kennenlernens dagegen so fasziniert, ist genau die Abwesenheit all dieser Voraussetzungen. Ist es Einbildung, oder macht diese Umgebung ein ohnehin schon interessantes Mädchen noch geheimnisvoller?

In den letzten Jahren hat sich ein anderer Ort im Zentrum der Städte etabliert, in dem exakt dieselbe Atmosphäre herrscht wie in der Meldebehörde: die großen Mobilfunkgeschäfte, die Flagshipstores von O_2 oder Vodafone. Die Notwendigkeit eines funktionsfähigen Handys ist mittlerweile genauso allgegenwärtig wie die gültiger Papiere, und tatsächlich gibt es in diesen Räumen der freiwilligen Erfassung spürbare Ähnlichkeiten zu denen der verordneten. Etwa die Zusammensetzung des Publikums, die genauso deutlich von fremdländischen Physiognomien beherrscht ist – vielleicht, um der engeren Umklammerung durch die Behörden wenigstens die Optimierung des eigenen Telefonanschlusses entgegenzusetzen. Außerdem verbindet diese beiden Orte dieselbe latente Desorientierung des Kunden, die vollkommene Unabsehbarkeit der Wartefristen. Der Handy-Flagshipstore scheint das Einwohnermeldeamt der mobilen Generation zu sein. (A.B.)

Das Prinzip Krippenplatz

Mit Menschen, die dringend einen Krippenplatz für ihr Kind
suchen, passiert etwas Merkwürdiges. Sie verwandeln sich. Sie
verrohen. Und wenn sie vor das allmächtige Komitee treten,
das über die Aufnahme bei einer Elterninitiative namens Rotz-
bengel e. V. zu entscheiden hat, sind sie auf einmal nicht mehr
sie selbst. Gestandene Karrieremänner mit zwei linken Händen mutieren zu Naturburschen, Handwerkern und potenziellen Aushilfsbaumeistern, selbstbewusste Frauen bieten ihre
Körper als Putzhilfen und Küchenmägde an, und lang gehegte
Bedenken gegen veganische Ernährung, alternative Erziehungs-
methoden oder jedwede Form von Christentum werden in
Sekundenschnelle über Bord geworfen, wenn nur der Hauch
einer Chance besteht, dass man den Nachwuchs für ein paar
Stunden irgendwo abgeben darf. Eltern auf der Suche nach
einem Krippenplatz, sagen wir es offen, ist nicht zu trauen. Sie
lügen wie gedruckt. Sie sind getrieben von dieser verzweifelten
Gier, von der sonst nur Junkies berichten.

Das führt gleich zum Kern dessen, was Krippenplätze in diesem Land sind: ein kostbares Gut nämlich, das theoretisch in
ausreichender Menge, in absoluter Reinheit und auch zu
vertretbaren Kosten produziert werden könnte – wenn der
Staat nicht etwas dagegen hätte. Mit anderen Worten: Es ist
genau wie beim Heroin. Niemand bestreitet den absoluten
Kick, den ein Krippenplatz bringt, dieses unglaubliche Hochgefühl, wenn man ein heiß geliebtes Wesen, das einem gerade
den letzten Nerv raubt, für ein paar Stunden sicher verwahrt
und fachmännisch betreut weiß, während man selbst auf eine
fantastische Reise geht... Aber: Krippenplätze machen eben
auch süchtig. Sie verändern die Rezeptoren des Elterngefühls
im Kleinhirn. Sie höhlen das traditionelle Bild der Familie
genauso aus wie Heroin den Körper von, sagen wir, Keith
Richards. Wer ausreichend Krippenplätze vom Staat will, um

diese Sucht zu befriedigen – der will nichts anderes als den
Staat als Dealer.

So scheint es zumindest, wenn die politische Debatte um die
Zahl der Krippenplätze in regelmäßigen Abständen wieder
aufflammt, wenn man den konservativen Eiferern von CDU
und CSU lauscht: der Krippenplatz als gesellschaftliches
Gefahrengut, das auch weiterhin strengster staatlicher Ver-
knappung unterliegen muss. Drei Milliarden Euro, die 500 000
neue Betreuungsplätze für Kleinkinder schaffen sollten – das
war die Ansage der Familienministerin Ursula von der Leyen
im Jahr 2007. Allen gestressten und gedemütigten Eltern, die
für solchen Stoff zu lange ihre Seele verkauft hatten, musste
das wie das Geschenk einer gnädigen Fruchtbarkeitsgöttin
vorkommen. Aber für manche Politiker darf das nicht sein.
Es wäre das Ende des Versuchs, deutsche Frauen zum Leben
für Heim und Herd anzuhalten, das Ende einer konservativen
Traumwelt, die längst nur noch in der Fantasie existiert, das
Ende der staatlichen Drogenbekämpfung. Und wo kämen wir
denn hin, wenn wir alle für das Suchtverhalten junger Eltern
bezahlen müssten?

Aber jetzt mal ehrlich: So absurd dieser kleine Heroinver-
gleich auch ist – er ist nicht halb so absurd wie die ganzen
politisch-ideologischen Grabenkämpfe zum Thema Krippenplatz. Denn anders als Junkies, daran muss am Ende doch
einmal erinnert werden, produzieren junge Eltern trotz ihrer
chaotischen Existenz und ihres Versagens vor dem Ideal der
traditionellen Familienwerte doch mit schöner Regelmäßigkeit einen Mehrwert, den sogar die dämlichsten Konservativen
verstehen: nämlich Staatsbürger. Staatsbürger sind ebenfalls
ein kostbares Gut, das theoretisch in ausreichender Menge,
in absoluter Reinheit und auch zu vertretbaren Kosten herge-

stellt werden könnte. Sie sind das Heroin der Politik. Politiker,
die längere Zeit nicht mit einem Schuss frischer Staatsbürger versorgt werden, gehen ein. Sie lösen sich mitsamt dem
Staat und allem, was sie eigentlich regieren wollten, in Luft
auf. Und sie schaffen es auch nicht – Frau von der Leyen mit
ihren sieben Kindern vielleicht ausgenommen –, den benötig-
ten Nachschub selbst zu produzieren. Hier liegt nun, nur der
härteste Katholik und größte CSU-Ochse wird es verkennen,
die Chance für einen echten Kompromiss: Ihr gebt uns Krippenplätze, so viel wir wollen – und wir sorgen dafür, dass auch
nach unserem Tod noch jemand da ist, den ihr regieren könnt.
Versprochen.   (T.K.)

Das Prinzip Schweden

Der Prozess der Globalisierung scheint auf der Ebene des Designs ein Prozess der Skandinavisierung zu sein. Je einheitlicher die Welt wird, desto schwedischer sieht sie aus. Betrachten wir unsere Kleidung, unsere Wohnungseinrichtung: H & M und Ikea finden sich mittlerweile an jedem Körper, in jedem Zimmer zwischen New York und Moskau, London und Riad. Wobei das Bemerkenswerte an diesen allgegenwärtigen Produkten vor allem eines ist: dass sie keinerlei Züge jenes Landes tragen, aus dem sie kommen. Was wäre das genuin Schwedische an einer H & M-Jacke, an einem Klippan-Sofa? Der weltweite Siegeszug beider Unternehmen verdankt sich offensichtlich der Kombination zweier Faktoren: der Absenz regionaler Eigenheiten bei optimaler Vereinbarkeit mit allen anderen Regionen. Dieses Land hat kaum Lokal-, aber ein Übermaß an Globalkolorit.

Dass Schweden in ästhetischem Sinne keine Nation, sondern eher eine Verdichtung der Welt im Ganzen ist, bestätigt auch seine Popkultur. Bereits in den Siebzigerjahren nahmen Abba – neben den Beatles die erfolgreichste Band aller Zeiten – eine ganz ähnliche Funktion ein wie heute H & M oder Ikea. Ihre Musik war so omnipräsent wie geografisch unbestimmbar. Lieferte der Sound jeder amerikanischen oder britischen Band einen Hinweis auf ihre Herkunft (das Raue der amerikanischen, das Spielerische der englischen Gitarrenriffs), gaben die Abba-Songs allenfalls zu verstehen, dass hier die verschiedensten Bestandteile auf vollendete Weise zusammengefügt waren. Und genau darin besteht das Erfolgsprinzip schwedischer Erzeugnisse von Abba über Ikea zu H & M: in einem Zweischritt, den man »kopieren und popularisieren« nennen könnte. Björn Ulvaeus und Benny Andersson sprechen freimütig davon, dass sie sich am Ende der Sechzigerjahre in Ermangelung einer schwedischen Poptradition bei amerikanischen Folksängern bedienten; die Designer von H & M werden Saison für Saison mit dem Vorwurf konfrontiert, sie würden allein von den Ideen der großen Designer profitieren: Epigonalität steht also vielleicht am Anfang der Ästhetik Schwedens – die Einflüsse werden jedoch so lange bearbeitet und für einen größeren Markt zugänglich gemacht, dass kein klares Vorbild mehr erkennbar ist.

Der aggressive Expansionsdrang schwedischer Unternehmen – »Wir schauen immer, welche Länder wir noch erobern können«, sagte jüngst der langjährige H & M-Chef Stefan Persson – steht in merkwürdigem Kontrast zur politischen Tradition des Landes. Die Zurückhaltung Schwedens ist sprichwörtlich. Seit 1814 wurden keine Kriegshandlungen mehr unternommen; im Ersten und Zweiten Weltkrieg verhielt sich das Land weitgehend neutral, auch in die NATO trat es niemals ein. Dieser Politik entgegengesetzt ist aber in jüngerer Zeit eine Art Imperialismus der Kulturerzeugnisse, wenngleich ein diskreter Imperialismus, der in der Wahrnehmung der Öffentlichkeit nichts mit dem weitaus offensichtlicheren und stärker kritisierten der USA zu tun hat. Doch eine kleine Zeitungsmeldung wie die im Frühling 2005, dass Ikea-Gründer Ingvar Kamprad Bill Gates als reichsten Mann der Welt abgelöst hat, kündet vom anhaltenden Erfolg dieses Unterfangens.

Wenn man sich fragt, warum ausgerechnet ein kleines Land wie Schweden zum Fabrikanten des Weltgeschmacks geworden ist, muss man noch einmal auf seine politische Geschichte zurückkommen. Schweden markiert auf der Karte der Ideologien und Auseinandersetzungen seit langer Zeit eine leere Stelle; seine fortgesetzte Passivität hat das Land auch im Bereich des Ästhetischen und Kulturellen im Lauf der Zeit mehr und mehr neutralisiert. Doch genau aus diesem Grund – weil

Schweden nicht »gefüllt« war mit Bedeutungen, Codes und Weltanschauungen – hatte es die besten Voraussetzungen, mit seinen Erzeugnissen globale Bedeutung zu erlangen. Nationen mit aktiverer Kulturgeschichte wären dazu nicht in der Lage gewesen: Die Produkte eines französischen oder italienischen Bekleidungsunternehmens etwa hätten immer etwas zu Französisches, zu Italienisches und würden nur einen bestimmten Kreis von Kunden anziehen. Der weiße Fleck Schweden dagegen kann Dinge herstellen, die keine nationale Codierung tragen. Abba-Songs, Ikea-Möbel und H & M-Kleidungsstücke sind eine Art ästhetisches Esperanto: Zeichen, die jeder verstehen kann, aber niemand überliefert bekommen hat.   (A.B.)

Das Prinzip Speicherplatz

Sollte ein Feuer in meiner Wohnung ausbrechen und ich könnte nur einen einzigen Gegenstand retten – es wäre vermutlich meine Festplatte. Was jetzt vielleicht merkwürdig klingt. Warum nicht das Fotoalbum mit dem ersten Lächeln meiner Tochter? Warum nicht mein Adressbuch mit allen wichtigen Kontakten? Warum nicht die Mappe mit sämtlichen Verträgen und Bankpasswörtern? Die Sache ist die: Ich habe kein Fotoalbum mit dem ersten Lächeln meiner Tochter. Ich habe auch kein ledergebundenes Adressbuch mit allen wichtigen Kontakten mehr, das ich einfach so in die Tasche stecken könnte. Und ich habe zwar einige Verträge und Bankpasswörter, aber die bewahre ich Gott weiß wo auf – jedenfalls nicht so, dass ich sie im Notfall einfach mitnehmen könnte. Für all das habe ich meine Festplatte – meinen persönlichen Speicherplatz.

Manchmal macht es mir selber Angst, wie wichtig dieser Speicherplatz für mein Leben mittlerweile geworden ist. Dabei denke ich weniger an ein flammendes Inferno als an ganz normale Computerprobleme und Horrormeldungen auf dem Bildschirm: leider kein Zugriff mehr möglich; Volume kann nicht erkannt werden; wichtige Sektoren beschädigt. Sollte jemand meinen persönlichen Speicherplatz auslöschen, indem er zum Beispiel mit einem großen Elektromagneten einmal kurz darüberfährt, wäre alles auf einmal weg: all meine digitalen Fotos, darunter auch das erste Lächeln meiner Tochter; all meine Adressen und Kontakte in meinem elektronischen Adressbuch, sämtliche Bankpasswörter, Geheimnummern und auch alle digitalen Kopien meiner Verträge. Ich bin inzwischen derart von Technik abhängig, das ist nicht mehr normal. Andererseits, wenn es wirklich mal brennen sollte – dann brauche ich in der Tat nur noch einen einzigen Gegenstand einzupacken.

Anderen geht es genauso, das habe ich nach dem 11. September gesehen. Da gab es plötzlich Berichte über Spezialfirmen, die nichts anderes taten, als Festplatten aus den schlimmsten Trümmern zu bergen, und mit allerhand Zaubertricks versuchten, die letzten vorhandenen Daten darauf zu retten. Was natürlich ein Vermögen kostet, aber die Sache wert ist. Auch ich würde alles daransetzen, das erste Lächeln meiner Tochter wieder zu holen, wenn ich nur noch ein verbogenes Stück Speicherplatz in den Händen hielte. Aber kann man solche Katastrophen nicht von vornherein vermeiden? Im Prinzip schon. Man muss nur seine Daten an verschiedenen Orten zugleich abspeichern. Menschen, die sich beim Speicherplatz allein auf den Computer verlassen, scheinen mir sowieso schon heute wie Desperados – sie fordern das Schicksal des Datenverlusts geradezu heraus. Ich dagegen übertrage all meine Dateien in regelmäßigen Abständen – nun ja, so regelmäßig dann auch wieder nicht – auf eine zweite Festplatte, die mich im Zweifelsfall vor dem Schlimmsten bewahren soll. Backup nennt man das.

Nur auf das Allerschlimmste war ich bis vor Kurzem nicht vorbereitet. Meine Backup-Festplatte steht etwa anderthalb Meter von meinem Computer entfernt, da erwischt es bei einer richtigen Katastrophe, wenn mal gar nichts mehr geht, natürlich beide. Dann wäre wieder alles weg. Eines Tages aber las ich einen Tipp in der *New York Times*, der eigentlich für die Opfer des Hurrikans Katrina gedacht war. Besorgen Sie sich eine Form von Speicherplatz, hieß es da, den man sich zur Not um den Hals hängen kann: den Speicherstick. Speichersticks, las ich weiter, sind höchstens so groß wie ein Feuerzeug, aber heute schon mit irrsinnig viel Speicherplatz ausgestattet. Ich kaufte mir also einen Megastick mit 64 Gigabyte – Kenner wissen, wovon ich rede. Da passt nun alles auf einmal drauf: alle Digitalfotos, die ich bisher aufgenommen habe, sämtliche

Adressen und Kontakte und Verträge und Passwörter plus alle Artikel, die ich jemals geschrieben habe, und ja, auch all meine digitalen Musikdateien dazu. Es ist unglaublich, was man heute auf dem Raum eines Feuerzeugs alles speichern kann. Die schreckliche Feuersbrunst und der große Terroristenangriff sind seitdem aus meinen Albträumen verschwunden. Dafür plagt mich nun eine neue Sorge: Was ist, wenn ich diesen Stick, statt ihn korrekt um den Hals zu tragen, eines Tages einfach verliere? Der Finder, hoffentlich ein freundlicher und mitfühlender Mensch, wird Augen machen – denn auf einmal hat er wirklich mein komplettes Leben in der Hand.   (T.K.)

Das Prinzip Steakhouse

Um etwas über das Steakhouse in Erfahrung zu bringen, genügt es, sich die Lage der Restaurants in den Großstädten zu vergegenwärtigen. Sie befinden sich inzwischen stets an derselben merkwürdigen Stelle: mitten im Zentrum zwar, in der Nähe der Fußgängerzone oder der größten Einkaufsstraße, doch gleichzeitig etwas abseits und verborgen, im Niemandsland am Rand der Innenstadt. Nicht in der Münchner Neuhauser, sondern in der Schwanthalerstraße; nicht in der Berliner Friedrich-, sondern in der spröden Wilhelmstraße liegen die Lokale, und diese Adressen geben bereits einen ersten Hinweis auf die Atmosphäre, die in ihnen herrscht. Steakhäuser haben ihre beste Zeit hinter sich; die roten Embleme gehören zwar wie der McDonald's-, der H & M- und der Douglas-Schriftzug weiterhin zum vertrauten Bild jeder deutschen Innenstadt, aber sie sind längst ihr unscheinbarster Baustein geworden. Anfang der Siebzigerjahre, als die ersten »Asado«- und »Churrasco«-Filialen auftauchten, waren die Eröffnungspartys den Tageszeitungen noch ganzseitige Gesellschaftskolumnen wert. Das Steakhouse erschien als glamouröser Ort, und nicht umsonst wurden die Restaurants zumeist in ambitionierten Neubaukomplexen untergebracht, um die Modernität der Küche architektonisch zu unterstreichen. Gut dreißig Jahre später, angesichts der Fülle von thailändischen, indischen, äthiopischen Lokalen, haben sich die Verhältnisse umgekehrt. Von den Steakhäusern geht eine Atmosphäre des Biederen, leicht Überkommenen aus; ihr Glanz ist ermattet wie der jener Siebzigerjahre-Gebäude, die sie beherbergen.

Dass das Steakhouse zu einem Nicht-Ort geworden ist, zu einer Autobahnraststätte mitten in der Stadt, zeichnet sich vor allem in der Zusammensetzung des Publikums ab. Wen verschlägt es noch dorthin, an einem Dienstagabend oder am Sonntagmittag um halb zwei? Kein Restaurant, dessen Klientel schwerer zu bestimmen wäre. An den Tischen sieht man vorwiegend Touristen, die von den Hauptschlagadern des Sightseeing abgekommen sind, und ein paar Seniorenrunden, denen das bare Stück Fleisch, das sie sich hier gönnen, noch Zeichen des Wohlstands ist. In manchen Ecken jedoch sitzen Gäste, die man nicht erwartet hätte: ein ausgelassenes, eng aneinandergeschmiegtes Paar in den Vierzigern; zwei ältere Männer in teuren Anzügen, die sich bei einer Flasche Rotwein konzentriert unterhalten. Beim Anblick dieser Szenen – vielleicht ein heimliches Liebespaar, das kurz etwas isst, ehe es im Hotel verschwindet; ein Firmenchef, der gerade eine Führungskraft abzuwerben sucht – wird deutlich, welcher Effekt mit der vollkommenen Unscheinbarkeit der Steakhäuser verbunden ist: Sie sind zu den perfekten konspirativen Orten der Innenstadt geworden. In welchem zentral gelegenen Lokal könnte sich eine Affäre, ein Abwerbeversuch diskreter entspinnen als in einem Restaurant, das nur als Durchgangsstation für Ortsfremde wahrgenommen wird, in das sich kein Bekannter je verliefe. Eine Aussage aus dem Umfeld der Hamburger Al-Qaida-Terroristen gerät in Erinnerung, in der es hieß, man habe sich im Vorfeld des 11. September gelegentlich in einem Hamburger Steakhouse getroffen. Nichts könnte den Charakter dieses Ortes genauer bezeichnen.

Doch auch wenn man sich den Lokalen nicht mit den Augen eines Detektivs nähert – eines steht fest: Es gibt im Stadtzentrum keine verlorenere Stelle, und wenn man sich fragt, woran das liegen könnte, muss man auf den Unterschied zwischen den Steakhäusern und den anderen Gastronomieketten in der Innenstadt aufmerksam machen. Warum haben sich etwa McDonald's-Filialen, deren Glasfronten und schmucklose Einrichtungen den Status als bloße Durchgangsstation sogar noch betonen, dennoch zu belebten, stundenlang genutzten Treffpunkten entwickelt? Gerade weil sie in ihrer Umgebung, im Passantenstrom der Fußgängerzonen, die richtigen Anlaufstellen sind. Die Trostlosigkeit des Steakhauses besteht dagegen in dem Versuch, das Heimelige im Flüchtigen zu errichten, die Transparenz der großen Verkehrsstraßen mit karierten Vorhängen zu verhüllen. Diese Kombination zieht allein zwei Kategorien von Gästen an: solche, die sich verlaufen, und solche, die etwas zu verbergen haben. (A.B.)

Das Prinzip Weihnachtsmarkt

Das Erscheinungsbild der Städte im Dezember wird von Jahr zu Jahr deutlicher von Weihnachtsmärkten dominiert. Was vor nicht allzu langer Zeit noch auf eine einzige Veranstaltung auf dem Hauptplatz beschränkt war, das hat sich rasant ausgebreitet; Ansammlungen rot-golden dekorierter Holzbuden, in denen Weihnachtsschmuck, Lebkuchen und Glühwein verkauft werden, finden sich mittlerweile an zahlreichen Stellen der Stadt. In München beispielsweise gibt es nach Auskunft der Verwaltung bereits vierundzwanzig, im städtischen Großraum sogar fünfundsechzig Weihnachtsmärkte; der größte Markt auf dem Marienplatz ist mittlerweile endgültig in allen vier Himmelsrichtungen über sein angestammtes Areal hinweggeschwappt und hat beinahe das gesamte Zentrum eingenommen: ein Wuchern der Besinnlichkeit.

Bemerkenswert und ein erster Hinweis auf den Grund für die Inflation der Märkte ist die besondere Lage der Budenstädte. Die in den vergangenen Jahren hinzugekommenen haben sich auffällig oft in den schmucklosesten Winkeln des öffentlichen Raums angesiedelt, vor Bürokomplexen und Einkaufszentren, an Bahnhöfen, S-Bahn-Haltestellen und Autobahnraststätten. Sogar auf dem Münchner Flughafen, im Karree zwischen altem und neuem Terminal, hat 2003 ein Markt eröffnet; jeden Dezember mischt sich wieder Glühwein- und Lebkuchenduft mit dem leichten Kerosingeruch, der über dem Gelände liegt. Offenbar sind es also nicht unbedingt die traditionsreichsten, altehrwürdigsten Orte einer Stadt, sondern umgekehrt genau die modernsten und flüchtigsten, die die Errichtung eines Weihnachtsmarkts begünstigen. Und das ist keine Entwicklung der jüngsten Gegenwart: Bereits bei der Gründung des zweiten Markts in München, 1976 in Schwabing, hing die Wahl des Ortes, die betonierten Ausläufer einer U-Bahn-Passage, gerade mit der Tristesse der Umgebung zusammen.

Der Ethnologe Marc Augé hat Schauplätze wie Großflughäfen, Bahnhöfe, Business-Lounges und Shoppingmalls, die den öffentlichen Raum prägen, einmal als »Nicht-Orte« bezeichnet. Kennzeichnend für diese Sphäre sei, dass in ihrem Innern zwar die größtmögliche Anonymität und Beziehungslosigkeit herrsche, an ihren Grenzen aber besondere Einlasskontrollen den Zugang regulieren. Identität stelle sich an diesen Orten also nicht mehr im sozialen Sinne her, durch ein gewachsenes Miteinander der beteiligten Menschen, sondern allein vor polizeilichem Hintergrund: als Identifikation, um die Schranken passieren zu können. Vermutlich muss man die immense Zunahme von Weihnachtsmärkten im letzten Vierteljahrhundert und vor allem in den vergangenen Jahren genau in diesem Zusammenhang betrachten. Sie sind in den vier Adventswochen ein willkommenes Anästhetikum des öffentlichen Raums; sie überziehen die kargen Nicht-Orte mit einem beruhigenden Kitt des Heimeligen und Besinnlichen. Die augenfällige Wahl der Schauplätze spricht eine klare Sprache: Genau an der Schwelle, an der sich die Menschen in das zugangsbeschränkte Niemandsland der Quick Check-ins und Wartehallen, der Parkhäuser und Bürotürme begeben, soll der Parcours durch die Budenstraßen noch einmal die Ahnung einer verwurzelteren Existenz hervorrufen. Der Weihnachtsmarkt vermittelt jene tief eingesickerte Eingebundenheit in eine Gemeinschaft, um die es an den Nicht-Orten gerade nicht mehr geht.

Vor allem am Flughafen nehmen die Holzbuden daher eher die Aufgabe von Souvenirshops ein, wobei es nicht Reliquien eines Urlaubsortes sind, die kurz vor der Abreise noch erworben werden, sondern die einer vergangenen Lebensform. Später, in den Sitzschalen am Gate, erinnert die Tüte mit den bunten Holzengeln den Passagier an Weihnachtsabende der Kindheit, mit

einem leuchtenden Christbaum, Plätzchenteller und der ge-
deckten Familientafel. Mit seiner eigenen Existenz haben diese
Bilder womöglich noch so viel gemein wie die Fotografien auf
Ansichtskarten mit dem alltäglichen Bild der Stadt.   (A.B.)

Kapitel II

Rituale

Das Prinzip Adoption

Was medienwirksames humanitäres Engagement angeht, sind Angelina Jolie und Brad Pitt seit einiger Zeit kaum noch zu überbieten. Wer waren, fragt man sich, eigentlich Albert Schweitzer und Mutter Teresa? Zwei frühere Wohltäter der Menschheit, die es aber leider versäumt haben, ihre PR-Kräfte durch eine Liaison sinnvoll zu bündeln – und eifrig Kinder zu adoptieren. Jolie und Pitt dagegen haben Maddox (Kambodscha) und Zahara (Äthiopien), und im Mai 2006 brachte Jolie eine leibliche Tochter namens Shiloh Nouvel zur Welt, nur um vier Tage später auf CNN bereits neue Pläne zu verkünden: »Wir werden wieder adoptieren«, erklärte sie, «aber wir suchen noch. Mädchen oder Junge, welches Land, welche Rasse – es geht darum, was am besten zu den anderen Kindern passen würde.« Das war dann, wie sich im nächsten Jahr herausstellte, ein vietnamesischer Junge.

Offensichtlich ein schwerer Fall von Prominenten-Narzissmus, nicht weit entfernt von dem denkwürdigen Dummschwall-Dreiklang »ein Nest bauen, Tiere retten, Kinder adoptieren«, den *Bunte* vor Kurzem der Schauspielerin Cosma Shiva Hagen zuschrieb. Oder doch nicht? Der gut gemeinte Rat nach der Geburt, Jolie solle sich doch bitte erst einmal um ihr eigenes Neugeborenes kümmern, ist zwar eine typische, aber ideologisch nicht ganz unbelastete Reaktion. Die menschliche Tendenz, Kinder »aus eigenem Fleisch und Blut« über adoptierbaren Nachwuchs zu stellen, muss als eine Folge unseres Evolutionsprogramms zur Weitergabe der eigenen Gene gedeutet werden. Sie steht damit etwa auf einer Stufe mit dem Drang des Mannes, möglichst viele Frauen mit dem eigenen Erbgut zu beglücken.

Wer sich nicht fortpflanzt, stirbt aus. Einerseits. Andererseits wird die Zahl der Nachkommen durch gewaltsame Auslese

(Krieg, Hungertod beispielsweise) an die vorhandenen Ressourcen angepasst. Das sind die grausamen Gesetze der Natur,
und die Adoption ist nichts anderes als die Übereinkunft avan-
cierter Gesellschaften, diese Zwangsläufigkeit durch Umver-
teilung ihrer Nachkommen zu unterlaufen. Entscheidende
Bedeutung erlangte sie erstmals im alten Rom, als Machterhal-
tungsstrategie reicher Patrizierfamilien ohne eigene Erben. In
Deutschland durften bis 1961 interessanterweise nur über
Fünfzigjährige adoptieren – damals lag der Fokus auf der
Alterssicherung, das (meistens schon volljährige) Adoptivkind
war die Alternative zum staatlichen Rentensystem. Heute ist
der wichtigste Grundsatz ein quasi-biologisches, altersmäßig
normales Eltern-Kind-Verhältnis – ältere Paare haben kaum
eine Chance auf Adoption. Das Prinzip ist, man sieht es, großen historischen Veränderungen unterworfen – und wird es
wohl auch bleiben.

Die Adoptiveltern Jolie und Pitt stehen derzeit im Schnitt-
punkt zweier widersprüchlicher Wertsysteme: Im aggressiv
verteidigten Ideal der leiblichen Elternschaft huldigen wir
weiterhin den Gesetzen der Evolution – selbst im »Haager
Übereinkommen« zur Auslandsadoption gilt es als oberstes
Ziel, jedem Kind zunächst einmal ein Leben bei seinen biolo-
gischen Erzeugern zu ermöglichen. Gleichzeitig aber ist heute
niemand mehr bereit, Völkermorde, Millionen von Aidswaisen
und Massensterben in der Dritten Welt als Folge der Evolution
und als »natürliche Auslese« im Sinne Darwins zu akzeptieren.
Dieser Widerspruch setzt sich in der Gesetzgebung fort: zwei
Millionen unfreiwillig kinderlose Paare allein in Deutschland
und ein Vielfaches dieser Zahl an chancenlosen Waisen in der
Dritten Welt – aber dennoch werden von den hiesigen Jugend-
ämtern lediglich etwa 600 bis 900 Auslandsadoptionen pro
Jahr genehmigt.

Die unaufhaltsame Überalterung der westlichen Industriegesell-
schaften, der Ansturm von Armutsflüchtlingen auf unsere
Grenzen, Migranten, für deren sprachliche und soziale Inte-
gration sich hier niemand wirklich zuständig fühlt – die Groß-
probleme der Gegenwart regen dazu an, das Prinzip Adoption,
wie es ja schon häufig geschehen ist, einmal mehr an eine neue
Gesellschaftsstruktur anzupassen. Und je länger man drüber
nachdenkt, desto mehr verwandelt sich Angelina Jolie vom
durchgeknallten Muttertier zur Visionärin einer neuen, kin-
derreichen, wild durchmischten Weltordnung.   (T.K.)

Das Prinzip Audienz

Bekannte Gesichter, ein Lächeln für die Kamera, daneben
der Mann mit der weißen Kappe und den markanten Augen-
ringen, die stets von Übernächtigung zu erzählen scheinen
– dieses Bild ist ein Dauerbrenner der Medienwelt, und seine Botschaft lautet ungefähr so: Eine Privataudienz bei Benedikt XVI. ist in diesen Tagen nichts Besonderes mehr; oder
auch: Jeder Depp fährt momentan nach Rom. In kürzester
Zeit hat sich das Reiseziel Papst gewandelt – von der elitären
Traumdestination zum deutschen Trendspot und weiter zum
günstigen Gruppenangebot für ganze Kegelclubs ... ähh: ba-
yerische Landtagsfraktionen. Man war schon da oder will
demnächst mit der Firma hin, Papstreisende tauchen schon
im engeren Bekanntenkreis auf, und selbst ein Adabei wie
Gottschalk postulierte in der Münchner *Abendzeitung* bereits
die Notwendigkeit der Abgrenzung: »Es sind derzeit so viele
Leute beim Papst, da will man gar nicht mehr hin.«

Damit hat die Papstaudienz, ein Ereignis, das über Jahrtausen-
de bis ins kleinste Detail mit Bedeutung aufgeladen war, innerhalb nur weniger Monate komplett ihre Aura verloren. In der
ganzen Geschichte des Abendlands war die Audienz nie nur
die Begegnung zweier Menschen, die einfach mal Lust aufs
Kennenlernen und Hallosagen hatten, sondern diente stets der
Belohnung, Ermahnung oder Bildung politischer Allianzen.
Im Grunde galt immer das Modell des legendären Gangs nach
Canossa aus dem Jahr 1077, als Kaiser Heinrich IV. zu Papst
Gregor VII. reiste, um die Aufhebung seines Kirchenbanns zu
erreichen. Drei Tage lang stand er barhäuptig und barfuß im
Hof der Burg, bis er vorgelassen und erlöst wurde. Das Spek-
trum der Audienz reicht von diesem sprichwörtlichen Zu-
Kreuze-Kriechen bis zu Bismarcks späterer Weigerung, »nach
Canossa zu gehen«: Man entzweite oder versöhnte sich, bildete
oder löste Bündnisse, und selbst die Nicht-Audienz war minde-

stens so bedeutungsvoll wie der Termin, den man schließlich
doch beim Heiligen Vater bekam.

Dieses Prinzip galt ungebrochen bis in die jüngste Gegenwart. Selbst der Rockstar Bono, der im Jahr 1999 bei Johannes
Paul II. vorsprach, eine Sonnenbrille verschenkte und das Kir-
chenoberhaupt als »funky Hohepriester« bezeichnete, sprach
dabei ungefragt für Millionen von Menschen auf der politisch
bewussten Seite des Rock'n'Roll, weshalb die Begegnung
gleichermaßen als Verrat wie als revolutionäres Bündnis gedeutet werden konnte. Ein Echo von Canossa war noch im
September 2005 zu spüren, als die Zeitungen raunend berich-
teten, Benedikt XVI. habe den spanischen König Juan Carlos
»eine halbe Stunde warten lassen« – angeblich weil der kurz
zuvor ein Gesetz für die Homo-Ehe unterzeichnet hatte. Das
Symbol der Audienz lud sich sofort mit Botschaften über die
Marschrichtung der Gesamtkirche auf, siehe auch die Besuche
der Islam-Fresserin Oriana Fallaci oder des Kirchenkritikers
Hans Küng kurz nach Benedikts Amtseinführung.

Heute ist davon nichts mehr übrig. Die Länge der Zeit, die man
in intimer Plauderei mit dem Heiligen Vater verbringen darf,
ist inzwischen eine Währung der Klatschgesellschaft geworden und wie der Haus-, Boots- oder Schwanzvergleich. Franz
Beckenbauer beispielsweise kam auf 48,7 Sekunden – genug
für ihn, die Begegnung als »Höhepunkt in meinem Leben« zu
bezeichnen. Trendsetzend wirkte wieder einmal Fürstin Glo-
ria von Thurn und Taxis, die nach dem erfolgreichen Sturm
auf Michael Jacksons Neverland-Ranch und den Privatha-
rem von Prince in den Achtzigern die päpstlichen Paläste als
letzte noch ungeschliffene Bastion des internationalen Star-
fuckertums entdeckte – und schließlich eroberte. Aus diesem
schleichenden Prozess ist ein galoppierender Verfall geworden,

und das Resultat ist paradox. Auf dem Höhepunkt ihrer neu gewonnenen Popularität blickt die katholische Kirche in den Strudel eines gefährlichen PR-Overkills – und gefährdet exakt jenes Gut, das auch die Papstbesucher überhaupt erst antreibt: den unbezahlbaren Nimbus, sich niemals mit dem Massengeschmack gemein zu machen. (T.K.)

Das Prinzip Charity

Charity ist aufgespritzte Wohltätigkeit und verhält sich zu herkömmlichen karitativen Formen wie die Lippen von Chiara Ohoven zu denen Mutter Teresas. In Deutschland ist der Begriff seit der Ernennung von Chiaras Mutter Ute Ohoven zur Sonderbotschafterin der Unesco im Jahr 1994 geläufig: Seitdem bezeichnet »Charity«, eigentlich nur die englische Übersetzung des Wortes »Wohltätigkeit«, einen eigenen Zweig gemeinnütziger Arbeit: aufwendig inszenierte Spendenakquise im Milieu der »Society«.

Nächstenliebe und Glamour bilden eine auf den ersten Blick unerwartete Allianz. Es ist nicht sofort ersichtlich, warum gerade die mehr oder weniger bekannten Gesichter aus Film und Fernsehen so häufig zu Galaveranstaltungen zusammenkommen, auf denen durch teure Eintrittskarten und Tombolalose Geld für notleidende Kinder oder hilfsbedürftige Regionen gesammelt wird. Entdecken Prominente eher als andere Menschen ihre mitfühlende Seite? Fördert ihr vergleichsweise wohlhabendes und ausgefülltes Leben eine Art karitatives Bewusstsein, das keinerlei Indifferenz gegenüber den Ungerechtigkeiten der Welt mehr zulässt? In Interviews mit den sogenannten Charity-Ladys und ihren generösesten Gästen ist genau das die Standardantwort. Mit geringfügigen Abweichungen wird immer wieder dieselbe Geschichte eines Erweckungserlebnisses erzählt, bei einem Rundgang durch die Krebsstation eines Kinderkrankenhauses oder bei einem Fernsehdreh in einem afrikanischen Land, im Zuge dessen das Wissen um die eigene Privilegierung schlagartig einsetzte – sowie der feste Entschluss, etwas dagegen zu tun.

Der viel zitierte Ursprung von Charity: Leute auf der Sonnenseite des Lebens erkennen die moralische Notwendigkeit, denen im Schatten zu helfen. Man kommt dem Sinn der Veran-

staltungen aber wohl desto näher, je mehr man ihren offiziellen
Anlass vergisst: Man muss sich Charity eher als selbstbezüg-
liches System vorstellen. Mag sein, dass ein gewisser Geldbe-
trag den Hilfsbedürftigen zukommt, aber in der Hauptsache
wenden sich die Galas an die Beteiligten selbst: Sie dienen der
Sinnstiftung saturierter Ehefrauenexistenzen und der Rückführung halb vergessener Prominenter ins Rampenlicht. Charity-
Ereignisse, über die im Fernsehen und auf den einschlägigen
Seiten von *Bunte* und *Gala* berichtet wird, erfüllen also tatsächlich einen karitativen Zweck: Sie sind eine Wohltat für die
Anwesenden. Der Spendenbetrag des Schauspielers oder der
Moderatorin, deren Karriere stagniert, fällt weit geringer aus
als die Provision, die sie an eine neue Public-Relations-Agentur
hätten überweisen müssen. Und diese hätte es bei allen Kontakten auch kaum geschafft, den neuen Klienten in Rekord-
tempo wieder in Marie Waldburgs Partykolumne zu bringen.

Gesellschaftliche Zusammenkünfte als Wohltätigkeitsaktion
zu präsentieren ist die eleganteste Strategie zur Legitimierung
von Aufmerksamkeit. Deutlichstes Zeichen für die Selbstbe-
züglichkeit der Galas ist dabei die Art der Berichterstattung
über die Veranstaltungen, die Selbstverständlichkeit, mit der
Charity in den »People-Magazinen« zu einer festen Rubrik wie
»Mode« oder »Film« geworden ist: Wohltätigkeit als Showdis-
ziplin unter anderen. Was bei den Galas nach Abzug aller Ausgaben für die Hilfsbedürftigen übrig bleibt, spielt in der Logik
der Charity eine untergeordnete Rolle. Entscheidender Effekt
sind nicht die Stromanlagen in afrikanischen Hospitälern,
sondern die Energieschübe für die eigene Karriere.   (A.B.)

Das Prinzip Fernsehserie

Zu den vielen Dingen, die Menschen unter dreißig nicht mehr kennen, gehört die ursprüngliche Macht der Fernsehserie. Kann man heute noch erklären, wie wichtig es einmal war, zu bestimmten Zeiten vor dem Fernseher zu sitzen, den immer gleichen Figuren dabei zuzuschauen, wie sie die immer gleichen Dinge taten, und am nächsten Tag mit Gott und der Welt darüber zu reden? Wohl kaum. Man müsste erstens eine Zeit mit nur zwei oder drei TV-Sendern heraufbeschwören, in der man unendlich dankbar war, wenn wenigstens auf einem Kanal etwas Interessantes lief. Und zweitens ein großes Gefühl der Flüchtigkeit: Die Szene, die man gerade gesehen hatte, war vorbei und verloren. Sie wurde am nächsten Tag nicht wiederholt. Bis zum Ende der Siebzigerjahre gab es keine bezahlbaren Geräte, die Fernsehbilder aufzeichnen konnten, Kaufvideos und DVDs existierten nicht, und an Filmclips zum Herunterladen war sowieso noch nicht zu denken.

Man war also, ob man wollte oder nicht, vor den Fernsehapparat gefesselt. Oft wollte man eher nicht. Allein das Bewusstsein, dass der Rest der Menschheit genauso gefesselt war, dass man wieder der Einzige sein würde, der am nächsten Tag nicht mitreden könnte, ließ einen Woche für Woche ausharren. *Daktari, Bonanza, Drei Mädchen und drei Jungen, Dallas* und *Denver Clan,* die *Schwarzwaldklinik, Magnum* und *Miami Vice* – so hießen die wöchentlichen Fixpunkte aus der Zeit, als es nur öffentlich-rechtliches Fernsehen gab. Die offene Frage aus dem März 1980 zum Beispiel, wer auf den *Dallas*-Schurken »J.R.« geschossen habe, war leicht als Marketinggag des Senders CBS zu durchschauen – aber das änderte überhaupt nichts daran, dass die Welt wie wild über diese Frage diskutierte, einen ganzen Sommer lang, bis *Dallas* weiterging und die Sache endlich aufgeklärt wurde. Das türkische Parlament, so erzählt die Legende, ließ damals sogar eine Sitzung ausfallen, um nur ja nichts zu verpassen. Und die türkischen Parlamentarier von damals waren auch nicht verrückter als die von heute.

Seitdem hat die Fernsehserie kontinuierlich an Macht verloren. Bald waren nur noch die Videorekorder vor den Fernsehapparat gefesselt, und alle Sendungen, die nicht wirklich entscheidend waren, stellte man auf Kassette ins Regal und überspielte sie sehr viel später einfach ungesehen. Die Menschen wurden freier – aber die Fernsehserien, die nicht mehr gar so sehr unter nationaler Beobachtung standen, wurden es auch. *Seinfeld* erfand ein Format, das im Grunde von gar nichts handelte; *Sex and the City* brach mit erotischen Tabus; Mafiakiller durften nun Hauptfiguren werden (*The Sopranos*), Totengräber ebenso (*Six Feet Under*) und sogar korrupte Polizisten (*The Shield*). Schließlich lösten Knaller wie *24*, *Alias* und *Lost* alle Erzählstrukturen, Dramaturgien, Figurenregeln und Sicherheiten, mit denen uns das Fernsehen bisher noch getröstet hatte, einfach auf. Ein paradoxes Phänomen: Als Kunstform ist die Fernsehserie vielleicht so anspruchsvoll und gewagt wie niemals zuvor – aber gleichzeitig findet sie im Fernsehen kaum noch statt.

Okay, das ist jetzt übertrieben. Zwar verlieren in den USA im Jahr 2007 alle Serien gerade durch die Bank an Reichweite, richtig dramatisch ist das und ein Vorzeichen für das, was kommen wird; aber es gibt sie noch im Programm, überall auf der Welt, und es sitzen sicher auch noch Menschen davor. Ich kenne diese Menschen nur nicht. Alle Menschen in meinem Bekanntenkreis schauen sich Fernsehserien in Form von DVD-Paketen an, die ganze Staffeln auf einmal enthalten. Sie sind sogar richtig besessen davon – viel mehr als beispielsweise von Kinofilmen. Diese neue Art des Sehens schafft Gemeinsamkeiten, aber auch Differenzen. Alles passiert völlig ungleichzeitig. Milan hat gerade *Alias* durch, Michael fängt gerade damit an. Der hat wiederum sechs Staffeln *Six Feet Under* hinter sich, die bei Milan noch ungeöffnet im Schrank stehen, und so fort. Sie reden mit einer Begeisterung vom Fernsehen, die es bisher nicht gab, aber die Erfahrung ist keine gemeinsame mehr: Jeder schaut für sich allein und hat Angst, seinen Freunden aus Versehen den Schluss zu verraten. Und gleichzeitig ist die Fernsehserie nun das, was sie in ihrem Seriencharakter nie war, nämlich eine hochverdichtete Form von Popkonsum. Die Produzenten und Regisseure übertreffen sich darin, immer mehr Irrsinn in eine 45-Minuten-Folge zu pressen, und wir schauen dann auch noch sechs davon an einem Abend an. Das ist intensiv, keine Frage – aber zum Fernsehen, wie man es früher kannte, führt dann wirklich kein Weg mehr zurück.   (T.K.)

Das Prinzip Freitag der 13.

Freitag der 13., aktuellen Umfragen zufolge für ein Drittel der deutschen Bevölkerung ein irritierendes Datum, hat als Element des Aberglaubens eine bemerkenswert junge Karriere. Seine Bedrohlichkeit setzt sich zusammen aus zwei altgedienten Vertretern mythologischer Symbolik. Zum einen aus dem Freitag, benannt nach der germanischen Liebesgöttin Frija. In vorchristlicher Zeit war dieser Wochentag ein Datum der Freude; der Sterbetag Jesu verwandelte ihn dann in der christlichen Kultur eher in einen Boten des Unglücks, wobei die älteren Anklänge nie ganz in den Hintergrund gedrängt wurden. »Der Freitag ist im ganzen Menschenleben von der Geburt bis zum Tod bedeutungsvoll«, heißt es etwa im zehnbändigen *Handwörterbuch des deutschen Aberglaubens* aus den 1930er-Jahren, »wobei sich sein zwiespältiges Wesen immer wieder zeigt.« Der andere Bestandteil des heutigen Unglücksdatums ist die 13, die ihren Schrecken seit je aus der Verletzung geschlossener und als heilig geltender Zwölfersysteme bezogen hat, der Tierkreiszeichen, der Tages- und Monatsordnung, des Zwölf-Götter-Regiments in der griechischen und römischen Antike und schließlich des Kreises der zwölf Apostel im christlichen Glauben.

Die jahrhundertelange Kontinuität dieser beiden Symbole lässt sich materialreich belegen – ebenso jedoch die Gewissheit, dass die Stränge von Wochentags- und Zahlenmythologie sich niemals berührten. Die Kombination zu jenem Hybriden des Aberglaubens namens »Freitag der 13.« taucht bis ins 20. Jahrhundert hinein so gut wie nicht auf. Glaubt man neueren volkskundlichen Forschungen, verbreitet er sich zu einem kollektiv wahrgenommenen Unglückstag erstmals nach den dramatischen Kurseinbrüchen an der New Yorker Börse am Freitag, den 13. Mai 1927; und erst in der zweiten Hälfte des 20. Jahrhunderts hält das Datum auch in Deutschland zahl-

lose Menschen davon ab, in ein Flugzeug zu steigen oder sich
ins Auto zu setzen. Der vermeintlich uralte Bann ist offenbar
kaum mehr als zwei Generationen alt.

Wie vage der Ursprung dieses Aberglaubens auch zu bestimmen sein mag: Auffällig ist im Gegensatz zu traditionellen
Elementen der Mythologie, dass dieses Schreckensdatum
eine zeitliche Zuspitzung vollzieht, eine Verdichtung des
Unglückszeitraums auf eine nur äußerst selten eintreffende
Konstellation des Kalenders. Es geht, anders als bei regelmäßig
wiederkehrenden Zahlen oder Wochentagen, um das unmittelbar Ereignishafte des Schreckens, und wenn man sich die
überraschende Modernität des Aberglaubens erklären will,
dann muss man darauf achten, an welchen Beispielen seine
Geschichte erläutert, seine geheimnisvolle Macht konstatiert
wird. Immer nämlich sind es Unfälle, die am »Freitag den 13.«
in den Blick rücken, tatsächliche im Auto und im Flugzeug
oder metaphorische an der Börse, wie der Crash im Jahre 1927.
Gleichzeitig belegen Statistiker ihre nüchterne Vermutung,
dass an diesem Tag keineswegs etwas Ungewöhnliches ge-
schehe, gern durch eine vergleichende Auszählung von
Autounfällen.

Der Unfall jedoch ist gerade der Ereignistyp der Moderne
schlechthin, die jähe, nicht voraussagbare Unterbrechung
immer komplexer werdender technischer Abläufe. Ist es
nicht eigentlich folgerichtig, dass ausgerechnet im Zusammenhang mit Unfällen noch einmal die längst überwunden
geglaubte Welt des Aberglaubens heraufbeschworen wird;
dass ein Crossover der Mythologien aus Wochentag und Zahl
bemüht wird, um das Unerklärliche zu fassen. Freitag der 13.:
ein Schlupfloch des Übersinnlichen inmitten einer vollkommen berechenbaren Welt.

Vielleicht hat der herausgehobene Status dieses Datums aber auch einen profaneren, mathematisch belegbaren Grund. Der Wiener Informatiker Hans Bekic errechnete im Jahr 1982, wenige Tage vor seinem Tod, dass in unserem gregorianischen Kalender mit seiner unregelmäßigen Abfolge von Schaltjahren mehr Freitage auf einen Monats-Dreizehnten treffen, als es bei jedem anderen der sieben Wochentage der Fall ist. Womöglich ist der Aberglaube nur Effekt einer mathematischen Gesetzmäßigkeit. (A.B.)

Das Prinzip Jahresrückblick

Es müsste eine Art Negativchronik geben, in der all jene Groß-
ereignisse versammelt sind, die in den Sonderausgaben der
Zeitschriften und in den Erinnerungsshows des Fernsehens
am Ende des Jahres fehlen. Das Erdbeben in Bam etwa, die
Festnahme Saddam Husseins und prominente Todesfälle wie
Susan Sontag: Allein in den letzten Jahren käme eine bedeutende Reihe zusammen, allesamt Ereignisse der zweiten Dezem-
berhälfte, die in die klaffende Lücke »zwischen den Jahren«
fielen. Wenn sich ein Gefängnishäftling nach der Entlassung
oder ein aus langem Koma Erwachter nur durch eine Ansammlung von Jahresrückblicken über die verlorene Zeit informieren würde, enthielte sein Wissen von Jahr zu Jahr emp-
findlichere Leerstellen. Der Grund dafür liegt in der immer
gewagteren Vorverlegung der Erscheinungs- und Sendeter-
mine; die Zeitschrift *Max* bringt ihre »Bilder des Jahres« schon
Mitte November heraus, und die großen TV-Rückblickssen-
dungen werden spätestens Anfang Dezember ausgestrahlt.

Offenbar gilt mittlerweile auch für die reine Retrospektive das
journalistische Gebot der Originalität und des Erstzugriffs. Der
Jahresrückblick steht ganz im Zeichen der Konkurrenz: eine
Konstellation, die sich vor allem im Fernsehen in dem Maße
verschärft hat, wie die Bilanz der Ereignisse nicht mehr doku-
mentiert, sondern inszeniert wird. Mit der Sendung *Menschen*
im ZDF entwickelte sich Anfang der Achtziger das Genre der
Jahresrückblicksshow; aus der bloßen Aneinanderreihung von
Fernsehbildern unmittelbar vor Silvester, wie sie lange Zeit
ausreichte, wurde schließlich ein auf allen Sendern gängiges
Unterhaltungsformat mit prominenten Studiogästen und exklusiv präsentierten Privatschicksalen. Unter diesen Voraussetzungen wächst die Angst vor Verdoppelungen und Wiederholungen und mündet in einen bis zum Letzten ausgereizten
Wettlauf um den frühestmöglichen Ausstrahlungstermin.

Man könnte sich fragen, welche Funktion diese Phase des Selbstbezugs in den Medien hat. Jahresrückblicke werden als eine Art Service für die Leser und Zuschauer präsentiert und sollen die Erinnerung an die Ereignisse des abgelaufenen Jahres noch einmal aktivieren. Sie erfüllen damit eine ähnliche Aufgabe wie Urlaubsbilder, unterliegen aber auch einer ähnlichen Gefahr. Denn jeder weiß, dass solche Bilder nur beim ersten Betrachten, kurz nach der Heimkehr, tatsächlich als Auslöser der frischen, beweglichen Erinnerung funktionieren. Je öfter man sie in der folgenden Zeit ansieht, desto mehr lähmen sie diese Beweglichkeit und fixieren die Erinnerung auf wenige Augenblicke.

Dieses Dilemma des Jahresrückblicks ist aber auch seine Chance – und zwar dann, wenn man in Betracht zieht, dass seine Aufgabe in der Logik der Massenmedien vielleicht gar nicht darin besteht, die Erinnerung an das zu Ende gehende Jahr zu bewahren. Eher geht es um das Gegenteil: um Zäsur und Löschung. Mit einer letzten rituellen Erwähnung soll das Vergessen dieses Zeitabschnitts beschleunigt werden. Das Verfahren des Rückblicks, das nicht umsonst wie eine selbst auferlegte Pflicht der Medien am Ende des Geschäftsjahres wirkt, erlaubt es, mit dem 1. Januar wieder ganz von vorn anzufangen, die Ereignisse des vergangenen Jahres abzulegen, um Platz für die des kommenden zu schaffen. Man könnte die Jahresrückblicke aus diesem Grund als nach außen getragene Inventur der Zeitschriften- und Fernsehredaktionen bezeichnen.

Von Walter Benjamin stammt die Bemerkung, dass Geschichte schreiben heißt, die Physiognomie einer Jahreszahl zu bestimmen. Dass diese Bestimmung jedoch nur aus großer Distanz gelingen kann, erkennt man, wenn man sich etwa im Fernsehen Wiederholungen von Filmen oder Fernsehserien ansieht und überlegt, aus welcher Zeit sie stammen könnten. In den ersten Jahren nach ihrer Entstehung bleibt das genaue Datum der Bilder noch unsichtbar. Doch nach einiger Zeit beginnt sich das Gezeigte zu verändern. Als würden sie an ihren Rändern ein wenig vergilben und einreißen, geben die Bilder plötzlich Auskunft über ihr Alter. Die Radkappen der Autos, die Koteletten an den Schläfen der Männer, die Werbeplakate an den Wänden: Alles scheint mit einer bestimmten Jahreszahl imprägniert zu sein, und mit einer eigenartigen, durch die Ziffer im Abspann schließlich bestätigten Sicherheit lässt sich sagen, dieser Film müsse von 1975, 1979 oder 1983 sein.

Erst dem distanzierten Blick wird das Spezifische eines Jahres also sichtbar. Will man dagegen bereits im Dezember 2007 sagen, wie 2007 war, muss man sich mit der immer gleichen Technik des Rückblicks, mit ihren Rubriken, Schnappschüssen und Totenlisten behelfen, die keine Differenzen, sondern Ähnlichkeiten erzeugt. So verschieden die einzelnen Jahre auch waren – der Jahresrückblick macht sie alle gleich. Das wurde vor allem 2001 deutlich, in einem Jahr, das mit einem Ereignis von nicht gekanntem Ausmaß konfrontiert wurde. Die Wucht, mit welcher die Anschläge vom 11. September die Weltöffentlichkeit trafen, sprengte jede Möglichkeit des Vergleichs; in den Jahresrückblicken drei Monate später jedoch war auch dieser singuläre Vorfall wie alle anderen eingegliedert in die verlässlich rubrizierte Ordnung der Geschehnisse.   (A.B.)

Das Prinzip Sabbatical

Im Vokabular der Frauen-, Lifestyle- und Fitness-Zeitschriften kursiert seit einigen Jahren ein neuer Begriff. Allesamt haben sie in großen Reportagen über Menschen berichtet, die sich für ein »Sabbatical« entscheiden, die also ihren Arbeitsplatz für mehrere Monate oder sogar ein Jahr verlassen und in einen unbezahlten, in einzelnen Fällen auch von angehäuften Überstunden finanzierten Langzeiturlaub treten. Porträts über junge Arbeitnehmer waren zu lesen, Werbetexter, Journalisten oder Mitarbeiter von Unternehmensberatungen, die auf eine erste Krise in ihrem Arbeitsleben mit diesem konsequenten Entschluss reagierten, für den seit 1998, im sogenannten Arbeitsteilzeitgesetz, auch die rechtlichen Grundlagen geschaffen worden sind.

Die Rede ist vom Sabbatical: Warum, könnte man fragen, hat sich für einen altbekannten Reflex – den Überdruss an der Last des Arbeitsalltags, den Wunsch, noch einmal ein ganz anderes, freieres Leben zu führen – eine neue Bezeichnung etabliert? Worin unterscheidet sich die Semantik dieses Wortes etwa von seinem Vorgänger in der Geschichte der Privatutopien, dem seit einem Vierteljahrhundert in Vergessenheit geratenen »Aussteigen«? Die Antwort findet sich bereits in der Diktion, in der die Magazine über die freiwillige Unterbrechung geradliniger Erfolgsbiografien berichten. Ein Beispiel: »Nach zwei Jahren Nonstop-Einsatz kam Marco Schäfer, Consultant bei McKinsey, an die Grenze seiner Belastbarkeit ... Da schickte er kurzerhand ein Memo an seinen Vorgesetzten und bat um vier Monate Auszeit. Dieser zog sofort mit, verlangte aber, dass Marco Schäfer sein laufendes Projekt abschloss. Der promovierte Physiker Schäfer nutzte die Pause für ein ungewöhnliches Vorhaben: Er drehte gemeinsam mit einem Freund einen Kurzfilm über einen türkischen Rosenverkäufer, der sich verliebt. Der Beitrag lief auf verschiedenen Festivals und brachte Schäfer viel Spaß und jede Menge neue Motivation und Energie für den Job. Außerdem hat er durch die enge Zusammenarbeit mit Filmproduzenten, Werbern und Investoren zahlreiche Kontakte geknüpft und Praxiserfahrungen in der Filmbranche gesammelt – ein Zugewinn nicht nur für ihn, sondern auch für seinen Arbeitgeber McKinsey.«

In dieser kurzen Episode ist alles versammelt, was die Philosophie des Sabbaticals und die Berichterstattung über das Phänomen kennzeichnet. Der erschöpfte Vorzeigekollege, der für einige Zeit aus dem Feld des Ökonomischen heraustritt, um seine Arbeitskraft anschließend mit umso größerer Bereitschaft wieder zur Verfügung zu stellen: So deckungsgleich sind die Umrisse dieser Geschichten, dass sie sich wie Märchen auf eine einzige Strukturformel reduzieren lassen. Die Botschaft lautet: Was auf den ersten Blick als Bruch in der Erfolgsbiografie erscheint, ist in Wahrheit ein Katalysator. Im Sabbatical – und darin liegt der Unterschied zum früheren Wagnis des Aussteigens – wird der Drang nach Selbstfindung, so ineffizient er für den Arbeitgeber zunächst auch sein mag, umgewandelt in eine Kategorie der Effizienz. Nur deshalb ist es erstrebenswert, einen Kurzfilm über verliebte türkische Rosenverkäufer zu drehen, weil man belastbarer (»motivierter«) zurückkehrt und sogar noch »zahlreiche Kontakte geknüpft« hat: Kunstproduktion als Maßnahme zur Wiederherstellung der Arbeitskraft. Und dass der Film nicht als Liebhaberei im Privatarchiv landet, sondern »auf verschiedenen Festivals« läuft, versteht sich von selbst, denn erfolgreiche Sabbatical-Pioniere bringen auch im reinen Müßiggang noch das bestmögliche Produkt hervor.

Der Tonfall der Porträts – von Werbetexterinnen, die in ihre »Karriere mit Sahnehaube« eine Ausbildung zur Yogalehrerin

einschieben, oder von Managern, die nach dem Vierteljahr im
Zen-Kloster »den nächsten Karriereschritt im Unternehmen
wie geplant« machen – lässt keinen Zweifel am Stellenwert der
vorübergehenden Auszeit: Nicht als Antithese zur Logik des
Erfolges ist sie zu verstehen, sondern als eine wohlkalkulierte
Variante. In der Rede vom Sabbatical scheint jene vollständige
Ökonomisierung der Biografie durch, um welche es auch den
Personalchefs geht, die Bewerbern zunehmend raten, doch zu
den Lücken in ihrem Lebenslauf zu stehen – geradlinige Biografien seien ohnehin nicht mehr gefragt. Was im ersten Moment wie eine Lockerung des Zugriffs auf die Arbeitskraft
wirkt, wie eine Stärkung des souveränen Subjekts (die Life-
style-Zeitschriften machen bereits einen Trend aus, das private
Glück dem beruflichen vorzuziehen), bedeutet in Wahrheit
das genaue Gegenteil. Wenn selbst die Desorientierung zwischen Abitur und Studium im Jargon der Schlüsselqualifika-
tion verhandelt wird, dann gibt es kein Außen der verrechen-
baren Biografie mehr.

Dass in den Sabbatical-Artikeln mit großer Regelmäßigkeit
die Metapher vom »Auftanken« wiederkehrt, ist deshalb nur
konsequent: Der als Selbstverwirklichung beschriebene Aufenthalt in indischen Klöstern oder den Naturparks Neusee-
lands hat eher den Charakter eines zeitgemäßen Sanatoriums-
aufenthalts. Der Motor Mensch muss wieder funktionsfähig
gemacht werden. Die Geschichten enden daher auch stets auf
dieselbe Weise: Mit größerer Gelassenheit, spirituell gereinigt
oder künstlerisch befriedigt, nehmen die Zurückgekehrten
die Arbeit wieder auf und sind erfolgreicher als je zuvor. Kein
einziger porträtwürdiger Sabbatical-Kandidat, der vielleicht
wirklich mit seinem früheren Leben brechen würde, der es darauf ankommen ließe und der Sphäre der Arbeit auf ungewisse
Zeit den Rücken kehrte. Eine solche Wendung widerspräche

der vorgezeichneten Logik der Unterbrechung, die sich nur durch die gelungene Wiederaufnahme definiert. Sooft auch das Gegenteil betont werden mag: Das Sabbatical ist kein Riss in der Biografie, keine riskante Imprägnierung, sondern eher eine zeitweilige Verzierung. Es verhält sich zum Aussteigen wie ein Temporary Tattoo zur Tätowierung. (A.B.)

Das Prinzip Sicherheitsdemonstration

Niemand wird mit größerer Selbstverständlichkeit ignoriert als die Stewardess, die vor dem Abflug die Sicherheitsbestimmungen in der Maschine vorführt. Mit mechanischen Bewegungen deutet sie auf die Notausgänge und erklärt die Funktionsweise der Atemschutzmasken: ein leeres Ritual, denn sie weiß, dass die Passagiere wie immer in ihre Zeitungen und Magazine vertieft sind. Eine nicht mehr nachvollziehbare Entwicklung hat die Insassen eines Flugzeuges ins Recht gesetzt, die Ausführungen der Stewardess guten Gewissens zu ignorieren, wie eine Anleitung, mit der man schon seit Langem vertraut ist. Doch wäre im Falle eines Unglücks auch nur ein einziger Passagier in der Lage, die Sauerstoffmaske richtig anzubringen oder unverzüglich den passenden Notausstieg aufzusuchen? Wohl kaum. Den Blick nicht mehr zu heben, sobald die Erklärungen beginnen, ist jedoch die erste Gelegenheit, sich in der Geste des Vielfliegers zu üben, Ausdruck einer Souveränität, die sich aus dem Abenteuer der Flugreise nichts mehr macht.

Die Stewardess weiß um das vollständige Desinteresse ihres Publikums, und sie verrichtet ihre Aufgabe mit ausdruckslosem, starr auf einen unbestimmten Punkt gerichtetem Blick. Nach und nach greift sie zu den verschiedenen Hilfsmitteln, die sie auf dem Klapptisch eines Sitzplatzes ausgebreitet hat – die Plastikmaske, die Tafel mit den Notausgängen –, und ihre trotz aller Diszipliniertheit der Bewegungen spürbare Teilnahmslosigkeit erinnert ganz plötzlich an eine andere Darbietung: an den Auftritt einer professionellen Stripteasetänzerin, die sich mit maschineller Eleganz ihres Kostüms entledigt. (Am Ende wird die Stewardess rasch ihre verstreuten Utensilien wieder einsammeln wie die Tänzerin ihren Kleiderhaufen und hinter dem Vorhang am Ende des Gangs verschwinden.)

Worin besteht die Gemeinsamkeit dieser so unterschiedlichen Aufführungen; was verbindet die vollständig übergangene Präsentation im Flugzeug mit der lustvoll erwarteten auf der Bühne des Nachtclubs? Beide verlangen nach einer ähnlichen Panzerung des Blicks: einmal vor einem Zuwenig, einmal vor einem Zuviel an Beachtung. Sowohl die Stewardess als auch die Stripteasetänzerin sind einem schroffen Ungleichgewicht von Aufmerksamkeit und Intimität ausgesetzt, aber auf entgegengesetzte Weise. Im Nachtclub droht ein Übermaß an Interesse das Private zur öffentlichen Veranstaltung zu machen, im Flugzeug ein Übermaß an Desinteresse das Öffentliche zur Privatveranstaltung. Beide Konstellationen führen zu demselben Prozess der Abhärtung, erzeugen jene Stumpfheit in den Augen, die die Stewardess mit der Stripteasetänzerin vereint.

Und wie sich auf den Bühnen der Tabledance-Bars eine Anfängerin dadurch verrät, dass ihr die vollkommene Abwesenheit des Blicks noch nicht gelingen will und sie tatsächlich jemanden ansieht, trifft man auf Flügen abseits der großen Routen von Zeit zu Zeit auf eine neu eingelernte Stewardess, die sich an das Verhalten der Insassen noch nicht gewöhnt hat. Unsicher fahnden die Augen nach einem Adressaten ihrer Botschaften, während sie das Sicherheitsprogramm durchgeht, und je öfter ihr Blick keine Erwiderung findet, desto brüchiger wird der Panzer ihrer Souveränität. Auch die Uniform kann dann nicht verhindern, dass sie schutzlos im Gang des Flugzeugs steht, wie unbekleidet. Durchbohrt nicht von Blicken, sondern von deren Verweigerung. (A.B.)

Das Prinzip Sommerinterview

Das Genre »Sommerinterview«, 1988 von der ZDF-Sendung *Bonn direkt* begründet und seitdem von etlichen Fernsehanstalten übernommen, ist an eine konkrete Erwartung gebunden: In der Zeit der Parlamentsferien, fernab der bekannten Institutionen des Parteienbetriebs, soll es zu einer anderen Darstellungsweise von Politik kommen. Die Hoffnung besteht darin, dass die Spitzenpolitiker, an ihren Urlaubsorten oder zumindest in privater Atmosphäre befragt, einmal auf ungezwungenere, weniger repräsentative Weise von den Dingen sprechen; mit den Sakkos und Krawatten sollen auch die Fesseln des Staatsmännischen für einen Moment abgelegt werden. Was dagegen zum Vorschein kommen möge, ist der »Mensch« hinter dem Politiker, mit seinen persönlichen Interessen und Vorlieben, dem in der Auszeit der Ferien wahrhaftigere Auskünfte zu entlocken sind als im gut geölten Diskursgetriebe des Bundestags. Wie es Peter Hahne, einer der beiden Moderatoren, formulierte: »In der Sommerpause sind die Politiker nicht mehr nur die cleveren Statement-Maschinen, die jeden Satz dreimal abwägen. Da redet man drauflos, zeigt auch mal Gefühl, verplaudert und verplappert sich.«

Mit welcher Sorgfalt dieses Unterfangen betrieben wird, lässt sich daran erkennen, dass die Choreografie der Gespräche bis ins letzte Detail festgelegt ist. Egal ob Angela Merkel vor einer Dorfkapelle in der Uckermark zu Wort kommt, Köhler am Berliner Gendarmenmarkt, Bütikofer in Heidelberg oder Schröder an der Müritz: Die Sommerinterviews folgen immer genau denselben Ritualen. Gesprächsablauf, Kameraperspektive und Kulissen stellen eine größtmögliche Differenz her zur gewöhnlichen Politikerbefragung in Innenräumen, im Eingangsbereich eines Parlamentsgebäudes oder vor den Stellwänden des Fernsehstudios. Beim Sommerinterview ist nicht allein der freie Himmel obligatorisch; es geht vielmehr

um eine durchgehaltene Ästhetik der Aufnahmen, vor allem
um das Augenmerk auf die Öffnung des Raums. Nicht zufällig
weitet sich der Bildhintergrund fast immer zu einem Horizont,
einem verschlungenen Flusslauf, einem See oder einem Tal.

Alles an dieser Perspektive richtet sich gegen das Statische und
Geschlossene konventioneller Berichterstattung. Deshalb gehört es etwa im ZDF auch zum festen Ablauf der Gespräche,
dass die ersten Fragen im Gehen gestellt werden. Wenn Reporter und Politiker sich am eigentlichen Gesprächsort einge-
funden haben, ist dieser Platz stets von zahlreichen Menschen
bevölkert, auch wenn ein solcher Auflauf, wie letztes Jahr im
Merkel-Interview vor der Dorfkapelle, wie inszeniert wirkt.
Warum aber diese sorgsam choreografierten Elemente? Das
Umhergehen im Freien, der Horizont der Landschaft, die Anwesenheit von Passanten sollen allesamt denselben Eindruck
von Welthaltigkeit verstärken, von weitestgehender Entfernung zum undurchlässigen Politikbetrieb. Das Sommerinterview zeigt den Politiker als Bestandteil des alltäglichen
Lebens.

Bemerkenswert ist jedoch eines: dass all diese ästhetischen
Bemühungen, ein Außerhalb des politischen Diskurses zu
schaffen, bereits mit der zweiten, dritten Frage in sich zusam-
menbrechen. Denn nach der Einstiegsbemerkung über die
Bedeutung des ausgewählten Ortes für den Politiker wird das
Gespräch unverzüglich zu dem bekannten Frage-und-Antwort-
Spiel, in jenen immer gleichen Jargon der Politik, den man einen Moment später schon wieder vergessen hat. Letztendlich
ist das Sommerinterview nicht die Antithese zum Betrieb, als
die es sich präsentiert, sondern dessen konsequente Fortfüh-
rung in der Sommerpause, die Möglichkeit der Fernsehredaktionen, auch in den Parlamentsferien über die eingespielten

Themen zu berichten. Der Fokus auf dem scheinbar Privaten und Grundsätzlichen, auf dem Erheischen einer nicht autorisierten Information ist womöglich lediglich ein Kunstgriff, um den Mangel an Anlass und Aktualität zu überdecken. Peter Hahne weiß es so gut wie wir: Die cleveren Statement-Maschinen funktionieren auch im Sommer reibungslos.   (A.B.)

Das Prinzip Spargel

Der Spargel selbst ist im Grunde ein unschuldiges Gemüse, das nirgendwo anecken will. Er bemüht sich sehr, möglichst unauffällig zu schmecken, er macht weder satt noch dick, tatsächlich besteht er hauptsächlich aus Wasser. Dadurch, dass er ständig billiger wird, leistet er einen Beitrag zur Demokratisierung der Esskultur, und wie kein anderes Gemüse vermittelt er den Deutschen das Gefühl, mal wieder fein gespeist zu haben. Subversive Eigenschaften, die ihm nachgesagt werden, etwa eine widernatürliche Steigerung des Fortpflanzungstriebs, ließen sich dagegen trotz jahrhundertelanger Beobachtung durch Kirche und Verfassungsschutz nie zweifelsfrei nachweisen.

Und dennoch: Analysiert man die Medienberichterstattung über die alljährliche Spargelzeit, zeigt der Spargel seine Sprengkraft als Landmine der globalisierten Gesellschaft. Die Sache ist nämlich die: Er muss deutsch sein – sonst ist er trockener, minderwertiger Importspargel. Dafür gibt es, kein Witz, eine Art amtlichen Ariernachweis, mit dem reinrassiger deutscher Spargel von Fremdspargel unterschieden werden kann. Offiziell nennt sich das »Isotopenanalyse«. Die Folge: Der Spargel boomt auf deutschen Feldern. Aber, und jetzt wird es richtig spannend: Der Deutsche selbst, auch der deutsche Langzeitarbeitslose, will ihn nicht ernten. Das machen ausländische Saisonarbeiter, hauptsächlich Polen. Weshalb in den letzten Wochen und Monaten immer wieder Reporter auf die Spargelfelder hinausgeschickt wurden, um über diese dramatische Lage zu berichten.

Unglaublich, was wir auf diese Weise über den Spargelanbau erfahren haben: Fördermengen, Tariflöhne, Effizienzberechnungen (»70 Polen auf 40 Hektar«). Und an allen Spargelstandorten dieselben aufrüttelnden Erkenntnisse: Deutsche Arbeiter sind »absolut nicht zu finden« (Inchenhofen) bzw. haben

sich »seit dreißig Jahren nicht blicken lassen« (Pörnbach). Die
Polen dagegen sind »äußerst flexibel« (Schrobenhausen), »arbeiten samstags und sonntags durch« (Mainz-Finthen) und
»klagen nie« (Bornheim). Der Ausländer, so die alarmierende
Botschaft, sticht etwa zehn Kilo Spargel in der Stunde – der
Deutsche, den das Arbeitsamt schickt, lediglich zwischen drei
und fünf.

Diese Spargelstory enthält, auch wenn sie an der Oberfläche sachlich daherkommt, eine geheime symbolische
Zusatzbotschaft. Der Ausdruck »sich die Hände nicht
schmutzig machen« – trifft er hier nicht ganz wundervoll
ins Schwarze? Der Deutsche, egal wie schlecht es ihm sonst
geht, will sich nicht mehr bücken, die Frucht des Feldes
nicht mehr mit den Händen greifen, er ist seiner Scholle
bedenklich entfremdet. Nur so viel: Es gab Zeiten in diesem Land, da wäre er damit nicht durchgekommen, hehe.
Diese Denaturierung, ja Pervertierung des Deutschen geht
einher mit einem symbolischen Potenzverlust, der sich nicht
auf das Gebiet der Feldarbeit beschränkt. Der deutsche Land-
mann, der vor Kurzem noch die Welt umpflügen sollte – er
geht uns auf dem Weg ins Elend voran.

Das Fantastische dabei ist, dass der Spargel diesen symbolischen Irrsinn auch noch mitmacht – unseren Ahnen, die
den Ausdruck »Spargel stechen« erfanden, in diesem Zusammenhang ein herzliches Dankeschön. Am Spargel sieht man:
Der Deutsche hat insgesamt das Stechen verlernt (vergleiche
auch die Debatte zum Thema »Zeugungsstreik«), Sommer
für Sommer wird er von polnischen Superstechern, die zehn
Kilo pro Stunde können, ausgestochen. Okay, das ist jetzt pole-
misch, so direkt hat es noch keiner gesagt. Aber wir sollten uns
doch einmal fragen, was uns wohl dazu treibt, das Spargelfeld

jeden Sommer von Neuem als ein nationales Drama zu inszenieren: Ist es bloß eine große Unsicherheit – oder doch die
Sehnsucht nach einer Zeit, als wir im Felde noch unbesiegt
waren? (T.K.)

Das Prinzip Steuertrick

Alles klar, wir wissen es, wir haben es tausendmal gehört: Unser Steuersystem ist komplex und verworren, nirgendwo gibt es so viele Sonderregelungen und Spezialvergünstigungen, und im Grunde sind es nur die Finanzämter, die den Aufschwung lähmen und dieses Land darniederhalten. Auf gewisse Weise stimmt das auch, aber das ist nur ein Teil der Wahrheit. Der andere Teil liegt in uns selbst, in der Psyche des deutschen Steuerzahlers: Dieses todsichere und leicht wahnsinnige Gefühl, dass ganz sicher noch was herauszuholen wäre – und zwar mithilfe von Steuertricks. Der Steuertrick ist ein wirklicher Trick, man muss schon ein Fuchs und ein Kenner sein, um ihn zu verstehen und anzuwenden. Gleichzeitig aber ist er völlig legal, wir brechen ja keine Gesetze. *1000 ganz legale Steuertricks* lautet also der Titel eines ewigen Bestsellers, und diese Kombination führt schon ganz tief hinein in jenen Abgrund, der mit »Steuerdschungel« nur unzureichend umschrieben ist.

Vordergründig wirkt die Botschaft positiv: dass man mit Steuertricks Geld sparen kann und dass es mindestens tausend davon gibt. Tatsächlich aber gehört sie, ähnlich wie der amerikanische Traum, zu einer Ideologie der unerfüllbaren Versprechungen. Ihr Kern lautet: Schlaue Menschen zahlen überhaupt keine Steuern. Denn die Großen, die Konzerne, die Reichen machen es ja vor: Für sie gilt theoretisch der Spitzensteuersatz, aber praktisch greift er nie, weil sie alle Steuertricks beherrschen. Nur wir, wir sind irgendwie zu blöd dazu. Wir versuchen die Tricks natürlich auch, mit Zweitwohnsitz, Haushaltshilfe, Kilometerpauschale, Verpflegungsmehraufwendungen und so fort. Aber jedes Jahr, wie's der Teufel will, landet dann doch ein schmerzhaft hoher Betrag beim Finanzamt, und wir waren wieder nicht clever genug. »Für Ihre diesjährigen Umsätze sind Sie ein bisschen wenig essen gegangen«, tadelt der Steuerberater streng. Wir beißen uns beschämt auf die Unterlippe. Jetzt müssen wir zahlen und sind auch noch selber schuld.

So jagen wir endlos der Vorstellung hinterher, dass wir nur diesen einen Paragrafen noch verstehen müssten, schon stünde wahrem Reichtum nichts mehr im Weg. Was keineswegs nur die sogenannten Besserverdiener betrifft – es ist fast eine kollektive Paranoia: Haben wir Spielräume nicht genutzt, ein Schlupfloch undurchschlüpft gelassen? Tagelang fahnden wir nach Schriftstücken, um den beruflichen Zweck einer Reise zu begründen, fordern längst verlorene Dokumente noch einmal an, wühlen uns durch mufflige Zettelkästen – und alles nur, um dem Finanzamt keinen Cent zu schenken, um nicht das grausame Schicksal aller Kleinlauten, Denkfaulen und Unkreativen zu teilen, die brutal vom Staat geschröpft werden. Am Ende passiert etwas ziemlich Absurdes: Der Steuerdschungel erscheint uns als Freund, er hüllt uns ein mit seinen unentwirrbaren Paragrafenschlingen, und je mehr wir uns darin verheddern, desto geborgener fühlen wir uns.

Insofern hat uns dieser Professor Paul Kirchhof, der im Jahr 2005 für kurze Zeit als Finanzminister gehandelt wurde, alle Hintertürchen, Vergünstigungen und Schlupflöcher abschaffen wollte – Draufhauen mit der Riesenmachete sozusagen –, dieser Steuerfachmann hat uns Angst gemacht. Was würden wir tun, wenn wir einfach nur 25 Prozent unseres Lohns ans Finanzamt abführen müssten, ohne jede Ausnahme? Wohin mit all den mühsam erlernten Tricks, wohin mit dem wertvollen Halbwissen? Die Vision, wie wir dann dastünden, ist grauenvoll: nackt in einer riesigen, schlammigen Ödnis, die einmal ein blühender Dschungel war. In der Hand hielten wir einen Bierdeckel mit unserer Steuererklärung, aber selbst den wollte keiner mehr sehen. Fröstelnd schauten wir uns um, eine

Heidegger'sche Kreatur, brutal ins Sein und in die Freiheit geworfen. Im Herzen spürten wir Frieden und eine große Leere,
aber dieses Gefühl wäre kaum auszuhalten. So zögen wir ratlos
davon – auf der Suche nach der wunderbaren, verlorenen Zeit,
als das Tricksen noch geholfen hat. (T.K.)

Das Prinzip Suche

Es geht um die Zukunft der globalen Wirtschaftsentwicklung und des ganzen menschlichen Zusammenlebens – aber hier und heute, im aktuellen Einkaufsstress, geht es auch darum, dass der Verkaufsleiter unseres Mediamarkts uns gerade in den Wahnsinn treibt. Nichts gegen ihn persönlich. Er tut, was er kann, und die Ordnung in seinem Kaufhaus ist sowieso nur ein Beispiel für einen Ort mit sehr vielen Waren, den wir auf der Suche nach einem bestimmten Artikel betreten. Wir wissen also, was wir wollen. Die Zeit ist knapp. Kein Hilfspersonal weit und breit. Und schon tappen wir in die Falle: Wäre doch gelacht, wenn wir die CD für Onkel Rudi jetzt nicht selber finden. Es muss hier nämlich ein System geben. Intelligente Menschen sind dazu da, Systeme zu verstehen, und am Ende der Suche sollte einfach nur ein erfolgreicher Kauf stehen – oder aber die Erkenntnis, dass Rudis Wunsch hier nicht erfüllt werden kann. Mehr wollen wir doch gar nicht.

Überflüssig zu sagen, dass unser Mediamarkt so natürlich nicht funktioniert. Das System, das es zu durchschauen gilt, ist mit »menschenverachtende Willkür« noch freundlich umschrieben. Steht Air bei Elektronische Musik, bei Rock/Pop oder bei Franzosen? Gehört Xavier Naidoo – ja, den wollte Onkel Rudi haben, fragen Sie bitte nicht weiter – zu Soul, Schlager oder Deutsche Interpreten? Die Suche beginnt. Ein sofortiger Erfolg würde ungläubiges Staunen auslösen. Und ein endlich gefundenes Fach mit der Aufschrift »Naidoo«, in dem die gewünschte Platte nicht steht, heißt auch wiederum: gar nichts. Denn es gibt ja noch den »Aktionen«-Tisch. Das »Nice Price«-Regal. Die Grabbelkiste. Und der Himmel weiß, was sonst noch. Also beginnt eine neue Suche – nach dem Verkäufer. Hat man den nach langen Qualen gefunden und seine vagen Richtungsangaben wütend zurückgewiesen, trollt er sich und taucht irgendwann mit der ersehnten CD wieder auf. Die überreicht er uns. Wortlos-genervt. Wo zum Teufel war sie? Wir fragen nicht mehr – dumm, hilflos und lächerlich, wie wir sind.

Suchen, denkt man da, funktioniert inzwischen doch eigentlich anders. Man tippt ein, zwei Worte in eine Suchmaske. Fehler sind durchaus erlaubt. Die Antwort dauert trotzdem nur Millisekunden. Meist führt sie an einen Ort, an dem man sowieso schon seine Kreditkarten-Informationen hinterlassen hat, weil es dort praktisch alles gibt. Ein weiterer Klick, und der Einkauf ist erledigt, die Ware auf dem Weg. Man fühlt sich smart, modern und effizient – und wenn jetzt noch die junge blonde Briefträgerin wirklich klingelt und in den fünften Stock heraufschnauft, statt einfach nur einen Abholzettel in den Postkasten zu werfen, ist das Leben nahezu perfekt. Nebenbei gesagt: Der Bundesverband des Deutschen Versandhandels verzeichnete im Jahr 2006 eine Umsatzsteigerung von 35 Prozent für die Internethändler in Deutschland. 34 Prozent davon, da wetten wir, stehen wieder in direktem Zusammenhang mit Menschen, die schäumend von einer Suche in der sogenannten Wirklichkeit zurückkamen.

Diese Wirklichkeit hat von allem zu viel und doch erstaunlich selten das, was wir tatsächlich wollen. Wer darin sinnvolles Suchen ermöglicht, wer Menschen und Dinge, Menschen und Informationen elegant zusammenbringt, wird bald so reich und mächtig sein wie jene, die diese Dinge oder Informationen herstellen. So sieht der Fortschritt aus, so soll es sein, im Übrigen ist es ja – man betrachte nur die große Google-Erfolgsstory – jetzt schon so. Wenn aber das Internet noch die letzte Nadel im letzten Heuhaufen lokalisiert hat und nur noch nach der Kreditkarte fragt, um sie loszuschicken, werden wir irgendwann auch merken, dass unsere blonde Briefträgerin eines trotzdem nicht liefern kann: das unbeschreibliche Gefühl nämlich, etwas Gesuchtes am Ende selbst zu finden. Vielleicht an einem völlig unwahrscheinlichen Ort. Vielleicht gerade dann, wenn man gar nicht mehr damit rechnet. So wie neulich *Beth Gibbons & Rustin Man*. Eine Superplatte, dachten wir noch zwei Tage zuvor, dann lag sie wie ein Geschenk des Himmels für fünf Euro in der Grabbelkiste bei Saturn Hansa. Homers antiker Weltreisender Odysseus hatte weder Routenplaner noch GPS auf dem langen Weg nach Ithaka, und Wolfram von Eschenbachs ewig suchender Parzival war ein reiner Tor: Er kam gar nicht auf die Idee, den Standort des Heiligen Grals bei Google einzutippen. Aber vom unwahrscheinlichen Glück des Findens konnten diese beiden am Ende ihrer Tage nicht nur ein Lied singen, sondern ein ganzes Epos.   (T.K.)

Das Prinzip Sudoku

Schon wieder so ein Modeding aus Japan. Erstaunlich in seiner Unentrinnbarkeit. Fast alle großen Tageszeitungen machen schon mit, erst in England, dann in Amerika, jetzt bei uns. Bücher in Millionenauflage, Hilfsprogramme im Internet, Downloads fürs Handy. Der neueste Trend auf dem Markt für gehobene Zeitvernichtung. Wie Kreuzworträtsel, aber ohne Worte. Wie Mathematik, aber ohne Rechnen. Und echt global: erstmals beschrieben von einem Schweizer Mathematiker, perfektioniert in den USA und in Australien, popularisiert von einem japanischen Verleger. Und jetzt: im Morgenflieger, im Abendflieger, in der S-Bahn, überall. Dahinter muss ein Prinzip stecken, das man nur spielend erforschen kann. Das heißt: persönliche Recherche, selbstverständlich während der Arbeitszeit.

Wer sein erstes Sudoku in Angriff nimmt, hat schon die Fakten im Kopf: dass es nur eine einzige Regel gibt; dass man statt Zahlen auch Symbole oder Farben verwenden könnte; dass keinerlei Allgemeinbildung nötig ist, um die Lösung zu finden. Alles klar: Zerstreuung für PISA-Versager. Denksport für Analphabeten. Ein Beweis mehr für das schleichende Verschwinden aller kulturellen Fähigkeiten. Und dann? Dann schauen einen die Zahlenreihen, Zahlenspalten und Zahlenquadrate an und wollen gefüllt werden. Jeder Hochmut verfliegt. Es wird komplex. So komplex, dass man die Lösungswege zum Beispiel kaum beschreiben kann, ohne sie grafisch auf eine Serviette zu kritzeln.

Was man dagegen beschreiben kann, ist der Grundsatz des Sherlock Holmes: Hat man alles Unmögliche ausgeschlossen, muss das, was übrig bleibt, die Wahrheit sein. Dieses Prinzip liegt Sudoku zugrunde. Man sucht das magische Feld, in das man alle denkbaren Ziffern nicht eintragen darf – bis auf eine. Die malt man dann fett ins Kästchen, lehnt sich zurück und nippt am Tomatensaft. Dann sucht man den nächsten logischen Fixpunkt und so fort. Wenn jedes Feld eine offene Frage ist, dann gibt Sudoku eine eindeutige Antwort. Zwei richtige Lösungen existieren nicht. Das ist schön. Das hat was Beruhigendes und Endgültiges. Das Leben selbst, dieses Jammertal der unbegrenzten Möglichkeiten, diese ewige Grauzone des Durchwurstelns, funktioniert ja leider nicht immer so.

Hier liegt der Kern des Rituals: Wer sein Sudoku hervorholt, flieht vor der Außenwelt. Sucht inneren Halt, klare Regeln und das hochbrisante Lustgefühl, die letzte noch mögliche Ziffer in das letzte noch freie Feld einzufügen. Dieses Gefühl kann süchtig machen. Es kann, Gott bewahre, genauso lange dauern wie eine Runde Sex, sich am Ende aber befriedigender anfühlen. Bringt Sudoku also Autisten hervor, die in imaginäre Reinsträume der Logik flüchten? Ist der Sudoku-Spieler ein Ziffernhausmeister? Ein seelischer Kästchenblockwart? Eine analfixierte Sau? Ach nee. Nicht wirklich. Alles halb so schlimm.

Viel eher ist er ein Mensch des Konjunktivs. Britische und amerikanische Forscher haben einen Zusammenhang nachgewiesen: Wo immer Sudoku populär wird, steigt der Verkauf von Bleistiften explosionsartig an. Es geht gar nicht anders. Weil man beim Spielen ständig eine Zahl übersieht und dann wieder viel radieren muss. Weil bei den schwereren Sudokus schnell der Punkt kommt, wo ein Lösungsweg nur durch Ausprobieren weitergeht. So ein Blindflug ins Ungewisse kann, auch wenn er falsch ist, eventuell erst Stunden später auffliegen. Das kennen wir doch. Das sehen wir doch auch ständig in der realen Welt: Irakkrieg, Angela Merkel, Hartz IV. Auch diese Lösungen sind, wenn wir ehrlich sind, bisher nur mit

Bleistift eingetragen; sind Blindflüge ins Ungewisse, müssen am Ende vielleicht brutal korrigiert werden. So wird Sudoku zum Symbol für alle großen Strategien der Gegenwart: Am Anfang sieht es ganz gut aus, in der Mitte passabel, im letzten Drittel okay – und am Ende hilft doch wieder nur der ganz große Radiergummi. (T.K.)

Das Prinzip Vergebung

Ein Star, der plötzlich und unfreiwillig mit dem Gesetz in Konflikt gerät, sexuelle Tabus bricht, Drogenexzesse eingesteht oder gar unter Mordverdacht gerät – dieses Schauspiel gibt es, solange es Stars gibt. Wallace Reid, einer der ersten Herzensbrecher der Stummfilmzeit, war zugleich einer der ersten Junkies. Charlie Chaplin, der erste Gigant des neuen Mediums, war zugleich auch der erste Regisseur mit Hang zu Minderjährigen. Und Fatty Arbuckle, der erste komplett familientaugliche Komiker, war zugleich der Erste, den ein spektakulärer Vergewaltigungs- und Mordprozess aus der Bahn warf. Später kamen die Götter der Popmusik dazu und schließlich jene, die ohne jeden Grund berühmt wurden – und so führt eine niemals endende Kette von Skandalen bis in die Gegenwart: zum randalierenden Mel Gibson am Straßenrand über Britney Spears ohne Unterhose bis hin zu Paris Hilton im Knast.

Das peinliche Grundgefühl ist immer dasselbe: Das überlebt der nicht, denkt man, davon erholt sie sich nie. Dabei liest man die Schlagzeilen und studiert die Beweisfotos, womöglich auch das Internetvideo – und niemand kann sich im ersten Moment vorstellen, dass der Betroffene je wieder vor die eigene Haustür treten, geschweige denn eine Karriere im Showgeschäft fortsetzen kann. Es geht ja auch nicht immer. Sehr oft aber geht es doch, manchmal erst nach Jahren des Schweigens und der Verbannung, manchmal viel schneller, als man denkt. Und nicht nur für die gefallenen Sünder und die potenziellen Risikofälle wäre es gut zu wissen, ob das alles nicht doch vielleicht nach bestimmten Gesetzen funktioniert. Gibt es Muster dafür, wie die Öffentlichkeit ihre Stars entschuldigt und also – im Wortsinn – von Schuld wieder freispricht?

Die Antwort, die sich im Lauf der Zeit immer wieder bestätigt hat, ist denkbar einfach: Fast alles kann vergeben werden. Die

Pseudomoral der Klatschpresse, die entrüsteten Aufschreie der Sittenwächter täuschen meist nur kurz darüber hinweg, dass in Wahrheit eine weitreichende Mythologie des Künstlertums existiert, die auch Film- und Popstarts gnädig umfasst: Wer Werke von bleibendem Wert schaffen will, braucht auch Dämonen, die ihn dazu antreiben, der darf nicht akzeptieren, was anderen als gültige Regel gilt, der muss die eigenen Untiefen nicht nur theoretisch, sondern auch praktisch ausloten – Kunst für Anfänger, Lektion eins. Und also kann ein Mann wie Roman Polanski zwar nach wie vor nicht in die USA einreisen, weil es dort immer noch einen Haftbefehl wegen Pädophilie gegen ihn gibt, aber in Abwesenheit den Oscar gewinnen, das kann er sehr wohl – wie er mit dem *Pianisten* bewiesen hat. In derselben Oscar-Nacht wurde auch Leni Riefenstahl, lange die politisch diskreditierte Künstlerin schlechthin, wieder in die Ehrenliste der großen verstorbenen Filmschaffenden aufgenommen.

Das ist die gute Nachricht für alle Missetäter: Es gibt immer, irgendwie, einen Weg zurück. Die schlechte ist, dass diese Vergebung weder durch Geld noch durch öffentliche Buße erkauft werden kann, sondern nur durch nachhaltiges Künstlertum. Wer gar nicht mehr kreativ tätig ist, wie Britney Spears in ihrer Slacker-Phase ab 2005 ff., hat es am schwersten: Selbst ein Minivergehen wie das Ausgehen ohne Unterhose wächst sich dann leicht zur Katastrophe aus, weil es die Botschaft vermittelt, die Frau lasse sich nun endgültig gehen und werde nie wieder einen Song produzieren. Dem schwulen Kollegen George Michael dagegen konnte nicht einmal sein unfreiwilliges Coming-out – die Verhaftung in einer Herrentoilette in Beverly Hills – wirklich schaden, weil er es einfach zum Anlass nahm, einen neuen, ziemlich brillanten Nummer-eins-Hit zu schreiben, der den Vorfall ironisch reflektierte. Mel Gibson

mag, was seine betrunken gebrüllten antisemitischen Ansichten betrifft, ein gefährlicher Idiot sein – aber er geht auch
erhebliche kreative Risiken ein und beweist damit künstlerische Potenz – nichts hilft mehr bei einer schnellen Rehabilitierung. Und jede Wette: Wenn Michael Jackson morgen mit
einem neuen Song in der Qualität von, sagen wir, *Billy Jean* auf
den Markt käme – ein ganzes Jahrzehnt voller Skandale, Prozesse und Verrücktheiten wäre schnell vergessen.   (T.K.)

Das Prinzip Warten

Um das Warten auf das Glück oder den Weltuntergang, auf
einen Mann namens Godot oder den Frieden in Nahost geht
es an dieser Stelle nicht. Es geht überhaupt nicht um das Warten im großen emphatischen Sinn. Stattdessen soll von den
kleinen, nervigen Wartezeiten des täglichen Lebens die Rede
sein: der Zeit, die man in Warteschlangen verbringt, vor roten
Ampeln verharrt, dem Computer beim Arbeiten zuschaut oder
bis zum Ende einer Sitzung überstehen muss. Diese Zeit war
früher eine zähe, unbestimmte, undurchdringliche Masse. Sie
konnte schnell zu Ende sein oder sich ewig hinziehen, man
stellte sich gottergeben in die Schlange oder drehte Däumchen,
und an der Kasse, für die man sich gerade entschieden hatte,
ging dann natürlich gar nichts mehr voran.

Damit wollte sich die Menschheit irgendwann nicht mehr
abfinden, und so begann sich das Warten zu verwandeln. Den
Anfang machte wie so oft die Computerbranche mit der Erfindung des »Fortschrittsbalkens« – dieser allgegenwärtigen
kleinen Grafik, die dem Warten einen Anfang und ein Ende
gibt und dem Benutzer jederzeit anzeigt, wie viel Arbeit der
Computer schon getan hat und wie viel er noch tun muss.
Einmal ganz abgesehen von der Tatsache, dass solche Fortschrittsbalken auch lügen können, wird damit ein interner
und eigentlich völlig undurchsichtiger Prozesses transparent
gemacht. Man kann sich auf ein festes, absehbares Ende einstellen, beruhigt einen Kaffee holen gehen oder lieber gleich
die Abbrechen-Taste drücken. Die Firma IBM hielt acht Jahre
lang ein Patent auf diesen Balken, ließ es aber zum größeren
Nutzen der Menschheit im Jahr 2003 auslaufen.

Schon länger kann man beobachten, dass der Erfolg des Fortschrittsbalkens auf andere Lebensbereiche übergreift – und
dass wir kaum noch auf die Information verzichten wollen,

wie lang eine Sache so dauern wird. Auf Ämtern und Behör-
dengängen ziehen wir Zahlenkärtchen und verfolgen auf
einem Display über der Tür, wie weit die eigene Nummer noch
entfernt ist; an U-Bahn-Haltestellen werden die Minuten bis
zum nächsten Zug heruntergezählt; Musikplayer zeigen an, an
welcher Stelle eines Songs wir uns befinden; und sogar Papp-
schilder neben endlosen Schlangen geduldiger Kunstfreunde
messen die Zeit: »Ab hier noch eine Stunde bis zum Eingang
der Ausstellung«. Die allerneueste, schon leicht perverse Entwicklung kommt nun vom Hamburger Gänsemarkt: Dort
steht eine sogenannte Restrot-Ampel, die einen Countdown
bis zur nächsten Grünphase vollführt. Ihre Wirkung wurde
wissenschaftlich untersucht, der Effekt auf das menschliche
Nervensystem war enorm: Zwanzig Prozent der Fußgänger, die
früher bei Rot über die Straße gegangen wären, brachten nun
die Ruhe auf, tatsächlich auf das grüne Männchen zu warten.

Inzwischen sind es Situationen ohne diese Restzeitanzeige,
die uns mehr und mehr nervös machen. Wie wäre es mit
einem kleinen, unauffälligen Fortschrittsbalken über unseren
Opernbühnen? Anders lässt sich Wagners *Ring* ja wirklich
kaum noch ertragen. Auch Konferenzen am Arbeitsplatz,
Politikerreden, große Reformprojekte und die weibliche Sexualität könnten viel von ihrem Schrecken verlieren, wenn
sich eine hilfreiche kleine Eieruhr einblenden ließe, die einfach mal den Stand der Dinge klarstellt. Der ewig tickende
Puls des modernen Lebens verlangt, dass noch die letzten
Reste amorpher Zeit in unserem Leben digitalisiert, in ihre
Bestandteile zerlegt und mit Anfang und Ende versehen
werden. Aber wo führt das hin? Werden wir erst dann Ruhe
geben, wenn wir die ultimative Restzeitanzeige überhaupt vor
Augen haben – die verbleibenden Tage, Stunden und Minuten
des eigenen Lebens? Selbst das muss es schon einmal gegeben

haben, die Legenden von Sehern und Orakeln, die exakt die Zukunft vorhersagten, beweisen es. Aber schon damals haben es wohl nur die Mutigsten gewagt, diese Frage nach dem eigenen Ende wirklich zu stellen. Bevor wir den gnadenlosen Fortschrittsbalken unserer eigenen prekären Existenz betrachten, fügen wir uns doch lieber wieder in die altertümliche Qual des zähen, unbestimmten, undurchschaubaren Wartens.   (T.K.)

Das Prinzip Wetten, dass..?

Zwei verlässliche Konstanten kennzeichnen die größte deutsche Fernsehshow: die außergewöhnlich guten Quoten und die außergewöhnlich schlechten Kritiken. Vor jeder Sendung lässt sich aufs Neue mit Sicherheit sagen, was am Montag wieder in den Zeitungen stehen wird: Die Show sei wieder ein neuer Tiefpunkt gewesen, eine bloße Anhäufung von Werbeauftritten. Gottschalks Mangel an Vorbereitung lasse sich endgültig nicht mehr verbergen; es sei ein Rätsel, warum der müde Abklatsch einer Samstagabendshow noch immer fünfzehn Millionen Zuschauer zum Einschalten bewege. Und diese ernüchternden Bilanzen haben sich keineswegs erst in letzter Zeit eingestellt: Ältere Kritiken der Sendung machen deutlich, dass der Chor der Enttäuschten und Überdrüssigen bereits seit mehr als zehn Jahren unverändert anhält.

Woran liegt es also, dass eine Fernsehshow, die sich so offensichtlich überlebt hat, immer noch die erfolgreichste von allen ist? All die Kommentare mit ihren profunden Nachweisen, welche Aussetzer sich Gottschalk wieder geleistet habe, beruhen auf einem Missverständnis: Sie gehen davon aus, dass die durch nichts zu erschütternde Beliebtheit von *Wetten, dass..?* noch in irgendeiner Weise an das gebunden wäre, was in den aktuellen Sendungen passiert. Das Gegenteil ist der Fall. Nichts hat mittlerweile einen geringeren Anteil am Erfolg der Show als das tatsächlich Gezeigte. Die einzigartige Quote wird lange schon von etwas ganz anderem gesichert: von der grundsätzlichen Orientierung und Geborgenheit, die *Wetten, dass..?* den Zuschauern bietet. Im Zeitalter der endlosen Partikularisierung des Fernsehens, der sechzig Kanäle und der Woche für Woche erneuerten Sendeformate, stillt *Wetten, dass..?* die Sehnsucht nach einer Zeit, in der es noch keine Wahl gab, in der eine Sendung unter Aufbietung aller Möglichkeiten für das Gelingen des Fernsehabends einstehen musste. Die wohlige Vorfreude beim Erklingen der Erkennungsmelodie um 20.15 Uhr bezieht sich genau auf diese Gewissheit: dass das Fernsehen mit all seinen Verzweigungen und Ableitungen für einen Abend wieder ein absolutes Zentrum habe. Florian Illies schrieb bekanntlich über das *Wetten, dass..?*-Gefühl des Zwölfjährigen in den frühen Achtzigern: »Niemals wieder hatte man in späteren Jahren solch ein sicheres Gefühl, zu einem bestimmten Zeitpunkt das Richtige zu tun.« Dass sich fünfundzwanzig Jahre später noch immer die Hälfte aller Fernsehzuschauer am Samstagabend für diese Sendung entscheidet, ist der kollektive Versuch, diese kindliche Sicherheit alle sechs Wochen auch für die haltlose Erwachsenenexistenz wiederherzustellen.

Wenn *Wetten, dass..?* seinen Status aber allein dieser Kontinuität zu verdanken hat, ist der so vehement geäußerte Vorwurf der Stagnation und Wiederholung widersinnig. Das immer Gleiche ist vielmehr das Erfolgsprinzip der Sendung. Natürlich befremdet Gottschalks Arroganz die Zuschauer mehr und mehr (man denke nur an das unverhohlene Desinteresse, mit dem er mittlerweile die Wettkandidaten verabschiedet: halb abgewendet, ohne seinen Redefluss auch nur für einen Augenblick zu unterbrechen). Doch die Sympathiewerte, die er damit verspielt, sind irrelevant angesichts des ungeheuren Kredits, den die Sendung im vergangenen Vierteljahrhundert als letzte Instanz der Fernsehunterhaltung angehäuft hat. Das Publikum erwartet von jeder neuen *Wetten, dass..?*-Folge nichts anderes, als dass sie so sein wird, wie es immer schon gewesen ist. Deshalb schadet der zehnte Auftritt von Claudia Schiffer, das zwanzigste Lied von Peter Maffay, die hundertste brennende Tonne als Bühnendekoration der Sendung weniger als eine einzige fundamentale Änderung des Konzepts. Im Zeitalter der allgemeinen Erinnerungsseligkeit auf dem Bildschirm, der unzähligen Rückblicke auf die Siebziger-, Achtziger-, Neunzigerjahre nimmt Gottschalks Show eine Sonderstellung ein. Sie ist die einzige Sendung, die gleichzeitig Gegenwart und Vergangenheit zu präsentieren vermag. *Wetten, dass..?*: seit Jahren nichts als ein Revival seiner selbst. (A.B.)

KAPITEL III

TYPEN

Das Prinzip Benefizrocker

Der Unterschied zwischen Rocker und Benefizrocker könnte größer kaum sein. Der Rocker, nehmen wir als Beispiel Mick Jagger, steht ab einem gewissen Alter im Verdacht, nur noch zynisch die eigene Legende auszubeuten, den Zeitpunkt für einen würdevollen Abgang verpasst zu haben und entweder aus Geldgier oder aus einem inneren Zwang heraus einfach nicht aufhören zu können. Ganz anders der Benefizrocker: Er hat beizeiten eine größere Aufgabe gefunden als nur den eigenen Ruhm und Reichtum, und selbst wenn er als Musiker nie wirklich groß war, wächst seine Größe nun mit jedem Benefizkonzert und jedem Aufruf zur Rettung der Welt. Bob Geldof und Bono stehen exemplarisch für diesen Typus, seit Jahren schon, aber in letzter Zeit nimmt ihr Status absurde Züge an. Wenige Statements reichen ihnen inzwischen, um einen G8-Gipfel der mächtigsten Regierungschefs zu dominieren, und wenn Ministerpräsidenten und Kanzlerinnen zur Hauptsendezeit vorwurfsvoll mit der Frage konfrontiert werden, warum Bono von ihrer Politik in Sachen Afrika »enttäuscht« sei, dann bleibt ihnen zu ihrer Verteidigung nur der Satz, nein, Bono sei gar nicht sooo enttäuscht, man habe sich doch erst gestern noch gesprochen.

Um Musik geht es dabei schon lange nicht mehr. Oder anders ausgedrückt: Keine Musikdarbietung auf einem Benefizkonzert kann so schrecklich sein, dass sie der guten Sache schaden könnte. Mag Bono noch so sehr ins Mikrofon knödeln, Chris de Burgh jaulen oder Andrea Bocelli jaulknödeldonnern, bis einem der Schädel platzt, und mag auch die Mariah-Carey-Großaufnahme sanft in ein Meer von Feuerzeugen überblendet werden und das Meer der Feuerzeuge in das entrückte Antlitz Wolfgang Niedeckens – da müssen wir durch. Benefizrock verlangt Opfer. Berühmte Musiker opfern einen Abend ihrer Zeit und schenken uns eine Darbietung ihres Könnens, ja sie begraben, wie seinerzeit Pink Floyd, sogar uralte Feindschaften für den guten Zweck. Indem sie eine berufliche Leistung (Musik machen) an ein moralisches Projekt (Welt retten) knüpfen, vermischen sie völlig inkompatible Sphären und betäuben unser Urteilsvermögen – auch bekannt als »Musikgeschmack« – mit unserem schlechten Gewissen. Jedermann lauscht ergriffen bei »Live Aid«, »Live 8« oder »Live Earth«, niemand stellt diese Zwangskoppelung von Musik und Moral in Frage. Obwohl sie doch eigentlich sehr seltsam ist.

Wie seltsam, das zeigt ein kurzer Selbsttest in fünf Stufen, den fast jeder an seinem Arbeitsplatz durchführen kann: A) Wir erklären am Montag im Büro, dass unser Gehalt für diese Woche bitte direkt an die Welthungerhilfe überwiesen werden soll. B) Wir machen gleich mal länger Mittagspause, schließlich sind wir es, die hier ein beachtliches Opfer bringen. C) Ein Kollege findet unsere Arbeit mangelhaft; wir bezeichnen ihn als herzloses Monster und machen ihn für den Tod von Waisenkindern in Äthiopien verantwortlich. D) Einem Kunden, der nicht bei uns kaufen will, weil das Produkt »zu sehr nach Jaulknödeldonner klingt«, reden wir ins Gewissen: Wollen Sie wirklich die Chance verpassen, die Armut auf diesem Planeten zu überwinden? E) Unser Chef fordert uns ultimativ auf, den Unsinn zu lassen. Er sagt, dass wir unseren Lohn auch stillschweigend spenden könnten, ohne bei der Arbeit diesen wahnsinnigen Gutmenschen-Bonus zu fordern. Wir müssen einsehen, dass er recht hat.

Diese Wahrheit gilt, nebenbei gesagt, nicht nur für uns: Auch Bill Gates zum Beispiel würde ausgelacht, wenn er plötzlich mit der Idee ankäme, Windows für einen guten Zweck zu verkaufen. Nein, wir brauchen seine verdammte Software, genauso wie wir gute Musik brauchen. Dadurch ist er erstens einer der reichsten Männer der Erde geworden und – danach erst – einer ihrer größten Spender überhaupt. Das eine hatte mit dem anderen, glücklicherweise, nicht das Geringste zu tun. Beim Benefizrocker dagegen weiß man nie: Will er die Augen der Welt nun wirklich auf die gute Sache lenken – oder doch eher darauf, wie toll das neue Album klingt? Fordert er Aufmerksamkeit für die Opfer und Entrechteten – oder doch eigentlich für sich selbst? Und denkt er wirklich, dass alle Probleme des Universums ganz einfach zu lösen sind, so einfach, wie ein guter Popsong klingt?

Wenn es ein Problem mit dieser neuen Politik der Prominenz gibt, hier ist es: Sie kann Themen ins Bewusstsein rücken, Aufmerksamkeit schaffen, öffentlichen Druck erzeugen – aber die Kräfte, die sie entfacht, sind leider nicht geeignet, mit irgendeiner Form von Komplexität umzugehen. Während gleichzeitig die Weltprobleme, die sie zu lösen vorgibt, erschreckend komplex sind. Der Sieg der Benefizrocker ist auch der Triumph der großen Vereinfacher, die den Kampf um das kostbare Gut unserer Aufmerksamkeit für sich entscheiden wollen. Je häufiger Politiker unter diesem Druck dafür bestraft werden, dass sie auf Komplexität beharren und keine schnellen Antworten geben wollen, desto unmöglicher wird es für unser kollektives Bewusstsein, Komplexität überhaupt zu denken oder zumindest eine Weile lang auszuhalten.

Der Benefizrocker symbolisiert damit auch eine schizophrene Aufgabenverteilung der Gegenwart: Für die schmutzigen Jobs, die wir insgeheim erledigt wissen wollen (Verteidigung unserer Wohlstandsfestung, Abschottung unserer Grenzen, Terroristenbekämpfung), nehmen wir die gewählten Regierungen in die Pflicht, und wehe, diese zeigen sich dabei zu zimperlich. Für die Darstellung unserer besseren Seiten, wie Großzügig-

keit, Mitgefühl und globale Verantwortung, suchen wir uns
dagegen Stellvertreterfiguren jenseits der Politik – und am
liebsten eben aus der Rockmusik. Ob der Aufstieg des Bene-
fizrockers am Ende aber wirklich für einen Sieg unseres besseren Selbst steht oder doch nur für eine rapide Zunahme unserer eigenen Verlogenheit – das muss sich zukünftig erst noch
zeigen.   (T.K.)

Das Prinzip Blogger

Leugnen wäre zwecklos: Bei diesem Thema geht's ans Einge-
machte. Es geht um nichts weniger als die Zukunft des Buchs
und der Zeitung und des gedruckten Wortes an sich. Die
Trendforscher sind sich einig, dass diese Zukunft nicht gerade
rosig aussieht, und als Hauptgrund nennen sie eine furchter-
regende Kreatur voller Aggressivität, Energie und Entschlossenheit, die drauf und dran ist, alle traditionellen Autoren
überflüssig zu machen. Diese Kreatur ist der Blogger.

Wenn Sie noch nie von der Existenz des Bloggers gehört haben, dann ist das toll, es ist geradezu großartig, es weist Sie als
treuen Leser und echten Verbündeten des bedruckten Papiers
aus. Das ändert aber nichts daran, dass der Blogger als solcher
ziemlich siegesgewiss ist. Die Mainstream-Medien, die er kurz
und verächtlich MSM nennt, beschimpft er als teuer, arrogant,
träge, vorurteilsbeladen, nicht wirklich verlässlich und nicht
wirklich frei. Warum, so fragt er, sollte zum Beispiel diese Buch-
seite, die Sie gerade lesen, die tausendfach auf tote Bäume gedruckt, von einem großen Medienkonzern finanziert und von
Redakteuren, Lektoren etc. kontrolliert wird, ausgerechnet von
einem Knilch namens K. vollgeschrieben werden, der dafür
auch noch Geld kassiert? Warum nicht von einem beliebigen
anderen Knilch? Warum überhaupt von irgendwem kontrolliert und finanziert? Und geht es nicht auch ohne die ganzen
toten Bäume?

Es geht. Die Blogger machen es vor. Zu Millionen und Aber-
millionen richten sie Internetseiten ein, die niemanden etwas
kosten, aber trotzdem von allen gelesen werden können, und
schreiben einfach drauflos. Ihr Name ist eine Verkürzung des
Wortes »Weblog«, was »Internet-Tagebuch« bedeutet, und tatsächlich schreiben viele Blogger einfach über ihre Gedanken,
Gefühle und die täglichen Erlebnisse. Aber das ist natürlich

nicht alles. Manche sind Experten für komplizierte Themen, und viele Leute fragen sie um Rat. Manche haben sehr pointierte Meinungen, und viele Leute lesen sie, um ihnen entweder beizupflichten oder zu widersprechen. Es gibt auch echte Stars unter den Bloggern. Blogger haben schon Skandale aufgedeckt, die öffentliche Meinung beeinflusst und – das tun sie besonders gern – Fehler der Mainstream-Medien nachgewiesen.

Der typische Blogger operiert folgendermaßen: Er sitzt zu Hause vor dem Internet oder dem Fernseher, gern im Pyjama, und schaut zu, wie die Nachrichten bei ihm eintrudeln. Dann macht er sich ein paar Gedanken dazu, wählt irgendetwas aus, was ihm wichtig oder lustig oder absurd erscheint, würzt es mit eigenen Kommentaren und Ideen und stellt es dann gleich wieder ins Netz. An dieser Stelle muss man natürlich sagen, dass die Autoren der Mainstream-Medien vollkommen anders arbeiten. Dass sie aus besseren Quellen schöpfen und öfter mal zum Recherchieren aus dem Haus gehen, hinein in die sogenannte Wirklichkeit. Allerdings, um ganz ehrlich zu sein, nicht alle. Der Knilch namens K. zum Beispiel, der diese Seite hier vollschreibt, tut das meistens zu Hause – und sehr oft auch im Pyjama.

Der Verdacht also, dass die Unterschiede mehr und mehr verschwinden, dass die Welt sich allmählich in eine einzige Blogosphäre verwandelt, ist nicht ganz von der Hand zu weisen. Die Zahl der Blogger wächst täglich, man sagt, es gebe schon sechzig Millionen, vielleicht auch noch viel mehr. Bloggen ist definitiv lustiger und kreativer, als einfach nur Texte von anderen zu lesen. Gegen Kreativität und Schaffenskraft lässt sich nun wirklich nichts sagen, für die Schreiber ist das toll. Und für die Leser? Für die ändert sich eher wenig. Schon bisher stürzte tausendfach mehr Text auf sie ein, als sie am Tag bewältigen konnten. In Zukunft wird es millionen- oder milliardenfach mehr sein. Und dieser Überfluss wird – wie bisher auch schon – ungesehen ins Altpapier wandern, ungelesen ins Bücherregal gestellt werden, unbeachtet in der Weite des World Wide Web verschwinden. In diesem Sinne ein herzliches Dankeschön, dass Sie – trotz der Unmengen von Text da draußen – mal wieder bis zum Ende dieses Kapitels drangeblieben sind. (T.K.)

Das Prinzip Casting-Band

In den Interviews mit Mitgliedern professionell zusammengestellter Popbands gibt es stets das gleiche auffällige Ritual. Jede
Frage, die auf die Annehmlichkeiten der neuen Existenz zielt
– wie es sich denn anfühle, das Ziel der Wünsche plötzlich erreicht zu haben –, wird mit der Entgegnung abgeblockt, dass
von Genießen und Auskosten nicht die Rede sein könne; man
müsse alles aus sich herausholen, ohne jede Unterbrechung,
und von den Verheißungen der glamourösen Popwelt merke
man ohnehin nichts.

Mehrfach ist im Zusammenhang mit der ersten Fernseh-Ca-
sting-Band in Deutschland, den No Angels, beschrieben worden, wie die vollständige Freilegung einer Bandgeschichte, von
der Auswahl der Mitglieder bis zum Nummer-eins-Hit, die
Ursprungsmythen des Pop bedroht (die Unberechenbarkeit
des Erfolgs, die legendenstiftende Unschärfe der Gründungs-
zeit). Aus der Entfernung von sieben, acht Jahren zeichnen sich
jedoch noch fundamentalere Verschiebungen ab: Nicht allein
die traditionelle Genese einer Band hat sich gewandelt, sondern auch das Bild des Popstars selbst. Es geht um eine vollständige Umdeutung dessen, was man die Ökonomie der Af-
fekte nennen könnte. Jahrzehntelang war die Sphäre des Pop
untrennbar verknüpft mit Kategorien wie Ausschweifung und
Überfluss; auf der Bühne und den Partys danach war eine Erfüllung des Begehrens zumindest für den Moment möglich.
Pop hieß: sich gehen lassen. Jenes auffällige »Genussverbot« in
den Statements zusammengestellter Bands, die ewige Beschwörung des Weitermachens und Dranbleibens (die doch
eher an Sportlerinterviews erinnert), ist Teil einer neuen Prä-
sentationsform.

Man könnte sagen, dass die Demokratisierung des Startums,
wie sie durch das Prinzip des flächendeckenden Castings mög-

lich wird, auch zu einer veränderten Ethik des Pop geführt hat. Zufällig entdeckte Genies, die sich alles erlauben dürfen, sind in den Hintergrund getreten. Der zeitgemäße Imperativ lautet eher: Jeder kann es schaffen – aber hüte dich, es über Gebühr auszukosten! Eine eigenartige Paradoxie des Begehrens: Einerseits ist der jugendliche Traum, ein Popstar zu sein, durch die öffentliche Kanalisierung der Produktionsbedingungen inflationär gestiegen; andererseits jedoch betonen die, die ihn verwirklichen dürfen, ständig, dass man das Programm nur mit allergrößter Mühe überstehe.

Die fernsehgestützte Zusammenstellung von Bands, weltweit nach wie vor ein erfolgreiches Unternehmen, hat zu einer Neumodellierung des Phänomens Popstar geführt. Was Ende der Achtzigerjahre mit Boygroups wie New Kids On The Block begonnen hat, das entfaltet sich im Konzept der Castingshow-Produzenten in aller Konsequenz: Pop als Disziplinarmaschine. Die Fernsehsendungen erwecken den Anschein, dass man die Popstar-Existenz trainieren müsse. Leistung statt Aura: Seit die verschlungenen Wege des Ruhms begradigt und für alle sichtbar gemacht worden sind, hat der Status des Popstars nichts mehr mit Genialität und Auserwähltheit zu tun, sondern mit einer möglichst schonungslosen Stählung des Körpers. Diese Umcodierung ließe sich auch an der veränderten Bedeutung des Schweißes erkennen. Man kann zwei Bilder nebeneinanderlegen: Auf der einen Seite die Nahaufnahme einer der großen Ikonen des Rock, wie sie in den Siebzigerjahren auf den Stadionbühnen standen, mit halb geschlossenen Lidern am Mikrofon, Strähnen ihrer Haarpracht am Gesicht klebend. Was sagt der Schweiß auf ihren Gesichtern aus? Er steht für Selbstvergessenheit, für die rückhaltlose Feier des Augenblicks und letzten Endes natürlich auch: für sexuelle Ausschweifung. Die andere Aufnahme, ein Vierteljahrhundert später: Sie könnte die No Angels oder Monrose zeigen, am Ende eines perfekt einstudierten Auftritts. Auch hier blickt man in restlos verschwitzte Gesichter, doch welch andere Bedeutung kommt ihnen zu: Sie signalisieren weder Selbstvergessenheit noch Hedonismus, sondern ausschließlich die Bewältigung eines anspruchsvollen Tanzprogramms. Von der Sphäre des Rausches ist der Schweiß in jene der Fitness übergegangen.

In diesem Zusammenhang ist der auffällig hohe Stellenwert der Choreografie bei den neuen Casting-Bands von Interesse. Nicht umsonst wurde der Tanzlehrer »Dee!« (der die Befehlsform schon im Namen trägt) zur prägenden Figur des bekanntesten deutschen Castingformats *Popstars*. Ein Historiker der jüngsten Popgeschichte könnte seine Untersuchungen gerade von der Veränderung der Körperhaltungen aus beginnen. Denn es scheint, als hätte es im letzten Jahrzehnt eine vollkommen übereinstimmende Entwicklung von Marktstrategien und Bühnenpräsentation gegeben. In dem Maße, in dem Bands professionell geplant und zusammengestellt wurden, hat sich auch die Bedeutung der Choreografie durchgesetzt; wo die einzelnen Mitglieder nur mehr Angestellte eines Unternehmens sind, mit festem Monatsgehalt, muss auch ihr Beitrag zur Bühnenshow als punktgenau einstudiertes Element eines übergeordneten Ganzen erscheinen. Die Disziplinierung der Körper setzt sich konsequenterweise in der Gestaltung der Auftritte fort.

Die Castingshows arbeiten an der Abschaffung des Pop als Differenzsphäre zur Welt der Leistungsbereitschaft. Lange Zeit war auch dem unscheinbarsten Hitparaden-Sternchen, dem jeder gefährliche Hedonismus abging, zumindest das Versprechen aufgeprägt, dass man mit möglichst wenig Aufwand ein

möglichst schönes Leben führen kann. Darin bestand die An-
tithese noch der gefälligsten Darbietung. Die Botschaft in den
Ausbildungscamps von RTL2 dagegen ist unmissverständlich:
Das Popstar-Leben ist nichts als harte Arbeit.   (A.B.)

Das Prinzip Daniel Kehlmann

Die anhaltende Euphorie, die Daniel Kehlmanns Buch *Die Vermessung der Welt* bei Kritik und Publikum ausgelöst hat, ist nicht zuletzt ein Effekt der jüngsten deutschen Gegenwartsliteratur. Der Roman des zum Erscheinungszeitpunkt erst dreißigjährigen Autors, der die Biografien Alexander von Humboldts und Carl Friedrich Gauß' ineinander verzahnt, nimmt den größtmöglichen Abstand ein zu den vorsehbaren Büchern der meisten jungen Autoren, ihren immer gleichen Abbildungen der unmittelbaren Lebenswelt. Dass das Personal einmal nicht um 1970, sondern um 1770 geboren ist; dass es nicht an Identitäts-, sondern an Triangulationskrisen leidet, wird als befreiend empfunden und bürgt beinahe schon für ein Mehr an literarischer Qualität. Endlich, so der Tenor der Kritik, sei hier wieder einmal ein junger Schriftsteller am Werk, der sich zu anderem als dem Protokollieren der eigenen Befindlichkeit imstande fühlt, der über eine selten gewordene Bandbreite des Interesses und Wissens verfügt und den Versuch wagt, eine längst vergangene Sphäre durch die Kraft der literarischen Sprache zu vergegenwärtigen.

Die Lobeshymnen auf das Buch, das sich mittlerweile weit über eine Million Mal verkauft hat, blenden jedoch einige Schwierigkeiten aus. Zuallererst die Frage nach der Erzählbarkeit von Wissenschaftsgeschichte, die für Kehlmann kaum Problematisches in sich birgt. Der Roman folgt auf eher schematische Weise (von Kapitel zu Kapitel zwischen den beiden Lebensgeschichten hin und her wechselnd) dem Genie, der Opferbereitschaft, der Verschrobenheit seiner Protagonisten und erzählt noch einmal den altbekannten philosophischen Widerstreit zwischen empirischer und theoretischer Erkenntnismethode nach. Kehlmann reduziert Wissenschaftsgeschichte damit vollständig auf das Personale, auf die skurrilen Charaktere zweier Forscherpersönlichkeiten; der Roman besteht in einzelnen

Passagen aus nichts anderem als der Aneinanderreihung von Anekdoten. Zugunsten der viel beschworenen »Komik« geht die Erzählweise des Buches hinter die Errungenschaften der Geschichtsschreibung im letzten halben Jahrhundert zurück, setzt Historie mit der Biografie ihrer Akteure gleich, und man fragt sich bei der Lektüre immer wieder, was mit dieser Umwandlung von Wissenschaftsgeschichte in Belletristik eigentlich gewonnen ist. Wozu ein solcher Roman? Weil die Lektüre Vergnügen bereitet, wird man antworten, und das mag zutreffen oder nicht. Es erklärt aber keineswegs den Enthusiasmus der Kritik.

Eine zweite Frage beträfe die Sprache Daniel Kehlmanns, die wiederkehrende Rede von der »Virtuosität« seines Stils. Ohne Zweifel durchzieht den Roman ein Sinn für lakonische Pointen, ohne Zweifel ist es eine schriftstellerische Leistung, weite Strecken eines Buches in indirekter Rede zu gestalten, ohne den in Gang gebrachten Erzählfluss ins Stocken zu bringen. Aber das Prekäre der Sprache Kehlmanns besteht darin, dass sie diese Meisterschaft unaufhörlich ausstellt. Der Wille, »gut zu schreiben«, ist dem Roman überdeutlich anzumerken. Kehlmann erliegt der Versuchung, sich wie der von ihm bewunderte Thomas Mann an seinem eigenen Tonfall zu berauschen, die Beherrschung der komplexen Klaviatur des Erzählens wie ein Artist vorzuführen.

Es stellt sich daher die Frage, welcher Anteil an dem ungeheuren Erfolg des Romans tatsächlich seiner spezifischen literarischen Qualität zukommt und welcher der Position, die er in der aktuellen deutschsprachigen Literatur einnimmt. Kehlmanns Buch erschien auf dem Höhepunkt des Überdrusses an den kümmerlichen Ausläufern der Pop-Literatur, den auf Romanformat gedehnten Büchern der Zeitschriftenkolumnisten

oder der schematisch konstruierten Alltagsprosa der Literatur-
instituts-Absolventen. Nur vor diesem Hintergrund kann ein
gut gemachter Unterhaltungsroman wie *Die Vermessung der
Welt* plötzlich als epochemachendes Werk erscheinen, das die
Erzählkunst in lange Zeit unerreichte Höhen zurückführt.

Kehlmann ist ein Platzhalter, der eine zunehmend als schmerzhaft empfundene Lücke innerhalb der deutschen Literatur zu
füllen vermag: die Figur des literaturhistorisch gebildeten,
handwerklich tadellosen jungen Schriftstellers, die man sämtlichen Bastarden der Zunft entgegenhalten kann. Kehlmann
erzählt seine Geschichten in einer mit allen Wassern der Literatur gewaschenen Sprache – doch vielleicht markiert gerade
diese Versiertheit ein Problem. Ist nicht ein Rest an Unverputzt-
heit, an Risiko, an womöglich gar provinzieller Subjektivität
notwendig, um wahrhaft berührende Romane hervorzubrin-
gen? Wenn literarisch schreiben heißt, immer wieder neue, unbekannte Kreuzungspunkte zu finden zwischen Eigenem und
Überliefertem, zwischen Wahrnehmungen, Anschauungen,
Imaginationen und der literarischen Tradition, in die man sich
als Schriftsteller einreiht: Dann ist das notorische Geschwätz
der Alltagsprosa genauso weit entfernt von dem, worum es
geht, wie die Souveränitätsgeste Daniel Kehlmanns. Jener fehlt
das Sprach-, dieser das Erfahrungsvermögen.   (A.B.)

Das Prinzip Fahrradkurier

Die zivilisationskritische Haltung, die jeder Fahrradkurier ausstrahlt, ist bereits durch die geschichtliche Entwicklung seines Berufszweigs vorgegeben. In den Großstädten des frühen 20. Jahrhunderts war dieses Übermittlungssystem weit verbreitet, bevor es durch den Siegeszug des schnelleren und bequemer zu bedienenden Automobils überflüssig wurde. Die ständige Erhöhung der Verkehrsbelastung jedoch sorgte für eine Wiederbelebung der längst ausrangierten Transportform, in den Siebzigerjahren in San Francisco und New York, Mitte der Achtziger in Europa. Seitdem sind die in Respekt einflößender Tracht gekleideten Boten allgegenwärtig im Stadtbild; Autofahrer fürchten ihr offensives Auftreten im Straßenverkehr, ihre Ambition, auf den stockenden Verkehrswegen mit allen Mitteln schneller zu sein als die motorisierten Konkurrenten. Dass die Fahrradkuriere die Zivilisation gerne im Vokabular der Wildnis beschreiben, ist konsequent. Die notorischen Metaphern des »Indianers« oder »Cowboys«, der sich im »Großstadtdschungel« durchschlägt, zeugen von der Genugtuung dessen, der sich der übertechnisierten Welt mit schierer Muskelkraft entgegenzustellen vermag.

Kennzeichnend für das Erscheinungsbild des Fahrradkuriers ist ein augenfälliger Überaufwand: der aerodynamische Helm, die kampfanzugartige Kleidung, riesige Umhängetaschen oder Rucksäcke, aus denen häufig doch nur ein Standardkuvert oder eine Ampulle gezogen wird. Auch wenn die Arbeit zumeist im Akkord bezahlt wird und der Kurier mehr als ein Dutzend Aufträge pro Tag erledigt: Immer hinterlässt sein kurzer Auftritt den Verdacht, dass die Verbissenheit, das Hinaufhetzen ins Empfangszimmer zu einem beträchtlichen Teil Inszenierung ist, Ausdruck der Verachtung für jene Agenturen, Kanzleien und Praxen, für die die abgelieferte Fracht bestimmt ist. Der Fahrradkurier ist ein Performancekünstler der Vitalität, ein

Virtuose der Fitness: Den trägen Büro-, Fahrstuhl- und Dienst-
wagenexistenzen demonstriert er, was an ursprünglicher, öko-
logisch verantwortlicher Lebensweise auch in unserer hochvermittelten Welt noch möglich ist. Wenn er wortlos durch
die Foyers und Treppenhäuser hetzt – das Fahrrad ohne jede
Kraftanstrengung geschultert, die entgegenkommenden An-
gestellten keines Blicks würdigend –, dann spricht aus jeder
seiner schwitzenden Poren die Abscheu vor der entfremdeten
urbanen Lebensform der anderen.

Und doch weist seine ganze Physiognomie letzten Endes auf
einen Widerspruch: Denn bei aller zur Schau gestellten Freiheit bleibt der Fahrradkurier einer der allerletzten Dienstbo-
ten unserer Gesellschaft. Den rein dienenden, im Namen eines
Dritten handelnden Stand gibt es ja seit Jahrzehnten kaum
noch; vielmehr steht die Sehnsucht nach Selbstverwirklichung
mittlerweile auch im Zentrum der untergeordnetsten Biografien. Vermutlich muss man das Übermaß an Selbststilisierung
unter den Fahrradkurieren genau vor diesem Hintergrund verstehen: Sie bezieht sich auf die entfremdete Tätigkeit schlechthin, das Überbringen von Nachrichten. (Und in den Zeitungen
kann man alle paar Monaten bewundernde Reportagen über
diesen Berufszweig lesen, über Hasardeure und Idealisten, die
von der Freiheit ihrer Tätigkeit sprechen, dem geradezu anar-
chischen Potenzial.)

Die Fahrradkuriere tun alles, um die Autonomie ihres Le-
bensentwurfs zu betonen, nennen sich »Messenger«, um das
Dienstbotenhafte schon aus dem Namen zu tilgen, organisie-
ren regelmäßig Weltmeisterschaften im Kurierfahren, um das
Fremdbestimmte des Überbringens in das Souveräne sportlicher Hochleistung umzumünzen, sich vom Objekt eines
Boten in das Subjekt eines Champions zu verwandeln. Der

Krieger und der Sportler: Nicht umsonst sind es die zwei gän-
gigsten Ausprägungen des Helden, an denen sich die Kuriere
ästhetisch und ideell orientieren. In Wahrheit stehen sie im
Spektrum der Existenzformen genau auf der gegenüberliegenden Seite. Der Helm, der gepolsterte Anzug, die übergroße
Sonnenbrille schützen den Fahrradkurier weniger vor den Ge-
fahren des Stadtverkehrs als vor der kruden Erkenntnis seiner
Lebenslüge.   (A.B.)

Das Prinzip Fernsehkoch

Das Bild des Spitzenkochs, wie es bis vor Kurzem Gültigkeit hatte: ein wortkarger Künstler, im Verborgenen operierend, der allein durch sein Werk – das an den Tisch gebrachte Menü – zu den Gästen spricht. Die Genese dieses Werks ist nicht vollständig nachvollziehbar. Natürlich gibt es Assistenzköche, die in Abwesenheit ihres Chefs die Gerichte weitgehend nachkochen könnten, doch die Einzigartigkeit des Meisters offenbart sich in unscheinbaren Details. Von Georges Auguste Escoffier, dem berühmtesten Koch des frühen 20. Jahrhunderts, gibt es die Geschichte, wie er in seiner Zeit im »Hotel Adlon« Wilhelm II. einmal in das Geheimnis seiner Bouillabaisse einweihte: Alle Anwesenden mussten sich wegdrehen und die Augen schließen, als Escoffier ihm die entscheidende Beigabe verriet.

Heutige Fernsehköche, wie sie in Deutschland unerwartete Erfolge feiern, verkehren dieses überlieferte Bild ins Gegenteil. Zum einen wird in den gut ausgeleuchteten Studios der Prozess der Kochens nach außen gestülpt: kein Handgriff, der noch uneinsehbar wäre und die lückenlose Nachvollziehbarkeit der Rezepte unterbrechen dürfte. Zum andern aber, und darin besteht das paradoxe Verhältnis zwischen Kochkunst und Fernsehshow, spielt genau jene Kategorie, auf die sich der ganze Ehrgeiz des Spitzenkochs traditionell richten muss, nicht die geringste Rolle: der Wohlgeschmack des Essens. Denn das Medium kann zwar Bilder und Töne übertragen, jedoch keine Geruchs- und Geschmackssignale. Ein Koch im Fernsehen wirkt aus diesem Grund auf den ersten Blick völlig deplatziert, um seine eigentliche Kunst betrogen: wie ein Pantomime im Radio. Er kann allenfalls als versierter Kochdarsteller auftreten, dessen Resultaten man vertraut oder nicht.

Woran liegt es also, dass Tim Mälzer, Ralf Zacherl und ihre Kollegen zu allgegenwärtigen Fernsehstars geworden sind?

Warum hat ihre von Jamie Oliver übernommene Ideologie des betont einfachen, geheimnislosen Kochens solchen Zulauf? Weil die Spitzengastronomie der letzte kulturelle Bereich war, in dem sich die Figur des unnahbaren Künstlers noch halten konnte. Die maßgeblichen Tendenzen in der bildenden Kunst, der Musik oder der Literatur sorgten in den letzten Jahrzehnten bekanntlich dafür, dass der Typus des genialen Schöpfers nach und nach verschwand und ersetzt wurde durch einen bloßen Neuverteiler des vorhandenen Materials: Im Bereich der populären Musik etwa brachte diese Umstellung die Figur des Discjockeys hervor. Man muss Tim Mälzer mit dem Erscheinungsbild früherer Kochprominenz vergleichen, um zu sehen, dass sein Erfolgsprinzip genau in diesem Zusammenhang steht. Es geht um eine Art DJisierung der Kochkunst: von der Inspiration im Verborgenen zur bloßen Organisation des Vorhandenen, von der größtmöglichen Verheimlichung zur größtmöglichen Offenlegung der kreativen Arbeit. Das auffällige Mikrofon am Mund Mälzers in seiner Erfolgssendung *Schmeckt nicht – gibts nicht*, produktionstechnisch vollkommen sinnlos, unterstützt dieses Anliegen. Überdeutlich soll eine Atmosphäre der Performance hergestellt werden, um sich von der früheren Esoterik der Gourmetküche abzuheben.

Die Popularisierung der Profession »Koch« durch das Fernsehen, unter Umgehung des Geschmackssinns als Beglaubigungsinstanz, führt aber zu einer eigentümlichen Konstellation. Bis vor einigen Jahren war kaum ein schöpferischer Beruf so wenig von der Erscheinung der Person abhängig. Tim Mälzer dagegen wurde, wie man lesen kann, vor eineinhalb Jahren nicht seiner besonderen Fähigkeiten wegen ausgewählt, sondern aufgrund der bis in die lispelnde Aussprache hinein stimmigen Ähnlichkeit mit dem Urbild des Popkochs, Jamie Oliver. Der Erfolg der Sendungen hat also eine Auftrennung bewirkt, die vor ganz kurzer Zeit noch undenkbar schien: dass der Status eines Kochs nicht mehr auf dem Geschmack seiner Gerichte beruht, sondern auf seiner medialen Eloquenz. Essen, sinnliche Realität schlechthin, wird zur Requisite einer Inszenierung. Die Nachricht, dass jemand wie Tim Mälzer (Spitzname: »Küchenbulle«) tatsächlich noch in seinem eigenen Restaurant arbeitet, ist daher für den Zuschauer eher befremdlich, beinahe unzulässige Vermischung von Wirklichkeit und Fiktion. Wäre das Erlebnis, vom Fernsehkoch unmittelbar bewirtet zu werden, nicht ebenso irritierend, wie in einem Polizeirevier auf den Bullen von Tölz zu stoßen? (A.B.)

TYPEN

Das Prinzip Manuel Andrack

Man darf es nicht vergessen: Als Manuel Andrack am 30. August 2000 auf der Bühne der *Harald Schmidt Show* auftauchte, trat er die direkte Nachfolge von »Horst« an, jenem unsichtbaren Co-Moderator, der auf einem Interviewsessel neben Schmidt platziert war. Andrack nahm in der Sendung zunächst eine ganz ähnliche Rolle ein: Auch seine Anwesenheit reduzierte sich darauf, bloße Adresse der Pointen Schmidts zu sein; er war gewissermaßen ein fleischgewordener Horst, dessen Identität ebenso unerheblich blieb wie die des fiktiven Vorgängers. Andracks Funktion im Konzept der Show rechtfertigte sich nicht durch besondere Talente, sondern allein durch die fundamentale Differenz zwischen den beiden Figuren auf der Bühne: in der Mitte der eloquente, perfekt zurechtgemachte Fernsehstar; am Rand der langjährige Redaktionsleiter in Jeansjacke, der das Hinter-den-Kulissen-Artige seiner Erscheinung auch weiterhin nicht verleugnen wollte. Und unabhängig davon, wie sympathisch oder ärgerlich man Andracks Art finden mochte: Die Würde seiner Auftritte bestand in den ersten Monaten darin, die undankbare Rolle der passiven Ansprechstation konsequent durchzuhalten.

Dann aber – irgendwann im Jahr 2001 oder 2002, angesichts des unerwarteten Erfolges, der ersten Fernsehpreise – begann ein folgenreiches Missverständnis. Man müsste sich noch einmal sämtliche *Harald Schmidt Shows* dieser Zeit ansehen, um ihn abzupassen: jenen Moment, jenen Dialog, in dem Manuel Andrack plötzlich zum ersten Mal das Gefühl hatte, selber komisch zu sein. Es war der Augenblick, in dem er die Disziplin verlor, die intelligente Zurückhaltung seiner Position aufgab und das Blut der Popularität leckte. Es war der Augenblick, in dem er der Verheißung aufsaß, seine eigene Lebensgeschichte, sein eng gezogener Horizont aus Biertrinken, Wandern und Fußball beschäftige die Menschen tatsächlich. Seitdem schreibt

er autobiografische Bücher über seine Liebe zur Eifel oder den
1. FC Köln und gibt ausführliche Statements zur Lage der Dinge, doch gleichzeitig wird der allgemeine Überdruss an seiner
Person immer spürbarer. Der Grund dafür hängt mit einem
fatalen Fehler Andracks zusammen: Er hat übersehen, dass das
öffentliche Interesse an seiner geerdeten Existenz nur in Rela-
tion zu Schmidt funktionierte, als Antithese zu dessen Eleganz
und Ungreifbarkeit. In dem Maße, wie er sich mit eigenen
Aktivitäten zu etablieren versuchte, erwies sich seine Durch-
schnittlichkeit schlichtweg als das, was sie ist.

Manuel Andrack hat als Fernsehfigur vermutlich nur für jenen
ganz kurzen Zeitraum funktioniert, in dem er tatsächlich noch
keine war. Fünf Jahre später hat ihn seine schiere Präsenz auf
dem Bildschirm zu einem Prominenten gemacht, und wenn
er in Zeitungsinterviews immer wieder betont, dass er kein
Medienstar sei, dass es zwischen dem Privat- und dem Bühnen-
menschen Andrack absolut keinen Unterschied gebe, zeugt
das von einem erstaunlichen Mangel an Einsicht in die Gesetzmäßigkeiten des Fernsehens. Die zur Schau gestellte Normalität Andracks ist nach jahrelanger Inszenierung vor der Kamera
längst nicht mehr das »echte Leben« des Kumpels von nebenan, sondern zunehmend zweifelhafte Pose.

In seiner aktuellen Rolle gerät Manuel Andrack damit in eine
fragwürdige Tradition. Als jemand, der ohne spezifische Bega-
bung zu Fernsehprominenz gekommen ist, fügt er sich mit
seinen rasch auf den Markt geworfenen Nebenerzeugnissen in
die Reihe jener Zlatkos und Jürgens ein, die auf dem Höhepunkt ihres fragilen Ruhms noch schnell eine CD besungen
oder eine Filmrolle angenommen haben. Andrack musste
zwar keine *Big Brother*-Container durchlaufen, um bekannt zu
werden, doch die Parallele besteht darin, dass auch seine Popu-

larität darauf beruht, von einer einflussreichen Fernsehinstanz – Harald Schmidt statt Endemol – vor die Kamera gesetzt worden zu sein. Wenn Harald Schmidt im Herbst 2007 zusammen mit Oliver Pocher seine neue Show beginnt, sollte Andrack diesen Bruch zum Anlass nehmen, wieder seinen Redakteursplatz hinter der Bühne einzunehmen, bevor es endgültig zu spät ist und er sich in Kürze mit Stefan Raabs Elton und den anderen grundlos Prominenten in der nächsten ProSieben-Show wiederfindet. (A.B.)

Das Prinzip Pimp

Von durchschnittlichen Englischkenntnissen darf man sich jetzt nicht verwirren lassen: »Pimp« heißt Zuhälter, schon klar, aber darum geht es hier eigentlich nicht. Oder nur ganz am Anfang. Am Anfang steht der Zuhälter als Rollenmodell in den schwarzen Ghettos der USA, ein prototypisches kapitalistisches Luxuswesen, Vorbild aller Hip-Hop-Stars. Der besondere, maßgefertigte, personalisierte Reichtum ist ihm gerade gut genug. Er steht im Ruf, seine ganze Erscheinung ins Maßlose zu übersteigern, zum Beispiel mithilfe absurd aufgemotzter Luxusautos – weswegen der Sender MTV im März 2004 auf die Idee kam, eine Sendung *Pimp My Ride* zu nennen. Darin werden alte Schrottkarren von der Straße geholt, in einer Spezialwerkstatt absurd aufgemotzt und dann an ihre Besitzer zurückgegeben, die in diesem Moment vollkommen ausrasten. Die Sendung ist absurd erfolgreich, und seitdem steht der Imperativ »Pimp!« so etwa für »Verbesser mich! Verschöner mich! Bau mich um!«

Besonders wirksam ist dieser Imperativ interessanterweise in Deutschland. MTV schuf gleich selbst einen Ableger, mehr an die hiesige Wirtschaftslage angepasst, und nannte ihn *Pimp My Fahrrad*. Das klang, in die fremde Sprache importiert, fast noch besser, und plötzlich gab es kein Halten mehr. Die deutsche Zentrale von Burger King erfand eine »Pimp My Burger«-Kampagne, die Zeitschrift *Max* legte ein »Pimp My Life«-Themenheft vor, und der *Spiegel* verwendet den Begriff inzwischen schon für ernste Politikthemen (»Pimp My Kriegsgrund«). Das ist das eine, aber der Trend geht längst viel tiefer. Mindestens ein halbes Dutzend deutsche Vorabendsendungen, von *Einsatz in 4 Wänden* (RTL) bis hin zu *Auf Dübel komm raus* (KabelEins), haben das Modell übernommen und auf neue Gebiete angewandt: Etwas Altes und Hässliches (Möbel, Wohnung, Garten etc.) wird aufgespürt, die Besitzer müssen alle Kontrolle abge-

ben, ein Team von Spezialisten macht sich an die Verschöne-
rung – und anschließend wird, mit großem emotionalem Tre-
molo, enthüllt, präsentiert, zurückgegeben, geweint.

Innerhalb kürzester Zeit ist der Imperativ »Pimp!« ein kate-
gorischer geworden: Dieses Land ist verbesserungsfähig, ver-
schönerungsbedürftig, zum Umbau bereit – und überkom-
mene Regeln, wie etwa die Straßenverkehrsordnung oder das
Grundgesetz, sollten dabei nicht länger im Weg stehen. »Pimp
My Election!«, riefen Schröder und Müntefering nach der de-
saströsen Nordrhein-Westfalen-Wahl 2005, die Kampagne
»Pimp My Arbeitsamt« läuft schon länger, und eine konzer-
tierte Aktion namens »Pimp Our Kanzlerin« hat Angela Merkel international repräsentabel gemacht. Der Ruch von Exzess
und Verschwendung, der dem Begriff »Pimp« ursprünglich
noch anhaftete, ist von den Deutschen in sein Gegenteil ver-
kehrt worden. Der zentrale kapitalistische Konsumimpuls, alte
Dinge einfach wegzuschmeißen, um neue, bessere und schö-
nere zu kaufen, wird ausgehebelt. Seit Neuestem arbeiten wir
mit dem, was wir sowieso schon haben – und es wäre doch
gelacht, wenn da nicht noch Spielraum für echte Verbesserung
drin wäre.

So zeigt die »Pimp!«-Bewegung am Ende ein überraschend hu-
manes, progressives und realistisches Gesicht. Sie ersetzt den
verhängnisvollen Geist der Ex-und-hopp-Gesellschaft durch
eine neue, auch umweltschonende Feier von Nachhaltigkeit
und Recycling. Sie verwandelt seelenlose Dinge der modernen
Massenproduktion in personalisierte, liebevoll umgebaute,
handverschönerte Statements ihrer Besitzer. Wer sich das Neue
nicht mehr leisten kann, kann immer noch das Alte neu lackie-
ren – Bastelanleitung liegt bei. Und wer auf Wunder, kompe-
tente Politiker, klare Steuergesetze und echte Veränderungen

nicht mehr warten will, greift am besten sofort zum Farbtopf. Schon ein paar feine Pinselstriche, beweist die »Wohnexpertin Tine Wittler« bei RTL, lassen eine Spanplatte im Bad wie eine Marmorplatte aussehen – und davon können wir doch alle lernen. Das Prinzip »Pimp!« handelt von der Einsicht in die Verhältnisse, wie sie wirklich sind. (T.K.)

Das Prinzip Sprachpfleger

Schon das Wort »Sprachpfleger« ist ein seltsames, irgendwie absurdes Wort. Dennoch gibt es Menschen, die sich freiwillig selbst so nennen. Oder, um genauer zu sein: Eigentlich sind es ausschließlich Männer. Der richtige Umgang mit der Sprache lässt ihnen keine Ruhe, weder beruflich noch privat. Hört der Sprachpfleger in der Kaffeebar die Bestellung »zwei Espresso«, setzt er ansatzlos zu einem längeren Vortrag über die Mehrzahlbildung im Italienischen an. Entdeckt er auf dem Markt eine Tafel mit der Aufschrift »mittwoch's frische Austern«, freut er sich wie ein Kind und zückt sofort das Notizbuch, um den verirrten Apostroph festzuhalten. Und sollte es tatsächlich eine Frau geben, die ihm eines Tages ihre Liebe gesteht – »wegen dir würde ich in München bleiben« –, dann wird er sie als Erstes darüber belehren, dass es eigentlich »deinetwegen« heißen müsste. Aus der Beziehung wird so natürlich nichts – dafür hat aber der Genitiv mal wieder einen kleinen Sieg davongetragen.

Sprachpfleger haben niemals Sex, sind innerlich verbittert, neigen zu verstärkter Nasen- und Ohrenhaarbildung und verkehren nur mit Menschen, die sich an beamtenhaften Wortkonstruktionen wie »ob des erlittenen Verlustes« oder »zulasten des Gemeinwesens« berauschen können. So war das bisher, zumindest in unserer Vorstellung. Seit dem Jahr 2003 aber tritt unter dem Namen Bastian Sick ein neuer Typ des Sprachpflegers auf. Er distanziert sich von »pädagogischem Eifer« und »grimmiger Erbsenzählerei«, er will »Spaß an der Sprache« und verkündet ohne Unterlass eine zentrale Botschaft: »Syntax und Grammatik sind nicht langweilig und nervtötend, sondern können witzig und unterhaltsam sein.« Dieser moderne Sprachpfleger gibt seinen Büchern ironische Titel (*Der Dativ ist dem Genitiv sein Tod*), er hat mittlerweile einen festen Platz in den Bestsellerlisten – und als er, wie im März 2006 geschehen, zu der »Größten Deutschstunde der Welt« in die Kölnarena lud, da folgten mehr als 15 000 Adepten seinem Ruf zurück auf die Schulbank.

Mit Spaß hat das dennoch wenig zu tun. Unter einem hauch-dünnen Firniss von Kalauern (»Willkommen im Todestal des Genitivs«) driftet »Deutschlands bekanntester Sprachpfleger« (*Spiegel*) schnell wieder ins Esoterische und Tabellarische ab: Da verhandelt er den – nicht vorhandenen – Unterschied zwi-schen Imperfekt oder Präteritum, »unregelmäßige Befehls-formen« oder »problematische Fremdwörter in Einzahl und Mehrzahl«, und ganz schnell geht es um Lehrbuchkauder-welsch wie das »weggefallene Endungs-e bei Verben in der ersten Person Singular«. Schon wahr, in seinen ersten Texten mühte sich Sick noch mit ungelenken Erzählungen ab, in die er seine stilistischen Einsichten einzubetten suchte, aber zu-nehmend direkte Lesernachfragen drängten ihn allmählich immer mehr in die Rolle eines Dr. Sommer der deutschen Grammatik. »Das Bedürfnis nach Aufklärung und Klarstel-lung ist immens«, sagt er und nennt Deutschland ein »Jam-mertal, durch das orientierungslose Wanderer zwischen alter und neuer Orthografie verwirrt umhergeistern«. Seine Symbi-ose aus Bildungshuberei und Spaßkultur trifft dabei einen besonders empfindlichen Nerv: All die Regeln und Spitzfin-digkeiten, die unser Verhältnis zur Sprache von jeher belastet haben, sollen jetzt auf einmal richtig gute Laune machen. Und das Beste daran: Klammheimlich stärken die Sick-Jünger auch noch ihr Klassenbewusstsein als Bildungsbürger, das heute offensichtlich mehr den je gegen globalisierte, Kauderwelsch sprechende Horden verteidigt werden muss.

Ganz im Ernst: Das neue ironische Sprachpflegertum ist min-destens so schlimm wie das knochentrockene alte. Es geht im-

mer noch um das Beherrschen der Sprache und nicht um die
Liebe zu ihr, es geht immer noch um die Noten und nicht um
die Musik, es geht immer noch darum, auf die Nichteinge-
weihten herabzusehen und sich selbst dabei ein kleines bisschen besser zu fühlen. Denn in Wahrheit gibt es vielleicht nur
eine goldene Regel für Stil: Wenn Sie mal wieder an einem
Verb hängen bleiben, bei dem Sie nicht sicher sind, ob es ein
Genitivobjekt hat, oder wenn Sie eine besonders gestelzte
Präposition verwenden möchten, bei der Sie sich über den
Einsatz des Dativs im Unklaren sind – streichen Sie einfach
den ganzen Satz. Richtig oder falsch ist oft die völlig falsche
Fragestellung – denn gutes Deutsch sieht auf jeden Fall ein-
facher, klarer und sinnlicher aus. (T.K.)

Das Prinzip Zivilist

In den bewaffneten Konflikten der Gegenwart herrscht eine widersprüchliche Dynamik. Zivilisten werden mit großer Regelmäßigkeit Zielscheibe militärischer oder terroristischer Angriffe, aber gleichzeitig sind zivile Opfer, die auf besonders grausame, brutale oder sinnlose Weise sterben, stets ein wirkungsvolles Mittel, um humanitäre Entrüstung und politische Parteinahme zu mobilisieren. Die Unversehrtheit der Zivilbevölkerung, deren besonderer Schutz in der Genfer Konvention und der Haager Landkriegsordnung festgelegt ist, gilt mehr denn je als hohes Gut – und gleichzeitig arbeiten starke Kräfte daran, die dafür nötige Unterscheidbarkeit zwischen Zivilist und Kombattant vollständig einzuebnen. Opfer fehlgeleiteter Luftangriffe, psychisch zerrütteter Bodentruppen und terroristischer Bombenleger werden zwar lautstark beklagt, sind in den jeweiligen Strategien jedoch längst einkalkuliert.

Die Rolle des Angreifers, der mit exzessiver und sinnloser Gewalt das Leben Unschuldiger vernichtet, wird dabei im öffentlichen Bewusstsein öfter einmal neu besetzt. Nach dem 11. September und den folgenden Anschlägen in europäischen Metropolen fiel sie den Terroristen der Al-Qaida zu, die eine Weile lang in ihrer Ungreifbarkeit beinahe omnipotent wirkten. Ereignisse wie das Massaker von Haditha im Irak, wo sich die Anzeichen verdichten, dass US-Marines 24 Zivilisten kaltblütig umgebracht haben, oder der Angriff der israelischen Luftwaffe auf Kana im Südlibanon, bei dem 29 Zivilisten im Keller eines Wohnhauses starben, rücken wiederum reguläre Militärs in die Nähe von Kriegsverbrechern. Die Darstellung der jeweiligen Opferrolle wird auf beiden Seiten perfektioniert, nicht zuletzt zur Rechtfertigung von Gegenschlägen und neuen militärischen Operationen. Dabei wäre es an der Zeit, auch das Prinzip der Unschuld und Nicht-Verantwortung des Zivilisten noch einmal grundsätzlich zu überdenken.

Geht man zu den wichtigsten historischen Referenzpunkten zurück, muss man der zivilen Opfer der alliierten Luftangriffe im Zweiten Weltkrieg und der Toten von Hiroshima und Nagasaki gedenken. Sowenig diese Massenmorde verteidigt oder gar gerechtfertigt werden können, so plausibel wäre dennoch eine Argumentation, die auch dem zivilen Teil einer Gesellschaft Verantwortung für das eigene Überleben aufbürdet: Jeder mündige Bürger, der nicht jämmerlich in einem Feuersturm oder Bombenhagel verenden will, hat zuallererst dafür Sorge zu tragen, dass sein Staat nicht von einem suizidalen Militär- und Herrenmenschen-Kult ergriffen und beherrscht wird. Sofern er das nicht verhindern kann oder Widerstand nicht möglich ist, sollte er das Land schnellstens verlassen – jedes andere Verhalten muss so ausgelegt werden, als spekuliere er heimlich auf Sieg, was aber die eigene Vernichtung im Ernstfall miteinkalkuliert. Gleiches gilt heute für muslimische Zivilisten, deren Hass so weit geht, dass sie Raketenabschussrampen in ihren Wohngebieten dulden und getarnte Kampfeinheiten in ihrer Mitte verstecken.

Aber auch wir Zivilisten und sogar Pazifisten der westlichen Welt sollten unsere Verantwortung in den Konflikten der Gegenwart umfassender denken als bisher. Viele Strategien auf den internationalen Finanzmärkten sind heute so aggressiv, dass ihre Auswirkungen sich von militärischen Angriffen kaum unterscheiden: Es kommt vor, dass ganze Volkswirtschaften in Schwellenländern durch Devisenspekulation ruiniert werden. Millionen von wirtschaftlichen Existenzen und in der Folge auch Menschenleben werden auf diese Weise vernichtet, ohne dass eine gewaltsame Handlung im üblichen Sinn erfolgt – der dramatische Zusammenbruch Thailands, Indonesiens und Malaysias im Juli 1997, der von den Betroffenen vor allem dem US-Milliardär George Soros angelastet wurde, ist ein Beispiel dafür. Solange solche Strategien zum allgemeinen Wohlstand des Westens beitragen, solange wir die verantwortlichen Fondsmanager in unserer Mitte feiern und belohnen, statt ihnen entschlossen entgegenzutreten – so lange wird unsere Unschuld (und unsere Sicherheit vor terroristischen Gegenangriffen) stets nur eine relative sein.   (T.K.)

KAPITEL IV

FORMATE

Das Prinzip 20.15 Uhr

Die bedeutendste Zäsur des Tages wird seit Langem vom Fernsehen vorgegeben. Um 20.15 Uhr beginnt der Abend; diese Uhrzeit teilt die Stunden in ein Davor und ein Danach, in das vorausgehende und das eigentliche Programm. Keine andere Schwelle gibt es, die heute vergleichbare Gültigkeit hätte für die Ordnung des Tages: Das Glockenschlagen der Kirche morgens, mittags und abends – als »Angelusläuten« einst ein verbindliches Zeichen für die Einteilung der Arbeit auf den Feldern – verhallt unbemerkt und bedeutungslos. Ebenso gibt es feste Bürostunden, das viel besungene »Nine to five« des Angestelltenlebens, nur noch redensartlich; in Wahrheit sind sie durch Gleitzeit und flexible Verträge längst ausgefranst.

Allein die 20.15-Uhr-Schwelle entfaltet weiterhin ihre Kraft; sie ist die Zeit des allgemeinen Anfangs, wie jeder weiß, der am Abend ohne Wissen um die genaue Uhrzeit durch die Programme schaltet. Wenn auf nahezu allen Sendern Vorspanncredits durchs Bild laufen, stellt sich die beruhigende Empfindung ein, dass es nun Viertel nach acht sei, ein kurzer Augenblick der Zusammenkunft, der Gemeinschaft: Die losen Programmfäden bündeln sich für eine halbe Minute, bilden einen dichten Strang, bevor sie für den Rest des Abends wieder in die unterschiedlichsten Richtungen führen. Wie tief sich diese Zäsur in uns eingesenkt hat, lässt sich daran erkennen, dass sie auch an all jenen Abenden Gültigkeit behält, die man nicht vor dem Fernseher verbringt. Ein Blick auf die Armbanduhr um fünf vor halb neun, in einem Restaurant oder im Kino, ist immer mit dem leisen Wissen verbunden, dass der Abend schon begonnen habe, während derselbe Blick um zehn nach acht noch ein Gefühl des Vorläufigen, des Anbrechens auslöst. Als sei die Schwerkraft der Uhrzeiger in diesen Minuten größer als gewöhnlich, als gehe ein besonderer Ruck durch das Ziffernblatt um Viertel nach acht.

Es ist eigentümlich, dass die deutlichste Trennlinie des Tages
eine krumme Uhrzeit ist, keine volle Stunde, nicht einmal eine
halbe, sondern eine Stelle auf dem Ziffernblatt, die mitten in
der Kurve liegt. Der fernsehgeschichtliche Grund, warum es
dazu kam, liegt auf der Hand. Denn die seit einem halben Jahrhundert gültige Schwelle in unserem Zeitempfinden verdankt
ihren Platz einer Sendung, die unmittelbar davor ausgestrahlt
wird: der *Tagesschau*. Sie stand am ersten Tag des Nachkriegs-
fernsehens, am 26. Dezember 1952, um 20 Uhr im Programm,
mit einer Dauer von 15 Minuten – zunächst nur dreimal in der
Woche, ab 1956 sechsmal, ab 1961 schließlich täglich. Der von
der *Tagesschau* vorgegebene Viertelstundentakt wurde rasch
zum bestimmenden Ordnungsprinzip des ARD-Programm-
schemas; noch heute müssen alle Abendsendungen in der Regel zur Viertelstunde beginnen.

Die Unerschütterlichkeit der 20.15-Uhr-Zäsur hat sich immer
dann besonders deutlich erwiesen, wenn andere Sendean-
stalten versuchten, an ihr zu rütteln. Als das ZDF im Jahr 1963
den Bericht aufnahm, legte es seine Hauptnachrichtensendung
zunächst auf 19.30 Uhr, was bei der ARD zu Überlegungen
führte, die eigenen Nachrichten ebenso vorzuverlegen. Dazu
kam es nicht – und in alten Programmzeitschriften kann man
nachlesen, dass das ZDF sich seinerseits rasch auf die vorgegebene Trennlinie einstimmte und sein Hauptabendprogramm
in den Siebzigerjahren viermal, in den Achtzigern dann täglich um 20.15 Uhr beginnen ließ. Jede weitere Bemühung von
Fernsehsendern, den vertrauten Knotenpunkt vorzuverlegen
und auf das weltweit gebräuchliche »Nullzeitenschema« mit
Anfängen zur vollen und halben Stunde umzustellen, war
seitdem zum Scheitern verurteilt. Das ZDF im Jahr 1991 und
die Privatsender Sat.1, ProSieben und Kabel 1 im Jahr 1996
brachen schon nach wenigen Monaten ihr Experiment ab, den

Hauptfilm um 20 Uhr auszustrahlen, und kehrten zum traditionellen Ablauf zurück. Die 20.15-Uhr-Zäsur ist mittlerweile
gegenüber jedem Begradigungsversuch resistent; das Bestre-
ben, diese Schwelle abzutragen, käme dem Versuch gleich, den
natürlichen Ablauf der Zeit zu verändern.   (A.B.)

Das Prinzip Espressokapsel

Auf dem stagnierenden Markt für Kaffee sorgen die Kapselsysteme von Nespresso (Nestlé), Senseo (Philips/Sara Lee) und etlichen Nachzüglern derzeit für unerwartete Gewinne. Worin liegt der besondere Reiz der Espressokapseln, die die Kunden dazu animieren, einen bis zu viermal höheren Preis für ein Kilo Kaffee zu bezahlen? Am auffälligsten ist vielleicht die Überlappung von privatem und öffentlichem Raum, die mit dem Gebrauch der Kapseln einhergeht. »Bringt den Coffee-shop nach Hause«, verspricht der Slogan eines Anbieters, und genau darum geht es: Das Trinkerlebnis in den Espressobars der Innenstädte soll in der heimischen Küche imitiert werden – die Kapsel offeriert nur eine einzelne Portion; nach der Zubereitung einer Tasse bleibt kein Rest übrig.

Nicht umsonst spielt beispielsweise der Fernsehspot für Nespresso mit George Clooney in einem öffentlichen Coffeeshop, obwohl doch ein Getränk für den Hausgebrauch beworben wird. Der weitreichende Unterschied zwischen herkömmlichem Kaffeeangebot und den neuen Kapseln lässt sich also gerade von den Locations der Werbespots her erklären: War die Reklame für die Filterkaffee-Packungen stets im behaglichen Wohnzimmer angesiedelt, sollte das »Verwöhnaroma« des Kaffees den sonntäglichen Besuch umgarnen, so verabschiedet sich die Anpreisung der Espressokapsel radikal von aller häuslichen Gemeinschaft und rückt die Existenz der angesprochenen Kunden ganz in die Passantenwelt der Kaffeebars. Das »To go«-Gefühl soll sich noch in den eigenen vier Wänden einstellen.

In der Espressokapsel verdichtet sich das bekannte gesellschaftliche Symptom, dass das Leben im familiären Rahmen mehr und mehr an Bedeutung verliert. Das Eine-Portion-System ist die adäquate Praxis allein lebender Großstädter. Man muss sich nur das Personal der Werbespots für das neue Produkt ansehen: die immer gleichen Singles Ende zwanzig in interessanten Berufen, ständig auf dem Sprung. Und wenn doch einmal ein Paar als Protagonisten ausgewählt wird, wie in jenem Fernsehspot für Senseo, der vor einem Wohnhaus auf einer Meeresklippe spielt, dann sorgt die Frau dafür, dass der Mann hinunter in die Tiefe stürzt, damit sie in Ruhe ihren Espresso trinken kann. Mit übersteigerter Drastik wird hier aber etwas deutlich, was für die Kultur der Espressokapsel tatsächlich gilt: Es ist eine lustvolle Feier der Vereinzelung.

Im verfügbaren Produktspektrum steht die Kapsel genau am anderen Ende der »Familienpackungen« aus dem Großmarkt. Wo die großzügigen Behälter mit Kaffee-, Kakao- oder auch Waschpulver auf den steten Alltag eines vielköpfigen Haushalts zugeschnitten waren, scheint die Schatulle mit Einzelkapseln für den bestimmt zu sein, dessen hochmobile Existenz keine Kontinuitäten kennt, der frühmorgens noch nicht weiß, ob die Zeit bis zum nächsten Espresso zu Hause ein paar Stunden oder ein paar Tage beträgt. Offenes Pulver als Darreichungsform von Nahrungsmitteln wird in diesem Lebensmodell nur noch als »Angebrochenes«, als verderblicher Rückstand wahrgenommen.

Es ist aber nicht nur die Soziologie des Kaffeetrinkens, die mit der Espressokapsel in ein neues Zeitalter tritt. Auffallend an den Nespresso- oder Senseo-Systemen ist außerdem eine Verkaufsstrategie, die bereits im Zusammenhang mit Druckergeräten oder Mobiltelefonen zu beobachten war: dass das Angebot von erstaunlich preisgünstiger Hardware an kostspielige Füllungen gekoppelt wird. Die aufwendigen Espressomaschinen, teilweise bereits für unter fünfzig Euro zu haben, sind allein mit den zugehörigen überteuerten Kapseln vereinbar;

wo auch Billigprodukte namenloser Hersteller kompatibel wären, wie zum Beispiel bei den leicht kopierbaren Senseo-Pads, hat Philips erfolgreich auf Unterlassung geklagt. Die so wortreich angepriesene Unabhängigkeit und die Mobilität der Kunden, die mit den Kapseln gerade gefördert werden sollen, werden auf diese Weise, durch die strikte Beschränkung auf eine Produktkombination, wieder zurückgenommen. Eine Errungenschaft unserer Zeit: Die Anbindung an Orte gilt als Zeichen von Rückständigkeit, jene an Marken als Zeichen von Modernität. (A.B.)

Das Prinzip Günther Jauch

Die Kunst des Fernsehmoderators Günther Jauch besteht in seiner unvergleichlichen Elastizität. In der Sendung *Wer wird Millionär?* etwa ist dieses Talent seit Jahren regelmäßig zu bestaunen. Egal ob ihm ein Universitätsprofessor gegenübersitzt oder eine Hausfrau, ein Motorradrocker oder ein Finanzbeamter: Jauch gelingt es schon nach wenigen Momenten, sich vollständig auf die Kandidaten einzustellen, ihr Temperament, ihren Bildungshorizont, ihr Interessenspektrum zu erfassen und das eigene Auftreten danach auszurichten. Niemals würde der Quizmaster ein Gefälle zwischen sich und seinen Kandidaten spürbar werden lassen; jede Art von Differenz gleicht er mit beiläufiger Souveränität aus. Dass er zu unzähligen Themen zumindest stichwortartiges Wissen parat hat, erleichtert ihm dieses Vorgehen. Mit der älteren Dame auf dem Ratestuhl plaudert er über preiswerte Putzmittel, mit dem Autoliebhaber über die neuesten Modelle; den Steuerberater verblüfft er mit Einsichten in komplexe Abschreibungsverfahren, dem Mediävistikprofessor steht er als passabler Partner für Gespräche über mittelalterliche Literatur zur Verfügung.

Günther Jauch ist ein Virtuose der Einfühlung. Von der eigenen Lebenswelt, dem eigenen gesellschaftlichen Status findet sich in den Gesprächen, seiner Prominenz zum Trotz, keine Spur; auch wenn jeder weiß, dass Jauchs Jahreseinkommen das der meisten Kandidaten um ein Hundertfaches übersteigt, wirkt er stets wie einer, der mit dem Milieu des anderen vertraut ist (anders als Kerner, der zwar in Interviews mit Unbekannten auch einen einfühlsamen Tonfall anschlägt, dem die Perspektive von oben, vom Fernsehstar zum Mann auf der Straße, aber immer anzumerken ist). Es hat mit dieser perfekt ausgebildeten sozialen Mimikry Jauchs zu tun, dass er in Umfragen zum »sympathischsten Deutschen« gewählt wurde und für das Publikum absolute Glaubwürdigkeit ausstrahlt.

Jenseits der Kameras allerdings verwandelt sich das Anpassungsvermögen Jauchs ins exakte Gegenteil. So bambushaft der Moderationsstil, so granithart die von ihm geführten Vertragsverhandlungen oder Rechtsstreitigkeiten. Die schroffe Absage an die ARD Ende 2006, sein Rückzug in letzter Minute vor einem Übermaß an Mitspracherecht des Senders, ist nur ein jüngstes Beispiel in einer Reihe von Fällen, die von der Unerbittlichkeit Günther Jauchs in Fragen der Selbstbestimmung zeugen. Gut in Erinnerung ist noch sein Kampf gegen die Berichterstattung über seine Hochzeit. Jauch wollte zunächst ein vollständiges Nachrichtenverbot durchsetzen, erwirkte dann zumindest eine Verfügung, dass keine Einzelheiten über die Feier verbreitet werden durften. Als einem Fotografen dennoch ein heimliches Bild gelang, klagte Jauch nicht nur wie bereits etliche Male zuvor auf Schmerzensgeld wegen Verletzung der Privatsphäre, sondern forderte als erster Prominenter in Deutschland auch den Marktwert des Fotos ein. Die Gerichts-akten in der Kanzlei von Jauchs Anwalt sollen im Lauf der Jahre auf mehr als eineinhalb Meter Länge angeschwollen sein.

Auffällig an Günther Jauch ist also eine Art Spaltung: Auf dem Bildschirm verkörpert er Passivität und Formbarkeit; er bietet eine Projektionsfläche, auf der je nach Ausrichtung der Kandidaten und Interviewpartner fast alles erscheinen kann: das politische Gewissen, der Intellektuelle, der Komiker, der Biedermann. Im täglichen Leben dagegen ist er wie kein Zweiter auf die Autonomie und Unantastbarkeit seiner Person bedacht. Vielleicht markiert diese Spaltung in Wahrheit aber gar keinen Widerspruch. Denn die größtmögliche Elastizität der Fernsehfigur – das regelrechte Verschwinden hinter einer Fülle von Rollenzuschreibungen – und der größtmögliche Eigensinn als Privat- und Geschäftsmann sind verschiedene Ausprägungen desselben Anliegens: der Ambition, sich einen Rest an Unkenntlichkeit zu bewahren, sich der Öffentlichkeit nicht ganz preiszugeben. Um dieses Anliegen zu gewährleisten, sind zwei unterschiedliche Identitäten nötig – die vor der Kamera so vage, die dahinter so konsequent wie möglich. (A.B.)

Das Prinzip Kleinschreibung

Bei der Fußball-Weltmeisterschaft im Sommer 2006 waren sie die vielleicht auffälligste Neuheit: die kleingeschriebenen Spielernamen auf der Rückseite der Trikots. In den ersten Turniertagen war es noch rätselhaft, warum sich einige Mannschaften für die neue Schreibweise entschieden und manche die gewohnten Versalien beibehalten hatten, bis sich nach und nach herausstellte, dass allein die Trikots der Firma Puma damit versehen waren. Auch in der Bundesliga treten Clubs mit diesem Ausrüster, wie der Hamburger SV oder der VFB Stuttgart, mittlerweile mit den neuen Schriftzügen an, und der Blick auf die Namen ist immer noch ungewohnt: van der vaart spielt einen Pass auf lauth, gomez auf cacao, hitzlsperger schießt weit über das Tor.

In der Zeit nach der WM, der Blick war noch geschärft, fielen dann auch eine Reihe anderer Schriftzüge mit kleingeschriebenen Eigennamen ins Auge: das Logo und die Namenseinblendungen bei Fernsehsendungen wie *beckmann* und *maischberger*, erst vor Kurzem eingeführt, oder die Typografie von Firmenbezeichnungen. Es scheint also in jüngster Zeit eine deutliche Tendenz zur Kleinschreibung in der Welt des Corporate Design zu geben.

Warum werden Namen auf Fußballtrikots, Bildschirmen und Firmengebäuden nicht mehr wie üblich in Versalien oder zumindest mit einem Großbuchstaben am Anfang geschrieben? Welche Assoziationen soll die Kleinschreibung heraufbeschwören? Auffällig ist ja, dass es gerade um Eigennamen geht, um eine Wortgruppe also, der sogar in jenen Sprachen ein Großbuchstabe zugestanden wird, die alle sonstigen Substantive kleinschreiben. Der Name ist die letzte Bastion der Majuskel; in der Erhebung am Anfang des Wortes ist die Differenz der bezeichneten Person zu den bloßen anonymen Sa-

chen ausgedrückt, so als trügen die Namen eine Art Zepter vor
sich her, das ihre Souveränität und Einzigartigkeit beglaubigt.
Aus den kleingeschriebenen Namenszügen ist diese Differenz
getilgt; die Eigennamen fügen sich vielmehr ein in das unter-
schiedslose Gemenge der restlichen Wörter.

Die aktuelle Entwicklung ist umso bemerkenswerter, wenn
man sie mit früheren Verfahren der bewusst falschen Kleinschreibung vergleicht. In der deutschen Sprache hatte eine
solche Übertretung der Rechtschreibregeln immer eine Funktion des Aufbegehrens. Anfang der 1970er-Jahre war wiederum eine Zeit lang der Verzicht auf Großbuchstaben in Ge-
dichten, Tagebüchern, Pamphleten oder aus Gefängniszellen
geschmuggelten Kassibern gebräuchlich. Die Kleinschreibung
auf Schreibmaschinenblättern war als subversiver Akt gedacht,
als Widerstand gegen die Konventionen auch im Feld der Sprache. Allein die Typografie formulierte bereits eine politische
Aussage: die Hierarchie der Wörter einebnen, die Majuskeln
vom Sockel stoßen wie Denkmäler, einen Sozialismus der
Schrift herbeiführen! Im Bereich der Literatur sollte die durch-
gängige Kleinschreibung zudem für die besondere Unmittel-
barkeit des Notierten einstehen: Die getreue Übersetzung von
Bewusstsein in Schrift, so das Versprechen kleingeschriebener
Tagebucheinträge, könne sich gar nicht die Zeit nehmen, auf so
etwas Technisches wie Groß- und Kleinschreibung zu achten;
es würde die Aufrichtigkeit des Gefühlsprotokolls gefährden.

Dreißig Jahre später, im Zeitalter von E-Mail und SMS, trans-
portiert die Kleinschreibung völlig andere Aussagen. Alle Rebellion und Echtheitssehnsucht ist von ihr abgefallen; es geht
nicht mehr um den Wunsch, sich gegen das Bestehende zu
richten, sondern darum, sich so gut wie möglich in den Flow
der weltumspannenden Kommunikation einzupassen. Groß-

buchstaben sind häufig inkompatibel mit Betriebssystemen oder, wie in E-Mail-Adressen, nicht mehr verpflichtend, weil die einfachere Variante ohne Shift-Taste exakt denselben Effekt hervorbringt. Deshalb hat der Siegeszug der Kleinschreibung in der flüchtigen Sphäre der elektronischen Kommunikation nun auch die schwerfälligsten Träger von Sprache erreicht: Kleidung und Gebäude.

Bittere Konsequenz für den Eigennamen: Er ist nur noch Schriftzug gewordene E-Mail. Die Wahrnehmung der Leser hat sich aber noch nicht mit der neuen Situation abgefunden. Auf den Trikotrücken etwa ist das Entziffern der Buchstaben noch immer gewöhnungsbedürftig. Man gleitet merkwürdig widerstandslos über den Namen, vermisst die leichte Schwelle am Anfang, so als wäre etwas weggenommen worden. Übrig bleibt nur Wortinneres. (A.B.)

Das Prinzip Mannschaftsfoto

Die Mannschaftsfotos im *Kicker*-Sonderheft zum Bundesliga-start waren von jeher das erste Zeichen der bevorstehenden Fußballsaison. Im Mai hatte die letzte Spielzeit geendet, und es begann die Black Box der Sommerpause, die Zeit der Zu- und Abgänge, der Sponsorenwechsel und neuen Trikotdesigns, von der in Zeitung und Fernsehen zwar gelegentlich die Rede war, deren Einzelheiten aber im heruntergefahrenen Aufmerksam-keitsmodus der spielfreien Monate kaum in Erinnerung blie-ben. Erst mit dem Erscheinen des *Kicker*-Sonderhefts, drei, vier Wochen vor dem Beginn der neuen Saison, wurde die Black Box zum ersten Mal vollständig geöffnet, und das Staunen des Lesers beim Betrachten der Mannschaftsfotos war groß: »Was, so sieht das Bayern-Trikot jetzt aus?«; »Bremen hat ja einen neuen Werbeschriftzug«; »Von den Aufsteigern kennt man ja kaum einen Spieler!«

Auffällig an der Anordnung der Mannschaftsfotos ist bis heu-te ihre strenge Komposition. Die Teams werden allesamt in drei übereinanderliegenden Reihen gezeigt, mit den zwei oder drei Torhütern in der Mitte der untersten. Stehend an den Rän-dern der mittleren und oberen Reihe befinden sich die Trainer, Betreuer und Ärzte, deren Trikots sich farblich von denen der Spieler abheben. Der Hintergrund der Fotos ist die Haupt-tribüne im Stadion oder das Trainingsgelände, und vor den Mannschaften befinden sich, wiederum in genauer Symme-trie, ein paar Bälle, Arztkoffer, gewonnene Pokale der vorange-gangenen Saison und eine Leiste mit den Schriftzügen der Sponsoren. Ebenso wichtig wie das penible Einhalten dieser Ordnungsmuster ist aber auch das verlässliche Fehlen von an-deren. So erfolgt etwa die Aufstellung der zwei Dutzend Feld-spieler nie nach einem ersichtlichen Prinzip: weder nach ihren Positionen in der Mannschaft noch nach ihrer Stellung inner-halb der Hierarchie des Teams, weder nach dem Anfangsbuch-

staben ihres Nachnamens noch nach ihrer Körpergröße (die
Bänke, auf denen sie sitzen und stehen, sind unterschied-
lich hoch).

Was sagt die immer gleiche Choreografie der Mannschaftsfotos aus? Die Strenge der Präsentation sorgt zuallererst für die
bessere Vergleichbarkeit der Vereine untereinander. Wenn sich
alle Mannschaften zu Beginn einer Saison in der gleichen Anordnung, Körperhaltung und Umgebung abbilden lassen, hebt
man ihre spezifischen und unvergleichlichen Eigenschaften
auf. Die Mannschaftsfotos sind im *Kicker*-Sonderheft und seinen zahlreichen Nachahmern jener Eichpunkt, von dem aus
das endlose In-Beziehung-Setzen der Daten und Statistiken vor
Beginn der Saison erst gelingen kann. Die charakteristische
Willkür der Spielerverteilung soll aber darüber hinaus noch
etwas anderes demonstrieren: den noch ungestalteten Zustand
des Kaders zwischen den Spielzeiten. Die alte Saison, mit klar
verteilten Stammplatz- oder Ergänzungsspieler-Rollen, ist seit
einigen Wochen vorbei, die neue noch einige Wochen entfernt,
und genau diese Übergangsphase bildet sich im Mannschafts-
foto ab. Das Bild soll jene Zäsur sichtbar machen, die der jeweilige Verein zwischen den Spielzeiten vorgenommen hat.
Am Anfang einer Saison, sagt das Foto, sind alle Spieler nur
gleichberechtigte Elemente einer geschlossenen Einheit. Der
Körper des Teams ist glatt und straff und hat noch keine Falten
in Form von Hierarchien oder Konkurrenzkämpfen.

Die Ästhetik des Mannschaftsfotos zeichnet sich also gerade
durch seine Unveränderbarkeit und Kontinuität aus. Dennoch
gibt es von Zeit zu Zeit einige kleine Veränderungen in seiner
Choreografie, in denen aktuelle Entwicklungen des Fußballs
sichtbar werden. Die letzte dieser Veränderungen betrifft, wie
schon gelegentlich bemerkt wurde, die Zahl der Betreuer, die

auf den Bildern zu sehen sind. Jahrzehntelang – die ersten Mannschaftsfotos wurden vom *Kicker* 1963 zur Premiere der Bundesliga gedruckt – waren am Rand der Spielerreihen stets nur ein Trainer, sein Assistent und allenfalls zwei Mannschaftsärzte zu sehen. Vor der Saison 2007/08 stehen etwa bei Schalke 04 den 27 Spielern in königsblauen Trikots 13 Betreuer in weißen Hemden gegenüber; beim VfB Stuttgart nimmt das Ensemble von 12 Betreuern – bei nur 24 Spielern – die gesamte mittlere Reihe des Fotos ein und sprengt so das bis vor Kurzem geltende choreografische Gesetz, dass Mannschaftsexterne auf den Bildern nur am Rand stehen dürfen. Jürgen Klinsmanns Fußballphilosophie, die Hinzuziehung eines umfangreichen Stabs von Fitnesscoaches, Trainingsanalytikern und Ärzten, ist also endgültig in der Bundesliga angekommen, und ihr Eindringen ins Zentrum der Mannschaften schlägt sich in der Gestaltung der Bilder besonders anschaulich nieder. Mannschaftsfotos können insofern also als beides wahrgenommen werden: als der immer gleiche geschichtslose Mythos des Neuanfangs zwischen den Spielzeiten und als Indiz für eine bestimmte Epoche innerhalb der Fußballgeschichte.   (A.B.)

Das Prinzip Passfoto

Irgendwann konnte ich die Sache nicht länger hinauszögern: Ein neuer Pass musste her. Ich hatte schon gehört, dass die Sache mit den Ausweisdokumenten schwieriger und kafkaesker geworden sei, mit biometrischen Daten und so weiter, und war auf einiges gefasst. Zum Beispiel brachte ich, sicher ist sicher, gleich drei verschiedene Passbilder in die Meldebehörde mit. Dort empfing mich Herr Knoche, ein fahlgesichtiger Herr mit langer Berufserfahrung, studierte ausführlich meine Fotos, legte diese und jene Schablone darüber – und schüttelte am Ende bedauernd den Kopf. »Hier lächeln Sie«, sagte er, »das ist nicht mehr erlaubt. Ihr Gesichtsausdruck muss neutral sein, und die Lippen sollen geschlossen sein.« Dann zeigte er auf das zweite Foto: »Hier liegt Ihre Nase nicht auf der Mittellinie. Und die Hauttöne sind, nun ja, etwas unnatürlich.«

Natürliche Hauttöne, erfuhr ich jetzt, waren ein entscheidendes Kriterium für die Gültigkeit eines neuen, wie es hieß, »biometrietauglichen« Passfotos. Oder was immer die Meldebehörde unter natürlichen Hauttönen verstand. War ich zu bleich, zu augenringig, zu aschfarben? Hatte meine Mutter mir nicht immer gesagt, ich sollte öfter an die frische Luft gehen? Würde ich nun, aufgrund unnatürlicher Hauttöne, überhaupt keinen Pass mehr bekommen, meine Staatsbürgerschaft verlieren, als »Staatenloser« durch die Welt irren, zu ewiger Flucht verdammt? Ich schluckte und brachte kein Wort heraus. Herr Knoche sah sich das dritte Foto an, drehte es hin und her. »Hier stimmt eigentlich alles«, erklärte er, »die Gesichtshöhe von Kinn bis Haaransatz ist korrekt, die Schärfe und der Kontrast ebenfalls, auch der einfarbige Hintergrund ... nur leider, leider haben Sie diesen Schatten im Gesicht. Der macht alles kaputt.«

So lernte ich weiterhin, dass die normale Welt zwar aus Licht und Schatten besteht – nicht aber die Welt der Bürokratie.

»Ausleuchtung gleichmäßig (keine Schatten)« stand als Punkt elf auch auf einem Merkblatt, das mir Herr Knoche nun mitgab mit dem Hinweis, doch bitte noch einmal wiederzukommen – mit einem neuen Passfoto, auf dem keine der insgesamt fünfzehn Regeln gebrochen würde. Andernfalls könne meine Existenz biometrisch nicht mehr erfasst werden und an die Ausstellung eines neuen Reisepasses sei nicht zu denken. Perfide, dachte ich. Die deutschen Sicherheitspolitiker haben sich ausgedacht, dass das Gesicht jedes einzelnen Untertanen präzise vermessen werden muss, Augenabstand, Lippendicke, Nasenform – aber sie machen diesen Irrsinnsjob nicht einmal selber, sondern überlassen die Drecksarbeit den Fotostudios, den Automaten und Familienmitgliedern oder wer sonst noch eine Kamera halten und ein Foto ausdrucken kann. Aber gleichzeitig war das alles ja auch herrlich absurd.

Denn nach wie vor behalten der Pass und das Passfoto zehn Jahre ihre Gültigkeit – zehn Jahre, in denen Gott weiß was mit deinem Gesicht, deiner Frisur, deiner ganzen Persönlichkeit passieren kann. In der allgemeinen Wahrnehmung ist das Passfoto deshalb auch immer das Foto, mit dem man sich selbst am allerwenigsten identifiziert, das man schon bald vor dem Blick der Mitmenschen versteckt, dem man gar keine Ähnlichkeit mit der abgebildeten Person zuschreibt. Jeder kennt die Gruppenreisen ins Ausland, wo plötzlich ein unbefugter Blick auf das alte Foto im Ausweis fällt, wo Freunde und Kollegen in brutales Gelächter ausbrechen, wo ein Ausweis unter großem Hallo die Runde macht, während der Besitzer oder die Besitzerin, hochrot angelaufen, vergeblich dem entwendeten Dokument hinterherjagt. »Bist das wirklich du?«, lautet die ungläubige Frage, und der amtliche Stempel bestätigt es – aber kein Fahnder und kein zufälliger Zeuge wäre je in der Lage, das Ausweisfoto und die reale Erscheinung seines Besitzers noch

sinnvoll zusammenzubringen. Worauf die Grenzbeamten eigentlich blicken, wenn sie erst in unseren Pass schauen und
dann prüfend auf unser Gesicht, ist ihr Geheimnis – das Foto
kann es jedenfalls nicht sein. Nicht im Ernst.

So muss man am Ende auch der Vorstoß des Sicherheitspoli-
tikers Wolfgang Schäuble aus dem April 2007 bewerten, der
der Polizei den direkten Zugriff auf Millionen von Passbildern
gestatten will, die bei den Meldebehörden gespeichert sind.
Ein Albtraum, ein weiterer Verlust bürgerlicher Freiheiten,
ein weiterer Schritt in Richtung des totalen Überwachungs-
staats – andererseits aber auch eine Art Schildbürgerstreich.
Viel Glück jedenfalls bei der Fahndung in diesem Meer von
Fotos, die entweder total veraltet sind – oder aber von größter
Unnatürlichkeit. Auch ich habe schließlich, beim zweiten Versuch, ein biometrietaugliches Foto zustande gebracht, meinen
Passantrag abgegeben und einen Nachweis meiner Identität
bekommen. Auf dem Bild, das am Ende angenommen wurde,
starre ich wie hypnotisiert in die Kamera, die Nase auf gerader
Linie, die Lippen geschlossen, völlig humor- und konturlos,
ohne einen einzigen Schatten und einen einzigen Ausdruck
im Gesicht, dafür aber mit natürlichem Teint. Mein Gesicht,
das weiß ich, kann nun bis ins Detail vermessen und zentral
gespeichert werden – aber erkennbar bin ich so eigentlich für
niemanden mehr. Nicht einmal für mich selbst.   (T.K.)

Das Prinzip Pop-Literatur

Die Zeiten der Erregungen und Debatten, der Allianzen und
Ausgrenzungen sind seit etwa fünf Jahren vorbei – jetzt wird
wieder einmal der Versuch einer Historisierung unternommen. Der Verlag Kiepenheuer & Witsch hat im Frühling 2007
die große Anthologie *Pop seit 1964* herausgebracht, und man
könnte dieses Buch zum Anlass nehmen, nochmals die Möglichkeiten und Irrtümer zu beschreiben, wie dieses literarische
Genre zu erfassen ist.

Am ehesten erfolgt die Annäherung an Pop-Literatur in der
Kennzeichnung dessen, was sie gerade nicht ist. Das ermü-
dendste und mittlerweile unglaubwürdigste Kriterium ist
zweifellos jenes, dass Pop-Autoren die wilde Antithese zum
literarischen Kanon bilden würden. Im Vorwort des Bandes
wird diese ewig gleiche Geste noch einmal bemüht: dass Pop
ein »Störfaktor« im Literaturbetrieb sei, »ein Fremdkörper,
der für Unruhe sorgt«. Heute, da die mit Pop-Literatur Auf-
gewachsenen in verantwortlichen Positionen in den Verlagen
und Feuilletons sitzen, taugt dieses Genre eher zum kleinsten
gemeinsamen Nenner. Außenseiter ist als junger Lektor oder
Redakteur inzwischen nicht, wer sich für Rainald Goetz oder
Maxim Biller begeistert, sondern für Stifter, Mörike und Im-
mermann.

Ebenso unergiebig ist es, Pop-Literatur vordringlich mit dem
Sujet der Romane, Erzählungen und Gedichte in Verbindung
zu bringen. In der Anthologie heißt es, die Zusammenstellung
beschränke sich auf Texte, »deren Zuordnung zu Pop in unseren Augen formal und thematisch motiviert« ist, doch genau
das ist fragwürdig. Wenn Schriftsteller wie Ingo Schulze oder
Daniel Kehlmann einen Roman über Musik schreiben, wenn
Jan Wagner oder Albert Ostermaier Gedichte in Listenform
veröffentlichen würden – erhielten diese Texte den Status

»Pop«? Definitiv nicht, und zwar deshalb, weil Erzählstoffe und Gattungen für dieses Genre allenfalls eine zweitrangige Rolle spielen.

Was aber macht den Status von Pop-Literatur aus? Das zentrale Kriterium ist vermutlich etwas, was man den Abstand zwischen Autor und Werk nennen könnte. Bei Schulze, Kehlmann oder anderen erfolgreichen jüngeren Autoren ist dieser Abstand, so gegenwartsgesättigt ihr Schreiben auch sein mag, gegeben; Schriftsteller und Werk sind nicht deckungsgleich, stehen in einem vermittelten, abstrakten Verhältnis zueinander. Wie anders bei den als »Pop-Literaten« etikettierten Schreibern in den vergangenen zehn Jahren: Zwischen ihrem Werk und ihrer Erscheinung – dem Gesicht, der Kleidung, dem Lebensstil – gibt es diese Distanz nicht; sie verkörpern ihr Buch auf unmittelbare Weise.

Aus diesem Grund ist auch die Rezeption von Pop-Texten viel stärker auf den Autor zugeschnitten. Die Romane werden stets als persönliche Verlautbarung, als Meinungsäußerung gelesen, auch wenn das Erzähl-Ich deutlich fiktionalisiert ist, sich an fremden Orten und in vergangenen Zeiten bewegt. Zudem weist man den Schriftstellern – obwohl sie literarische Texte und nicht Reise- oder Modetipps produzieren – die Rolle einer Geschmacksinstanz im alltäglichen Leben zu; sie werden nach den elegantesten Hotels oder besten Clubs befragt. In der Anthologie *Pop seit 1964* kommt diese Fokussierung auf die Persönlichkeit des Autors vor allem im Gespräch mit Thomas Meinecke und Benjamin von Stuckrad-Barre am Ende des Bandes zur Sprache. Darin verkündet etwa einer der Herausgeber ernsthaft, bei der Aufnahme einer bestimmten Pop-Autorin in das Buch sei es nicht in erster Linie um die »Textrezeption« gegangen, sondern um die »Rezeption der Autorin, des

Geschlechts, der Haare« – ein Satz, der mehr über das Genre verrät als ganze literarhistorische Dissertationen.

Die Untrennbarkeit von Autor und Werk macht aber auch verständlich, warum die Pop-Literaten seit je vermieden haben, die Grundlagen ihres Schreibens zu definieren. Es gibt das Genre nur in der Performance, der Aktion, nie in der Analyse; literaturhistorisch steht Poap-Literatur am entgegengesetzten Punkt zu einer Epoche wie dem frühen 20. Jahrhundert, als Autoren wie Benn oder Rilke gleichzeitig Gedichtbände und Abhandlungen über moderne Lyrik publizierten. Diese Verbindung von Poesie und Poetik wäre fatal für die Pop-Literatur. Über das eigene Tun kann sie so wenig aussagen wie ein Tänzer auf der Tanzfläche. (A.B.)

Das Prinzip Rückennummer

Die Rückennummern im Fußball haben in den letzten Jahren ihre Aussagekraft eingebüßt. Seit 1995 wird jedem Bundesliga-spieler zu Beginn der Saison ein eigenes, mit Namenszug und fester Nummer versehenes Hemd zugewiesen: eine ökono-mische Strategie, die sich bewährte und den Verkauf von Fuß-balltrikots um ein Vielfaches steigerte. Aufgetrennt hat diese Marketing-Idee aber einen über Jahrzehnte gewachsenen Be-zug: den zwischen Rückennummer und Spielposition. Dass der Rechtsverteidiger die 2, der Mittelstürmer die 9, die Aus-wechselspieler die 12 bis 16 trugen, galt als verbindlich; heute kann es geschehen, dass in der Stammelf einer Mannschaft fast nur noch Nummern zwischen 17 und 99 vertreten sind.

Die Beliebigkeit der nach oben hin fast offenen Wahl hat be-wirkt, dass die vertraute Prägung der traditionellen Nummern abblättert und unlesbar wird. Stellt sich bei fußballbegeisterten Kindern heute noch die überlieferte Assoziation ein, wenn sie einen Spieler mit der 4 oder 7 sehen? Denn darin lag ja gerade das Stimmige dieser alten Ordnung: dass bereits die Gestalt der Zahl auf den Charakter ihres Trägers hinzuweisen schien, dass es stumpfe und filigrane Rückennummern gab, so wie auch die Mannschaft aus biederen und eleganteren Fußballern bestand. Es konnte keine bloße Willkür sein, dass etwa die 7 und die 11, schmale, dynamische Ziffern, den Außenstürmern zugeordnet waren, schmächtigen Spielern, die an den Flügeln auf einen Steilpass lauerten. Nie hätten ein Kevin Keegan oder ein Calle Del'Haye eine bauchige 6 oder 8 tragen können; die-se Nummern gehörten zu den defensiven Mittelfeldmännern zentral und rechts, die den Raum absicherten und deren wuch-tiges Auftreten die Zahl auf dem Trikotrücken rechtfertigte.

Das Wissen um die Kraft dieser Zeichen, noch in den Partien der jüngsten Schülermannschaften, schuf die Voraussetzungen

für manches Täuschungsmanöver. In unbedeutenden Freund-
schaftsspielen erlaubte es der Trainer hin und wieder, dass wir
unter einer falschen Nummer aufliefen und mit einer 2 oder
sogar einer 14 auf dem Rücken im zentralen Mittelfeld spielten.
Er ließ buchstäblich fünf gerade sein, und es bereitete unbe-
schreibliches Vergnügen, sich nach dem Anstoß wie ein Betrü-
ger in einen unvorhergesehenen Teil des Spielfeldes zu begeben und die irritierten Blicke der gegnerischen Verteidiger zu
spüren. Etwas von dieser Verwirrungslust wirkt auch heute
noch bei der Wahl der festen Trikots nach, wenn sich ein erfolgreicher Bundesligaprofi für eine ehemalige Auswechselnum-
mer entscheidet. Er wird angetrieben von der Erinnerung an
jene Auftritte in den Jugendmannschaften, in denen sich der
vermeintliche Nachrücker als Torjäger oder Spielgestalter ent-
puppte. Sind also alle Verknüpfungen zwischen Rückennummer und Spielposition gelöst? Nein, eine Ausnahme gibt es,
und zwar die 10. Auch im Zeitalter der offenen Trikotwahl
wird ihr eine Art natürliche Aussage zugestanden. Sie ist die
Nummer der Erhabenheit; spätestens seit den Zeiten Pelés
steht das Trikot allein dem »Regisseur« im offensiven Mittelfeld zu, und manche Nationalmannschaften, so wie beispielsweise Argentinien nach dem Rücktritt Maradonas, haben sie
bei großen Turnieren auch eine Zeit lang nicht mehr vergeben. Einzig in Gestalt der 10 also hat jene Regel überlebt, dass
bereits die Physiognomie der Zahl den Charakter einer Position vorgibt. Sie ist ein beinahe majestätisches Zeichen, die
aufrechteste aller Nummern. Und war es denn nicht wirklich
so, dass jeder, der sich das Trikot überstreifen durfte, automatisch ein wenig besser spielte?   (A.B.)

Das Prinzip Tabloid

Die Annäherung an die Tageszeitung in der Kindheit vollzog sich auf doppelte Weise: ein Lernprozess, der nicht allein den Inhalt, sondern auch das Format betraf. So wie der Zwölf- oder Dreizehnjährige (der sich dank der Sportberichte im hinteren Teil langsam für die grauen Buchstabenmassen zu interessieren begann) die Sätze nur mit Mühe verstand und die Eltern immer wieder nach dem Sinn bestimmter Formulierungen fragen musste, hatte er auch mit der Gestalt der Zeitung selbst zu kämpfen. Es war ihm ein Rätsel, mit welcher Beiläufigkeit die Eltern am Frühstückstisch das riesige Bündel handhabten; mit einer Hand konnten sie sogar ihren Kaffee trinken, während die andere die raschelnden Blätter in Zaum hielt. Er selbst hätte sich diese Fertigkeit niemals zugetraut, und daher fanden die ersten Jahre der morgendlichen Zeitungslektüre auf dem Teppich des Flurs statt, die Seiten großzügig vor ihm ausgebreitet, so dass er den Kakaobecher daneben nur unter Verrenkungen erreichte.

Eine Zeitung ohne Unterlage zu lesen bereitete ihm noch bis ans Ende der Schulzeit Unbehagen; in der U-Bahn etwa beschränkte er sich auf das Überfliegen der Vorder- und Rückseite – er hatte Angst, dass das Umblättern nicht gelänge, dass sich die Seiten plötzlich nicht mehr richtig falten ließen und die Zeitung zu einem unbezähmbaren Knäuel würde, das dem Sitznachbar ins Gesicht schlug. Im Lauf der Jahre aber begann er das Konvolut aus geordneten Lagen und losen Blättern mehr und mehr zu beherrschen; er wurde zu einem routinierten Zeitungsleser, dem selbst die Enge mancher Flugzeugkabinen nichts anhaben konnte.

Die Bedeutung des rein materiellen Anteils an der Sozialisation des Zeitunglesens gerät in den Blick, wenn man die regelmäßigen Meldungen über die Formatumstellung zahlreicher

Traditionszeitungen verfolgt. Nach dem Vorbild des *Independent* und der *Times* in London wechseln immer mehr europäische Blätter vom dreihundert Jahre alten »Broadsheet«- ins kaum halb so große »Tabloid«-Format, um die allgemein sinkenden Auflagenzahlen zu stabilisieren und, wie die Marketingabteilungen sagen, jüngere Menschen wieder zur Zeitungslektüre zu bewegen. In Deutschland erscheint seit dem Jahr 2004 die regional vertriebene Zeitung *Welt* kompakt im Kleinformat; die Umstellung der *Frankfurter Rundschau* erfolgte im Frühjahr 2007. Durch sie könnte eine Annäherungsweise an die Tageszeitung verschwinden, die von einer folgerichtigen Kongruenz geprägt war: Die intellektuelle Herausforderung, sich an eines der großen Blätter zu wagen, seinen Aufbau zu verstehen, bildete sich bereits in einer handwerklichen Herausforderung ab.

Man kann die Verlagsmanager verstehen, die potenziellen Kunden den Zugang zu ihrem Produkt erleichtern wollen. Die Frage stellt sich jedoch, ob das Unhandliche, etwas zu Große nicht die einzig richtige Gestalt der Tageszeitung ist, adäquater Ausdruck einer überbordenden Nachrichtenfülle. Worin besteht von jeher die Autorität der wichtigsten internationalen Blätter, ihre Funktion als amtliche Verwalter der Zeit? Nicht zuletzt in ihrem über die Kapazitäten des Einzelnen hinausgehenden Volumen, das Objektivität und Lückenlosigkeit signalisiert. So sorgfältig hinter den Kulissen an Auswahl und Tendenz der Nachrichten gearbeitet werden mag: Der Leser, der die Zeitung morgens aus dem Briefkasten oder dem Kioskregal zieht, nimmt auf den ersten Blick die schiere Menge an Information wahr. Gerade dieses Übermaß aber hat beruhigende Wirkung: Es verfestigt das Wissen, dass die Tageszeitung – auch abseits der eigenen Schneise, die man Tag für Tag durch das Blatt schlägt – ein verlässlicher Chronist ist, das »Bewusstsein des Tages«, wie Uwe Johnson in Bezug auf die *New York Times* schrieb. Mit der Zurechtstutzung ihrer Größe büßt die Tageszeitung genau dieses Vertrauen der Leser ein, sie vermöge die Welt umfassend abzubilden; in halbiertem Format nähert sie sich dagegen der Gattung des Magazins an, die immer schon auf ein spezifisches, eingegrenztes Interesse der Leserschaft zählt. Das Tabloid verwandelt die Tageszeitung von einer Instanz in eine Publikation unter anderen. Zudem gibt das Format durch seine Umschlagsseite und die Abschaffung separater Lagen eine Geradlinigkeit der Lektüre vor, die alle selbst gewählten Prioritäten, jenen vertrauten Parcours zwischen den Lagen, durchkreuzt. Als würde man eine große Tageszeitung wirklich von vorn bis hinten durchlesen wollen (die einzigen Menschen, die das jemals getan haben, sind Entführungsopfer, die in ihrer Kammer eine alte Ausgabe vorfanden).

Wenn man die Literatur und das Kino des 20. Jahrhunderts nach Szenen der Zeitungslektüre durchforstet, bildet sich eine urbane Ikonografie des Lesenden heraus – in Cafés, U-Bahnen und auf Parkbänken –, die auf dem übergroßen Format der Tageszeitungen beruht. Uwe Johnson etwa hat in seinem Roman *Jahrestage* kunstvoll beschrieben, wie Gesine Cresspahls Akklimatisierung in New York in dem Maße voranschreitet, in dem es ihr in der Subway gelingt, den Leitartikel der Zeitung gleich den Einheimischen im größten Gedränge zu entziffern: »Die *New York Times* muss gefaltet werden in den verbliebenen Sekunden vor dem Ruck der Abfahrt, bevor der Fahrgast sich an dem Haltegriff oberhalb jeden Sitzplatzes gegen das Schlingern des Zuges sichert [...] Auf dem Rückweg von der Arbeit sind die drei Längsfalten so kräftig eingekerbt, dass die Spalten sich gefügig aufklappen.« Der Zeitungsleser im Park oder auf der Caféterrasse wiederum, den Kopf verdeckt von der beträchtlichen Spannweite des Blattes, ist seit den Feuilletons und Wochenschauen der Zwanzigerjahre zu einem Emblem des Großstadtpassanten geworden.

Mit der Etablierung des Kleinformats überall in Europa werden diese tief eingeprägten Bilder langsam verblassen. Die ganze Kultur des Zeitunglesens, jenes kurzzeitige Sich-Vertiefen in die Ereignisse des Tages, fand ihren passenden Ausdruck im Verschwinden des Gesichts hinter den Blättern. Welch andere Leseszene entfaltet dagegen die Tabloidzeitung: Man kann sich nicht in sie vertiefen; der Moment der Kontemplation – ob er sich bei der Lektüre einstellt oder nicht – ist ikonografisch nicht mehr darstellbar, füllt keinen Rahmen mehr aus. Das Format erzeugt unweigerlich eine zerstreutere Art von Lektüre. Und nicht zuletzt wird die beschnittene Gestalt der Tageszeitung einer Funktion beraubt, die in den letzten fünfzig Jahren in etlichen Filmen über eine erkaltete Liebesbeziehung zur Anwendung kam: Am Frühstückstisch verschanzt sich einer der beiden Partner hinter der Zeitung, um dem Gespräch aus dem Wege zu gehen Nicht einmal als Schutzschild wird das Tabloidformat seinen Dienst erweisen. (A.B.)

Das Prinzip Verschachtelung

Wenn man sich die jüngere Filmgeschichte ansieht, war die Konstruktion eines nicht linearen Plots stets gleichbedeutend mit einer Kritik an überkommenen Erzählformen. Ob *Pulp Fiction* von 1994, ob Godard, Chris Marker oder die Experimente des psychedelischen Kinos um 1970: Die Zerstückelung der räumlichen und zeitlichen Ordnung präsentierte sich wie selbstverständlich als Antithese zu den dramaturgischen Konventionen des Linearen und Chronologischen. Spätestens mit *Babel* von Alejandro González Iñárritu, in dem sich vier Handlungsstränge auf vier verschiedenen Kontinenten ineinanderfügen, ist es mit dieser Gesetzmäßigkeit vorbei; die Komposition verschachtelter Handlung scheint seit diesem Film, dessen Drehbuch 2006 für den Oscar nominiert war, eine völlig neue Funktion einzunehmen.

Bereits Iñárritus zweiter Film, *21 Gramm* aus dem Jahre 2004, nährte den Verdacht, die ständigen Brüche und Perspektiven-wechsel seien nur noch bloße Manier. *Babel* schließlich weckt im Zuschauer ein Unbehagen, das über diesen Verdacht noch hinausgeht: Wenn man die gewaltigen, mit suggestiver Musik unterlegten Szenen sieht, die alles zeigen und verbinden wollen, die entlegensten Winkel der Welt mit den ultramodernsten, dann ist dieses Verfahren eineinhalb Jahrzehnte nach verstörenden Filmen wie *Pulp Fiction* oder auch *Short Cuts* von Robert Altman selbst zur Konvention geworden – eine Konvention, die sich vielleicht mit den gewandelten bildlichen Darstellungsweisen unserer Welt in den letzten fünfzehn Jahren erklären lässt.

Eine der prägendsten Veränderungen in diesem Zeitraum war zweifellos der viel beschworene Prozess der Globalisierung mit all seinen Konsequenzen für den kollektiven Bilderbestand. Dass Effekte von Ursache und Wirkung noch zwischen

den entferntesten Punkten des Planeten spürbar seien: Diese
Grundlehre der Globalisierung wurde vor allem von zahllosen Werbespots für Computer, Mobilfunkkonzerne oder
Transportunternehmen visuell umgesetzt. Wie viele Spots gab
es in den letzten zehn Jahren, die durch rasche Schnittfolgen
alle Kontinente und Hautfarben miteinander in Beziehung
setzten! Europäische, afrikanische, asiatische Gesichter, die
dieselben Slogans aufsagten; weltumspannende Bilderserien,
die eine Feier der Gleichzeitigkeit inszenierten. *Babel* erinnert
genau an diese Werbefilm-Ästhetik. Mag die politische Aussage des Films, Iñárritu zufolge, noch so kritisch sein – die Bild-
komposition selbst, das fröhliche Gegeneinanderschneiden
von Kulturen, die nach dem unachtsamen Gewehrschuss eines
marokkanischen Jungen zueinander in Beziehung treten, sagt
etwas anderes aus: In ästhetischer Hinsicht geht es dem Film
um Harmonisierung und Glättung; er übersetzt den Nokia-
Werbeslogan »Connecting People« in die Sprache des Kinos.

Wenn man sich noch einmal die Geschichte des verschachtelten Films vergegenwärtigt, fällt auf, dass ungewöhnlich viele
dieser Werke – *Short Cuts*, *Pulp Fiction*, zuletzt *L.A. Crash* – in
der Stadt Los Angeles spielen (in New York etwa, dem zweiten
Standardschauplatz des amerikanischen Kinos, wird man so
leicht keinen solchen Film finden). Man könnte also sagen,
dass dieses dramaturgische Verfahren immer von den Drehor-
ten abhängig war: Gerade die befremdliche Struktur von Los
Angeles – eine Stadt ohne Zentrum, eine Ansammlung lose
verbundener Siedlungsstränge – fordert ein Erzählen ohne
Zentrum, eine Ansammlung lose verbundener Handlungsstränge heraus. Die Beobachtung, dass Iñárritu das nichtline-
are Erzählen zur beliebigen Manier gemacht hat, bestätigt sich
auch dadurch, dass er es unabhängig von seinen Schauplätzen
praktiziert. Die Orte in *Babel* etwa haben keinerlei spezifische

Bedeutung für die erzählte Geschichte, sondern sind nichts als Platzhalter: das flirrende bunte Tokio Stellvertreter für das urbane Leben schlechthin, die marokkanischen Berge Stellvertreter für das Unzivilisierte. Das Prinzip der verschachtelten Handlung: im Jahr 2007 nur noch bloße Fingerübung, verspielte Reaktion des Kinos auf die globalisierte Welt.   (A.B.)

KAPITEL V

VERSPRECHEN

Das Prinzip Amateurporno

Was bewegt Menschen dazu, einmal in einem Pornofilm mitzuwirken oder Sexszenen aus dem eigenen Schlafzimmer aller Welt zur Verfügung zu stellen? Ein im Sommer 2007 in der *Bild*-Zeitung enthüllter Fall, bei dem es um den damaligen Lebensgefährten der Schauspielerin Katja Riemann ging, wirft ein interessantes Schlaglicht auf diese Frage. Da war ein Foto zu sehen, das der Produzent vor Beginn der Dreharbeiten aufgenommen hatte. Es zeigte den zukünftigen Hardcore-Darsteller, wie er rechts neben seinem Gesicht einen unterschriebenen Darstellervertrag in die Kamera hält, links daneben seinen Personalausweis. Vollständiger kann man die eigene Identität kaum preisgeben: Dokument, Gesicht und amtlicher Klarname, alles auf einem Foto festgehalten. Wie sich herausstellte, ist das gängige Praxis in der Amateurpornoszene: So sichern sich die Produzenten ab, falls ein Gelegenheitsdarsteller später behaupten sollte, er sei über den Zweck der Dreharbeiten nicht informiert gewesen. Zugleich ist dieses Foto aber auch eine Art Bekenntnis, das den eigenen Namen für immer mit diesem Schritt der Selbstentblößung verknüpft: Ich ficke, also bin ich sichtbar.

Männer, die sich solchermaßen verewigen lassen, werden in der Regel nicht einmal bezahlt. »Gratis und aus purer Lust« würden sie mitmachen, erklärte der Produzent – was nun wiederum nichts anderes ist als die klassische Definition des Begriffs »Amateur«. Bringt man dies mit aktuellen Zahlen der weltweiten Sexindustrie zusammen, die drastische Umsatzrückgänge im Geschäft mit Profidarstellern meldet und gleichzeitig eine bisher nicht gekannte Flut von Amateurpornografie im Internet, ergibt sich ein bizarres Bild. Der Eintritt ins Hardcore-Geschäft, früher eine unumkehrbare Lebensentscheidung von großer biografischer Tragweite, scheint nur mehr ein Gelegenheitsausflug zu sein, der einfach eine Tür in die Medienwelt öffnen soll – wie das zum Beispiel bei der deutsch-türkischen Schauspielerin Sibel Kekilli geschah. Um Geld geht es natürlich auch – aber die Tatsache, dass dabei offenbar die volle Identität hinterlegt werden muss, enthüllt vor allem eins: dass die Sache doch etwas zu riskant ist, um nur ein gut bezahlter Gelegenheitsjob zu sein.

Es scheint, als habe der jahrelange Konsum von Pornobildern noch einen anderen Effekt als die Wirkungen, die normalerweise diskutiert werden – nämlich ein erstaunliches Veränderungspotenzial im Zusammentreffen einer Videokamera und einer intimen Situation. Am Anfang ihres selbst aufgenommenen und später veröffentlichten Amateursexfilms wirkt die Schauspielerin Pamela Anderson zum Beispiel noch authentisch gehemmt vor der (offenbar neu erworbenen) Hobbykamera ihres Ehemanns Tommy Lee. Das wandelt sich dann aber innerhalb weniger Tage und weniger Einstellungen, sie probt eine neue Rolle, die sie eins zu eins von den professionellen Pornodarstellerinnen übernimmt, die sie im Kopf gespeichert hat. Schon bald ist also eine Performance zu sehen und gerade nicht mehr das, was die Aura des »gestohlenen« und »gegen ihren Willen veröffentlichten« Videobands verheißt, nämlich Einblick in die individuelle Intimität eines wirklichen Paares.

Gesteigert lässt sich dieser Effekt auf dem (ebenfalls in Millionenzahl verbreiteten) Sextape Paris Hiltons beobachten. Hilton und ihr damaliger Freund, der zwischen den Szenen in Erscheinung tritt und das Geschehen kommentiert, experimentieren zunächst mit der Infrarot-Einstellung ihrer Videokamera, die ohne Licht auskommt und den Körpern eine grünlich-graue Färbung verleiht. Offenbar war die Hobbydarstellerin aber mit dem Ergebnis höchst unzufrieden und

bestand auf einem weiteren Dreh, diesmal mit heller Beleuch-
tung. Dies scheint in der Ära der allgegenwärtigen Castingshows
eine neue Regel zu definieren: Der Platz vor einer Kamera ist
in jedem Fall besser als eine Existenz ohne jede Aufmerksamkeit – und wenn die Aufnahme einmal läuft, müssen auch
die volle Leistung erbracht und die bestmögliche Performance
abgeliefert werden. So ist jeder Amateursexfilm Ausdruck einer
gesellschaftlichen Schizophrenie: Neben dem verständlichen
Wunsch, solche Bilder später wieder ungeschehen zu machen,
existiert genauso eine Sucht nach Sichtbarkeit, die das eigene
Enthüllungsfoto auf der *Bild*-Titelseite immer schon einkalkuliert. (T.K.)

Das Prinzip Flatrate

Mit Sicherheit zahlen Sie zu viel. Viel zu viel. Sie können sich zwar nicht ständig über neue Handytarife, Telefongebühren und Internetkosten informieren – aber inzwischen, Manno-mann, ist doch wirklich einiges passiert. Die Uhr tickt. Minute für Minute werfen Sie jetzt Ihr Geld zum Fenster hinaus. Denn Ihr Provider, dieser Halsabschneider, rechnet doch tatsächlich noch nach Minuten ab, hält Sie böswillig im Zustand der Sklaverei und der Unmündigkeit, lässt Sie bluten im Tal der Ahnungslosen, mit einem Tarif aus der Steinzeit, es stinkt zum Himmel, es verstößt gegen die guten Sitten, Sie müssen etwas tun, SOFORT! Das ist die Botschaft. Jedes Plakat, jede Anzeige, jede Postwurfsendung verstärkt Ihr Gefühl, hoffnungslos hin-tendran zu sein und alle Chancen zu vergeben. Das Signalwort für dieses Gefühl heißt: Flatrate. Oder, in noch viel größeren Lettern, einfach nur noch: Flat.

Natürlich, man ahnt es, ist das mal wieder ein typisch deutsches Phänomen. In der englischsprachigen Welt ist zwar der Aus-druck *flat fee* geläufig, was sich präzise und unspektakulär mit »Pauschaltarif« übersetzen lässt – aber die mächtig aufgedon-nerte, zusammengeschriebene »Flatrate« gibt es eigentlich nur bei uns. Nachdem wir viel zu lang in der wohligen Bevormun-dung eines Telefonmonopols verharrt haben, inszenieren wir nun die Befreiung daraus mit umso größerer Hysterie. Und das ist durchaus ein Triumph für die verantwortlichen Marketingstrategen, die uns ein altes, längst etwas anrüchiges Geschäftsmodell noch einmal als sensationell neuartig ver-kaufen – aufgeladen mit der Energie der Schnäppchenjagd und der Furcht, gerade das Beste zu verpassen. Ein Angebot mit dem Schlüsselwort »Flatrate« kann uns selbst dann auf-schrecken, wenn wir gerade erst einen Flatrate-Tarif abge-schlossen haben. Es wartet anscheinend immer schon der nächste, noch unglaublichere Deal.

In Wahrheit sind schon viele Flatrates gekommen und gegangen, waren mal der letzte Schrei und mal das Allerletzte – und existieren bis heute. Nur halt unter anderem Namen. Die Urlaubs-Flatrate heißt »Pauschalreise« oder, wenn man nicht einmal an der Bar eine Einzelverbindungsübersicht haben will, »All-Inclusive-Trip«. Die Frühstück-und-Mittagessen-in-einem-Flatrate heißt »Brunch«. Die Flatrate für den öffentlichen Nahverkehr in der eigenen Stadt heißt »Monatsabo«, für die Bahn im ganzen Land »Wochenendticket«, über die Grenzen hinaus dann »Interrail«. Die Zwangs-Flatrate für beliebig viele Feste der Volksmusik, Gottschalk, Schmidt, Sabine Christiansen und alle WM-Spiele in einem Paket heißt »Rundfunkgebühr«. Und dann gibt es auch noch die berüchtigte Flatrate des Fitness-Studios um die Ecke, die grundsätzlich gerade dann noch ewig weiterläuft, wenn der Wille zur Stählung des eigenen Körpers schon längst wieder erlahmt ist.

Erst diese Übersicht macht klar, dass jeder Abschluss eines Pauschaltarifs eigentlich ein Kampf ist. Ein fester, vorab vereinbarter Preis für eine noch ungewisse Dauer und Häufigkeit der Nutzung – da muss man dann fressen wie ein Irrer oder die halbe Filmgeschichte aus dem Internet herunterladen oder, im besonderen Fall des Modells »Lebensversicherung«, möglichst schnell sterben, damit der Deal nicht nach hinten losgeht. Der Hotelier, bei dem wir Vollpension gebucht haben, liefert im Gegenzug möglichst billiges Essen. Der Handyprovider strapaziert sein Netz, bis es klirrt, und die Versicherung verweigert, mit Hinweis auf das Kleingedruckte, am Ende selbstverständlich die Zahlung. Eine ewige Unzufriedenheit, der Hang zum Exzess und das Gefühl, schließlich doch auf der Verliererseite zu stehen, sind eigentlich untrennbar mit dieser Art der Geschäftsbeziehung verbunden. Im Grunde wissen wir das auch, und genau deshalb war die Erfindung der Flatrate so dringend

nötig. Sie lässt ein altes Spiel, dessen Regeln wir längst durchschauen, noch einmal völlig neu und interessant aussehen –
und verkauft einmal mehr das zweifelhafte Versprechen, dass
man als Kunde eigentlich nur gewinnen kann.   (T.K.)

Das Prinzip Fortschritt

Im Sommer 2007 wäre mein Handy vier Jahre alt geworden. Für ein Mobiltelefon ist das ein biblisches Alter. Es war ein Gerät aus der mittleren finnischen Schule, der klassischen Epoche der mobilen Telefonie: ohne Kamera, ohne Multimedia-Schnickschnack, nur Texte und Nummern auf einem magisch leuchtenden, blauen Display. Freiwillig hätte ich es niemals hergegeben: Es war formschön und praktisch, leicht bedienbar, auf allen Kontinenten der Erde zu Hause – und eine Zeit lang vermutlich das meistverkaufte Handy überhaupt. Ich liebte dieses Gerät, und ich war traurig, als es mir eines Tages aus der Tasche rutschte, unbemerkt im Flughafenbus liegen blieb – und nie wieder gefunden wurde. Andererseits war ich nicht wirklich beunruhigt: Es würde Ersatz geben. Der Hersteller hatte sein Wissen, seinen Stil und seine geballte Erfahrung in der Zwischenzeit sicherlich genutzt, um dieses gelungene Modell noch ein wenig gelungener zu machen. So dachte ich, naiv wie ich war.

Ganz absurd ist dieser Gedanke ja nicht: dass die Dinge geschichtlich zum Positiven voranschreiten, dass schon toll funktionierende Systeme irgendwann durch noch bessere Systeme ersetzt werden, dass Technik und Innovation uns Stück für Stück der Vollendung näher bringen, das ist schließlich ein verbreiteter Irrglaube, dem viele Menschen anhängen. Genau genommen ist er sogar die Grundlage unserer ganzen westlichen Zukunfts- und Wachstumshoffnungen, unseres Konsumdenkens, unserer Wirtschaftsideologie. Sicher, seit den frühen Siebzigerjahren diskutiert die Menschheit auch über die Grenzen des Fortschritts und über den Preis, der für das ewige Wachstum zu bezahlen ist, für seine sozialen und ökologischen Folgen. Das alles war mir klar, ich bin ja kein blinder Optimist. Was aber das Prinzip Mobiltelefon betraf, das als unbezahlbarer Riesenknochen mit eingebauter Netzstörung in mein Leben trat und sich innerhalb weniger Jahre zum selbstverständlich funktionierenden, federleichten Alltagsbegleiter mauserte, war mein Fortschrittsglaube noch ungebrochen.

Ich betrat also einen Laden, um das subtil verbesserte Nachfolgemodell meines Lieblingshandys zu erwerben. Der Handyverkäufer runzelte die Stirn. Nachfolgemodell? Da müsse er erst einmal wissen, womit ich bisher telefoniert habe. Kein Problem: Ich kannte den Namen, ich kannte die Nummer. »Ein Klassiker«, rief er, »vielleicht das beste Handy überhaupt!« Nur um sein Gesicht sofort in tiefe Falten zu legen. Verstehen könne er die Sache auch nicht, aber der Hersteller, offenbar nicht mehr ganz zurechnungsfähig und inzwischen auch an der Börse unter Druck geraten, hatte die Herstellung der Produktlinie einfach eingestellt. Ob ich vielleicht bei den neuen Modellen schauen wolle? Ratlos stand ich vor dem aktuellen Angebot: hässliche UMTS-Klötze, Mini-Gameboys mit Telefonanschluss, klobige Taschencomputer, verkappte Fotoapparate. Der Verkäufer sah mein Gesicht und riet, ganz ohne Ironie, zu Ebay. Dort allerdings wartete der nächste Schock: Die Preise für mein Gerät, egal ob neu oder gebraucht, waren inzwischen explodiert: Es war ein Sammlerstück, die Jagd nach den letzten Exemplaren hatte begonnen, es gab sehr viele Leute mit meinem Problem, zu viele, und sie boten jeden Preis. Eine Zeit lang steigerte ich mit, dann sah ich es ein: Ich konnte mir mein altes Handy nicht mehr leisten.

Damit trat eine neue Idee in mein Leben, eine Vorstellung von Endlichkeit: Selbst Handys verbessern sich nur bis zu einem bestimmten Punkt, dann werden sie wieder schlechter. Wie eigentlich, wenn man einmal drüber nachdenkt, alle Dinge, Brüste zum Beispiel, geistige Fähigkeiten, der Mensch überhaupt. Auch wir erreichen irgendwann unseren Höhepunkt an

Effizienz, Sinnhaftigkeit und Tastenkomfort, danach kommen noch ein paar überflüssige Spielereien dazu, und dann geht es wieder rapide bergab. Das Blöde ist nur: Man merkt immer erst hinterher, wann man den Zenit überschritten hat, dann ist es zu spät, um den Augenblick festzuhalten, und selbst Ebay hilft oft nicht mehr weiter. Wo das also enden wird? Ich weiß es nicht. Im Augenblick benutze ich, gezwungenermaßen und unter Protest, ein aktuelles Farbhandy. Es kann fotografieren, Videos aufnehmen, Musik spielen und E-Mails empfangen. Nur telefonieren und SMS verschicken, das ist jetzt deutlich schwieriger geworden. (T.K.)

Das Prinzip Heidi Klum

Die Karriere von Heidi Klum ergibt, aus deutscher Sicht betrachtet, eigentlich überhaupt keinen Sinn. Das war schon
1992 so, als sie im Alter von 19 Jahren einen Modelwettbewerb
gewann, und es ist heute immer noch so. Es geht schon damit
los, dass ihre Eltern in Bergisch-Gladbach sie tatsächlich und
vollkommen im Ernst Heidi genannt haben. Zwischen der
etwas derben rheinischen Fröhlichkeit ihres Herkunftsorts
und der Alpenromantik ihres Vornamens liegen zwar nur
schätzungsweise fünfhundert Kilometer, aber dann eben doch
Welten und unüberbrückbare regionale Gegensätze. Anders
ausgedrückt: Es macht nicht Klick, wenn man das in Deutschland hört. Davon abgesehen ist sie ein sehr hübsches, recht
normales Mädchen mit einem schönen Busen, den sie aber auf
Fotos nie völlig entblößt, und ihr oberstes Ziel war es lange
Zeit, »freundlich und natürlich zu wirken«. Diese Beschreibung wiederum passt hier auf so ziemlich jedes hübsche Mädchen. Hübsche Mädchen in Deutschland, ja mei, die sind eben
so. Damit kommt man vielleicht in den Himmel, aber ansonsten nirgendwohin – wir brauchen es da schon einen Zacken
schwieriger, neurotischer und divenhafter. Siehe Auermann,
siehe Schiffer.

Das Klügste, was Heidi tun konnte, tat sie dann auch: Sie ging
schnurstracks in die USA. Und dort geschah etwas, was bei uns
nie möglich gewesen wäre, aber irgendwie typisch für die
Amerikaner ist: Von New York oder Los Angeles aus betrachtet, schrumpft die Distanz zwischen Bergisch-Gladbach
(»Where the fuck is that anyway?«) und den Schweizer Alpen,
wo der auch in den USA sehr wirkmächtige Heidi-Mythos
wohnt, auf ein paar Millimeter zusammen. Mit anderen Worten: Es machte plötzlich Klick. Denn die *Heidi*-Geschichte,
schon in der Urfassung von Johanna Spyri und erst recht in der
Verfilmung mit Shirley Temple, ist selbstverständlich eine Fei-

er des natürlichen Lebens auf der Alm, das gegen großstädtische Dekadenz verteidigt werden muss. Und da kommt dieses hübsche, normale Mädchen mit dem gesunden Körper und den schönen Brüsten, umweht von einem Hauch Züchtigkeit und Sex zugleich: Es will vor der Kamera ganz natürlich sein und damit alle Heidi-Erwartungen aufs Schönste erfüllen, und ja – es bietet sogar an, in der Show von David Letterman einmal kurz zu jodeln. In diesem Moment macht es dermaßen Klick, dass den Amerikanern alle Sicherungen durchbrennen: Ein Superstar ist geboren.

In Deutschland wird das selbstverständlich bemerkt, weil alles, was in Amerika wichtig ist, früher oder später auch bei uns wichtig wird. Die Sache ist nun aber ein vollkommen amerikanisches und damit rätselhaftes Phänomen: Was könnte es Unnatürlicheres geben als ein Mädchen aus Bergisch-Gladbach, das bei David Letterman jodelt, obwohl es erkennbar gar nicht jodeln kann? Heidi Klum wird reimportiert wie ein amerikanischer Star, anders gesagt: als vollkommenes Kunstwesen. Sie kommt nun von jenem imaginären Strandabschnitt zwischen Orange County und Malibu, wo alle Körper perfekt oder perfekt retuschiert sind, alle Haarspitzen sonnengebleicht, das Lächeln strahlend, die Laune perfekt, das Entfernen des Bikinis aber strengstens verboten ist. Dort gibt es sowieso keine Nationalitäten, jeder perfekte Körper hat ein Recht auf Asyl. Das wiederum ist eine Fantasie, die manchmal auch bei uns Klick macht, und zwar in dem Moment, da wir von deutscher Natürlichkeit und deutscher Neurotik einmal die Nase voll haben. Und wem das zu abgedroschen ist, der kann sich mit dem Blick auf die Verkaufszahlen helfen: 55 Millionen Amerikaner, die sie als Titelmädchen des Bademoden-Sonderhefts von *Sports Illustrated* erworben haben, die können einfach nicht irren.

Wer Heidi Klums derzeitiges Wirken verstehen will, tut gut daran, sie als Amerikanerin zu betrachten – auch wenn sie tatsächlich natürlich noch Deutsche ist. Es ergibt aber alles einfach viel mehr Sinn: die Beiläufigkeit ihrer Ehe mit dem schwarzen Sänger Seal, die so gar nicht geeignet war, nationale Rassismen zu erzeugen; die überraschende Koexistenz von echt guter Laune und zombiehafter Zwangsfröhlichkeit; die Auftritte im lokalen Karneval und das Lob von Mutters Sauerkrautsuppe; die scheinbare Mühelosigkeit, mit der sie ihre mehrfache Mutterrolle mit einer Dauerpräsenz in den Medien verbindet; und nicht zuletzt auch die selbstverständliche Gnadenlosigkeit, die sie in ihrer Show *Germany's Next Topmodel* immer wieder an den Tag gelegt hat. Die hübschen Amerikanerinnen, ja mei, die sind eben so. (T.K.)

Das Prinzip High End

Am Ende dieses Textes werde ich wie ein lächerlicher Mann sein. Das ist mir klar. Ich werde dastehen wie einer dieser Wirrköpfe, die ich bis vor Kurzem selbst belächelt habe. Seltsame Wesen, die spezialgeröstete, persönlich abgemischte Espressobohnen brauchen, weil man »Lavazza einfach nicht trinken kann«; die von einem edlen Wein nur einen einzigen Jahrgang akzeptieren, »weil alles andere ja wie Pferdepisse schmeckt«; die behaupten, Langspielplatten klängen eindeutig besser als Compactdiscs, »voller und wärmer und musikalischer, das hört doch wohl jeder«. Ich schmeckte, spürte und hörte den Unterschied nie und nahm mir stattdessen immer vor, niemals ein solcher Mann zu werden. Jetzt aber, fürchte ich, bin ich doch so weit. Und alles begann damit, dass meine Lautsprecherkabel nach dem Umräumen im Wohnzimmer eines Tages zu kurz waren.

Zunächst wollte ich einfach längere Lautsprecherkabel. Also sah ich mir ein paar Standardkabel in ein paar Elektrogroßmärkten an. Dann formulierte ich meinen Wunsch neu: Ich wollte längere Lautsprecherkabel, die nicht wesentlich hässlicher aussahen als meine alten. Das stellte sich als Problem heraus. Die Suche wurde immer schwieriger und führte an immer entlegenere Orte, bis ich schließlich ein unauffälliges Spezialgeschäft nahe dem Münchner Ostbahnhof betrat. Dort sah mich der Verkäufer durchdringend ein, ehe er mich zu den Kabelrollen führte. Ich deutete auf ein schönes kupferfarbenes Kabel, und der Mann wiegte sanft den Kopf. »Das kostet hundert Euro pro Meter«, sagt er. Ich zeigte auf ein anderes, nicht ganz so schönes Kabel, und sagte: »Das ist das Beste, was wir haben. Fertig konfektioniert, drei Meter lang. Für 15 000 Euro.«

Ja, verdammt, es ist absolut wahr: Es gibt Männer, Geschlechtsgenossen, Wirrköpfe, Fanatiker des Musikgenusses, Ayatollahs

des reinen Klangs, die ohne Weiteres 15 000 Euro allein für
das rechte Lautsprecherkabel bezahlen. Was die Boxen dann
selber kosten oder die einzelnen Komponenten ihrer Anlage,
daran wagte ich überhaupt nicht mehr zu denken. Man nennt
dies das »High End«-Prinzip. Und es existiert keineswegs nur
im Bereich der technischen Klangreproduktion. Wenn man
einmal damit anfängt, ist vom High-End-Espresso über den
High-End-Wein bis hin zu der Schweizer Armbanduhr mit tausend beweglichen Teilen absolut kein Ende und keine Grenze
in Sicht – außer dem persönlichen Bankrott. Und wer die Botschaft einmal gehört, die irrwitzige Lehre einmal akzeptiert
hat, der ist dann auch schon verloren. Dachte ich mir und
schüttelte heftig den Kopf.

Der Verkäufer lächelte teuflisch und erklärte, selbst mit seinem revolutionären Einsteigerkabel (7,50 Euro pro Meter)
würden meine Boxen – jawohl, sogar meine uralten Boxen aus
Studententagen – mindestens doppelt so gut klingen wie bisher. Ich solle es doch einfach einmal ausprobieren. Ich willigte
ein – schon allein aus Trotz. Ich würde ja doch keinen Unterschied hören, auch weiterhin gern Lavazza trinken, auch mit
Wein aus dem Supermarkt glücklich sein. Dann ging ich
heim. Klemmte die neuen Kabel an meine uralten Boxen,
drehte kräftig auf – und ich schwöre bei Gott, dass mir beinahe die Ohren wegflogen. Nein, das war kein esoterischer
Unterschied, kein Selbstbetrug und keine Einbildung – das
war eindeutig, unwiderlegbar, es war die Volldröhnung: Die
Bässe ordneten meine Eingeweide neu. Bei Beethoven spielten plötzlich Instrumente mit, die ich zuvor nicht bemerkt
hatte. Und selbst bei dem tausendmal gehörten Madonna-
Lieblingsstück gab es auf einmal eine neue, ultrascharfe Tri-
angel, die quasi im Innern meiner Schädeldecke angeschla-
gen wurde.

Ich atmete tief durch, löste mich aus meinem klangumtosten Körper und sah kurz auf mich selbst herab: Da saß ich auf dem Sofa – ein lächerlicher Mann. Einer, der sich sofort fragte, wie geil wohl das 15 000-Euro-Kabel jetzt klingen würde. Einer, der dem Fluch von »High End« innerhalb von Minuten erlegen war, für den es nun kein Zurück mehr gab, für den alles nur noch sehr böse enden konnte und musste – und sehr, sehr teuer.   (T.K.)

Das Prinzip Ildikó von Kürthy

Ildikó von Kürthys Heldinnen, die Ich-Erzählerinnen ihrer Bücher, sind allesamt von derselben Charaktermischung geleitet: einem dauerhaften Gefühl der Unzulänglichkeit bei gleichzeitiger übersteigerter Wahrnehmung des eigenen Selbst. Cora Hübsch, Amelie Sturm, Annabel Leonhard, Elli Dückers und zuletzt Linda Schumann aus dem Roman *Höhenrausch*, der wieder viele Wochen die Bestsellerlisten angeführt hat: fünf Frauen in ihren frühen Dreißigern auf der wortreich betriebenen Suche nach dem richtigen Mann. Die Diagnose zu Beginn des ersten Romans *Mondscheintarif* von 1999 – »Irgendetwas läuft grundlegend falsch in meinem Leben« – ist bis heute Motto und Motor des Erzählens von Kürthys, ihrer Geschichten von Unterlegenheitsgefühl (»Ich habe nie dazugehört. War immer zu dick, zu klein, zu unwichtig, zu nett«), tiefsitzendem Bildungskomplex und dem Leiden an der nicht enden wollenden Vorläufigkeit der eigenen Biografie trotz vorangeschrittenen Alters.

Von Kürthys Romane haben sich bislang mehr als fünf Millionen Mal verkauft, und wenn man sich fragt, warum jede dieser Liebesgeschichten mit eingestreuten Weisheiten über das Geschlechterverhältnis wieder so erfolgreich ist, dann spielen vielleicht zwei Dinge eine Rolle. Zum einen bündeln die Romane das ansonsten in losen Rubriken und Kolumnen verstreute Themenfeld der Frauenzeitschriften in einer stringenten Erzählung. Ildikó von Kürthy ist *Allegra* und *Cosmopolitan* mit den Mitteln des *stream of consciousness*: Ununterbrochenes Augenmerk auf dem eigenen Körper als Literaturgenre. Zum anderen aber passt die Lebensform der Heldinnen, die hinausgezögerte Vorläufigkeit ihrer Existenz, exakt in eine Zeit, die den Umgang mit anhaltender Unsicherheit im Berufs- und Privatleben zu einem ihrer bestimmenden gesellschaftlichen Themen gemacht hat. *Freizeichen, Herzsprung* oder *Höhenrausch*

bilden den Soundtrack der Generation Praktikum: Endlos-
monologe der Sehnsüchte und Wünsche, in denen dauerhaft
unklare Lebensverhältnisse mit dem unerbittlichen Anspruch
auf Selbstverwirklichung kollidieren.

Ein wiederkehrendes Missverständnis bei der Aufnahme dieser Romane besteht darin, dass ihre Beschreibungen mitten
aus dem Leben gegriffen, dass sie spontane Erlebnisprotokolle
einer Ich-Erzählerin seien – was die Bücher ja sprachlich und
stilistisch auch vorgeben, ihre immer gleiche mündliche Diktion, ihr Charakter eines improvisierten, von Abschweifungen
durchzogenen Lebensberichts. Gerade die Lektüre mehrerer
Ildikó-von-Kürthy-Bücher zeigt aber, dass man es eher mit
einem routiniert gehandhabten Baukasten zu tun hat, dessen
Versatzstücke von Mal zu Mal ein wenig anders kombiniert
werden. Tatsächlich ist es erstaunlich, wie freimütig in den
Romanen nicht nur Handlungsmuster und Figurenkonstel-
lationen wiederholt werden, sondern auch ganze Absätze mit
konkreten Beobachtungen.

Eine kleine Auswahl von Erkenntnissen, die in mindestens
vier der fünf bislang erschienenen Bücher auftauchen, zum
Teil im Wortlaut identisch: Dass Wohnungen von Männern
minimalistisch eingerichtet sind und von ihren neuen Freundinnen sofort mit Lichterketten und Stofftieren verziert werden. Dass Männer im Gegensatz zu Frauen niemals hinter
Verkehrsmitteln herrennen. Dass »alphabetisch geordnete
Videokassetten« im Wohnzimmer untrügliches Zeichen eines
uninteressanten Mannes seien. Dass die Frau am Morgen nach
der ersten gemeinsam verbrachten Nacht zuerst aufstehen
und im Bad verschwinden soll, damit der Mann ihre körper-
lichen Unzulänglichkeiten nicht erkennt. Man darf all diese
Wiederholungen aber nicht als kreativen Mangel der Schrift-

stellerin von Kürthy bewerten. Dies wäre vielleicht der Fall, wenn es sich bei den Geschichten tatsächlich um literarische Erzählungen handeln würde und nicht um Beratungshandbücher für das vorläufige Leben, die Ildikó von Kürthy mit großer Disziplin produziert, Jahr für Jahr in neuer Auflage. Zum Wesen von Neuauflagen gehört es aber, dass sie zum größten Teil bereits Bekanntes enthalten. (A.B.)

Das Prinzip Minibar

In den meisten Hotelzimmern befindet sich die Minibar unterhalb des Fernsehers. Diese Kombination hat ihre Logik. Denn die beiden Kästen übernehmen eine vergleichbare Aufgabe: Sie liefern dem Fremden einen vertrauten Bestand – das eine Mal an Bildern, das andere Mal an Getränken. Nach der Ankunft in einem Business-Hotel in Ankara, Asunción oder Kuala Lumpur die Nachrichten ansehen und aus der Minibar eine Coca-Cola nehmen: Das ist für den weltweit operierenden Geschäftsreisenden der kurze Moment der Orientierung in einer unbekannten Stadt.

Die Verführungskraft jeder Minibar hat zuallererst mit ihrem Sortiment zu tun, mit der besonderen Form der Flaschen, deren Größe sich umgekehrt proportional zu ihrem Preis verhält. Es gibt Getränkehersteller, die eigens für die Minibar konzipierte Flaschentypen entwickeln. Jeder Hotelgast kennt den schönen Anblick der wohlgeordneten Produkte, deren Marken ihm zwar bekannt, deren Aufmachungen ihm aber neu sind. Man nimmt den überteuerten Preis in Kauf, nicht zuletzt um die immer ein wenig biedere Geste zu vermeiden, mit einer im Geschäft gekauften Literflasche Mineralwasser durchs Hotel zu gehen.

Das größte Versprechen der Minibar besteht aber darin, dass sie eine der ganz wenigen Einrichtungen ist, die dem Kunden unbegrenzten Kredit gewähren, die Konsum gestatten, ohne dass man die Rechnung an Ort und Stelle begleichen müsste. Die Kreditwürdigkeit des Hotelgastes wurde bereits unten an der Rezeption überprüft; im Zimmer wird ihm Vertrauen geschenkt. Daher erweckt das Sortiment immer auch die Illusion von freier Verfügbarkeit. Die Minibar regt zu dem an, was im Wirtschaftsjargon »Impulskauf« heißt. Sie setzt auf einen spontanen Reiz: dass der Gast spätabends, beim Fernsehen im Bett,

sich eine Tüte Nüsse holt, eine Flasche Bier und dann noch
eine. Bestärkt wird dieser Impuls von dem Restglauben, dass
das Erworbene vielleicht doch nicht auf der Zimmerrechnung
auftauchen könnte oder dass man sich beim Auschecken dazu entscheiden würde, auf die obligatorische Frage – Haben
Sie noch etwas aus der Minibar gehabt? – nicht die Wahrheit
zu sagen.

All diese Überlegungen jedoch sind durch die jüngste Mini-
bar-Technologie obsolet geworden. Denn die neuen Modelle
sind nichts als ein einziger Versuch, jede Art von Vertrauen in
optimierte Kontrolle umzuwandeln. Vor einigen Jahren ging
die Anzahl von Minibar-Bestellungen stark zurück, weil sich
der Betrieb für die Hotelketten nicht mehr lohnte; die Über-
prüfung des Bestands in den Zimmern kostete zu viel Personal,
die nicht korrekt abgerechneten Produkte zu viel Geld. Die
Wende brachte vor drei, vier Jahren die Entwicklung elektronisch überwachter Geräte namens E-Fridge oder Smartcube,
die in den größeren Hotels mittlerweile Standard sind. In diesen Minibars sorgen Sensoren unter den Flaschen dafür, dass
der aktuelle Bestand in den Zimmern auf dem Hotelcomputer
jederzeit abrufbar ist, wodurch das Auffüllen nur noch einen
Bruchteil der Zeit in Anspruch nimmt. Zudem ist die Möglichkeit des Betrugs ausgeschlossen: Jedem Gast, der eine he-
rausgenommene Flasche nicht nach dreißig Sekunden zurück-
stellt, wird das Produkt in Rechnung gestellt. Heimliches
Entwenden oder Wiederauffüllen ist nicht mehr möglich.

Wenn man den Pressemeldungen der letzten Zeit glauben
darf, verändert sich die Funktion der Minibar gerade erheb-
lich. Nicht mehr allein gekühlte Getränke und Snacks hält sie
bereit, sondern, wie es in Hotels der Ritz-Carlton-Gruppe
schon üblich ist, eine Anzahl anderer, auf den Zimmergast ab-

gestimmter Produkte: für allein reisende Frauen Lippenstift, Nagellackentferner, Strumpfhosen; für Männer etwa schwarze Socken. Vierzig Jahre nachdem die deutsche Firma Siegas ihre ersten Minibars an Hotels verkaufte, werden sie nicht mehr als einfacher Kühlschrank für den Schluck Bier vor dem Schlafengehen angesehen. Eher scheint sich Rem Koolhaas' bekannte These, dass der Shopping-Gedanke mittlerweile in alle möglichen Räume eingesickert ist, auch im Hotelzimmer zu bewahrheiten. Die Minibar ist auf dem Weg, ein elektronisch regulierter Kleinstsupermarkt zu werden. (A.B.)

Das Prinzip Moleskine

Dieser schwarze, matt glänzende Einband, dieser stramme
Gummizug, dieses praktische Lesebändchen: Ist der Blick erst
einmal für die Besonderheiten des Moleskine-Notizbuchs geschärft, sieht man die verdammten Dinger plötzlich überall.
Keine Frage, es geht um einen Massentrend, um ein Zeichen
der Zeit und darum, dass die Form dem Inhalt mal wieder den
Stinkefinger zeigt. Es spielt nicht die geringste Rolle, was Sie
in ein Moleskine hineinschreiben. Entscheidend ist, dass Sie es
im richtigen Moment aus der Tasche ziehen, dass Sie es souverän zu handhaben wissen und dass Sie den simplen Vorgang,
das Ergebnis einer Hirntätigkeit zu notieren, auffällig und vor
Publikum erledigen. Das funktioniert fast überall – im Semi-
nar, in der Konferenz, im Gespräch oder auch als einsamer Rei-
sender im Café. Damit der Auftritt am Ende stimmt, kommt es
allerdings auf die Nuancen an.

In Kaffeehaus-Atmosphäre zum Beispiel steht der Moleskine-
Einsatz für die Idee vom ewig unbehausten, nomadischen
Weltbeobachtertum. Besonders als junger Mann gerät man
mit einem Moleskine sofort unter Dichter-und-Denker-Ver-
dacht, was Frauen unweigerlich zu dem Schluss führt, dass
man den besser nicht ansprechen sollte. In einer Vorstands-
sitzung, verbunden mit einer drahtigen Assistentenfresse und
einem Montblanc-Füller, zeugt das Buch von Ergebenheit: Die
Worte des großen Bosses, der selbst natürlich nicht schreibt,
müssen in gültiger Form notiert werden. Im Brainstorming-
Kontext der Kreativszene wiederum zählt das gemeinsame
»Zurück zu den Wurzeln«-Gefühl: Was haben wir nicht
schon alles an digitalen Organizern und Gadgets durch-
probiert! Am Ende aber (und hier bitte ein hilfloses, aber
gleichzeitig triumphales Grinsen) kommen wir ja doch nur
mit Stift und Papier klar.

Nur die größten Moleskine-Fanatiker glauben allerdings, mit ihrem schwarzen Begleiter wirklich auf den Spuren von Hemingway, Picasso oder Bruce Chatwin zu wandeln. Als Marketing-Faltblatt liegt die Story von den großen Vorbildern zwar jedem Büchlein bei und wird in Lifestyle-Artikeln pausenlos nachgebetet – aber die Details stimmen leider überhaupt nicht. Jenes Notizbuch, das früher wirklich in der Pariser Künstler- und Literatenszene Verwendung fand, war mit einem Baumwoll-Wachsstoff namens »Moleskin« (Maulwurfshaut) bezogen. Die italienische Firma allerdings, die aus dem Begriff ein eingetragenes Warenzeichen machte und im Jahr 1998 einen Notizbuch-Boom lancierte, hatte erstens damit nicht das Geringste zu tun und verwendet zweitens – unerklärlicherweise – einen Einband aus Lederimitat made in China. Wer in diese millionenfach produzierte Ersatzlegende eine Idee à la »Alter Mann. Meer. Großer Fisch« hineinkritzelt, sollte also nicht ernsthaft mit dem Nobelpreis rechnen.

Den wahren Zweck dieses eigentlich viel zu teuren Wegbegleiters zeigt erst eine Langzeitstudie im Selbstversuch. Wer mehr als zehn Euro für so wenig Papier zum Vollschreiben ausgibt, hat das Gefühl, seine Aphorismen, Bonmots und Ideen an einem wertvollen Ort geborgen zu haben, der ihrer einzigartigen Qualität entspricht. Dort ruhen sie dann, sicher durch das Gummi zusammengehalten, und warten auf ihren Einsatz zu gegebener Stunde. Selbst für den schrecklichen Fall ihres Verlustes ist vorgesorgt, denn natürlich hat man sofort auf der ersten Seite notiert, an wen das Buch im Fall der Fälle geschickt werden soll, inklusive Finderlohn in US-Dollar. Schließlich aber ist es voll, nun eine unersetzliche Schatztruhe der Kreativität, wird ins Regal gestellt und – jawohl, ungelogen – nie wieder angeschaut. Erst so, im Rückblick, offenbart sich die ganze Wahrheit: Das Moleskine schützt die Welt genau vor jenem Tiefsinn, mit dem man sonst seine Mitmenschen nerven müsste, und es schließt gerade die peinlichsten Geistesblitze sicher weg: ein kleiner Giftschrank mit pietätvollen schwarzen Deckeln, ein Ideenbegräbnis allererster Klasse. (T. K.)

Das Prinzip Orgie

Versteht man die Orgie im Sinne ihrer lateinischen und griechischen Herkunft als ein nicht nur sexuelles, sondern auch kultisch-rituelles Geheimtreffen zur Überforderung aller Sinne, erscheint sie als nahezu ausgestorbene Kunst. Kein Wunder, könnte man sagen, seit den ekstatischen Feiern für den römischen Gott Bacchus und seinen griechischen Kollegen Dionysos sind ja nun auch ein paar tausend Jahre vergangen. Daran aber kann es nicht eigentlich liegen: In der erotischen und auch der literarischen Fantasie ist die Orgie nämlich nach wie vor lebendig, und offenbar flammt immer wieder der Wunsch auf, sie auch für die Gegenwart bildlich darzustellen: So lässt sich Stanley Kubricks Versuch verstehen, Schnitzlers *Traumnovelle* unter dem Titel *Eyes Wide Shut* zu verfilmen, und ebenso die aufwendige Leinwand-Adaption von Patrick Süskinds *Parfum*, die im Grunde auf diese eine, legendäre Orgienszene auf dem Marktplatz von Grasse hinausläuft. Der Letzte wiederum, der eine Orgien-Inszenierung in der Wirklichkeit versuchte und dabei aktenkundig wurde, war 2003 der Maler Jörg Immendorff.

Wahrhaft orgiastisch und also wirklich überzeugend war das alles nicht, und das wirft die Frage auf, ob der moderne Mensch überhaupt noch für die Orgie geeignet ist. Im Rahmen einer kommerziellen Filmproduktion, die nicht die Grenze zur Pornografie überschreiten will, scheint das Scheitern beispielsweise beinahe unvermeidlich: Die Aufgabe, einen glaubwürdigen Zustand der völligen Enthemmung und Entgrenzung zu zeigen, ohne dabei auch den Schauspielern und Filmemachern absolute Freiheit zu geben, wirkt unlösbar. So spürt man die Auflagen, das Unnatürliche der Bewegungen, die gestellten Positionen, die nur das Erlaubte zeigen, das Verbotene aber verbergen sollen, in jeder Einstellung – und das Ergebnis ist gerade keine Überforderung der Sinne, sondern lediglich eine

Zurschaustellung von höchst unnatürlichem, peinlich thea-
tralischem Kunsthandwerk. Ähnlich einfallslos wirkt dann
auch Jörg Immendorffs Düsseldorfer Real-Inszenierung in der
späteren Nacherzählung durch den Staatsanwalt: Steigenber-
ger Parkhotel, Präsidentensuite, elf Gramm Kokain, neun
nackte Prostituierte, »mehrstündige sexuelle Dienste«, bezahlt
mit einer »fünfstelligen Summe« – und der Maler selbst, so
zugedröhnt, dass er Mühe hatte, seinen Bademantel zu finden.

Auf der banalsten Ebene schrieb der Kunstprofessor, der von
der Orgien-Teilnehmerinnen verpfiffen wurde, damit die Linie
der sogenannten deutschen Kokainskandale fort. Er folgt
Friedmann, Daum, Wecker, Witzigmann und wie die Ertapp-
ten alle hießen. Sofort griffen der urdemokratische Reflex, die
Reichen und Mächtigen in ihre Schranken zu weisen, und die
bekannte Karrierestrategie der Staatsanwaltschaft, Exempel an
Prominenten zu statuieren. Das funktioniert aber nur, wenn
das Zielobjekt fest im Raster populärer oder staatstragender
Werte verankert ist. Ein Star kann von seinem Publikum fallen
gelassen werden, ein Politiker von seinen Wählern, ein Sportler
von seinen Fans – Immendorff aber verdankte seinen Status
einer eingeschworenen Gruppe von Sammlern und Museums-
direktoren, für die das Happening sicherlich kein moralisches
Problem darstellte. Faszinierend war jedenfalls, welche Aspekte des Künstlers in den Medien betont wurden, um den
Mann haftbar zu machen: seine Nähe zum Kanzleramt Gerhard Schröders, sein »Beamtenstatus« an der Düsseldorfer
Kunstakademie, der nun – oh Sinnbild bürgerlicher Urängste!
– von Aberkennung bedroht war.

Dabei hat die Orgie doch, wenn überhaupt, ihren Platz in den
Künsten. Die Schutzheiligen des Künstlers sind nun einmal

die Götter Apollon und Dionysos; der eine ordnend, erkennend, zum Reinen strebend – der andere nach Leidenschaft, Exzess und Chaos lechzend. »Wenn du nicht zu viel koitierst,« schrieb einst der große Vincent van Gogh an einen Pariser Freund, »wird deine Malerei nur umso kraftvoller sein.« Aber das ist eben nur die halbe Wahrheit: Dionysos treibt den Künstler auch von jeher an, auf den Beamtenstatus zu pfeifen, die herrschende Moral und die geltenden Gesetze zu ignorieren, die Welt zu verändern. Gleichzeitig ist er der Urvater der Orgie: Das staatsfeindliche und gefährliche Potenzial seiner Freudenfeiern, siehe oben, führte bereits 186 v. Chr. zu einem Verbot durch den römischen Senat und zur Hinrichtung von siebentausend Männern und Frauen, die es offensichtlich zu wild getrieben hatten. Das zeigt: Justiz und Staatsanwaltschaft, die als die natürlichen Feinde der Orgie auftreten, sind in Wahrheit ihre Komplizen: Der orgiastische Künstler ist ein scheues Wesen, die Orgie ausschließlich für den Moment gemacht, sie hinterlässt im Idealfall keinerlei Spuren. Erst in dem Moment, da ihre Verfolger eine Orgie aktenkundig machen und sie akribisch rekonstruieren, beginnt auch ihre Geschichtsschreibung.

Jörg Immendorff reiht sich also ein in eine illustre Ahnengalerie angeklagter Jünger des Dionysos: Marquis de Sade etwa in der Irrenanstalt von Charenton, der Stummfilmstar Fatty Arbuckle, dem der Orgientod eines Starlets vor Gericht nie nachgewiesen werden konnte, oder der Wiener Aktionskünstler Otto Muehl, der wegen Vergewaltigung Minderjähriger in seiner Kommune für sieben Jahre hinter Gitter musste. In der moralischen Dimension seines Tuns, die nach den Opfern fragen muss, steht Immendorff eher gut da, weil harmlos. Bleibt die ästhetische Komponente in der Inszenierung seines Begehrens: Ob er will oder nicht, die Nacht im Parkhotel ist nun Teil seines Werk. Dass die geheimsten Wünsche dieses bedeutenden Künstlers der Gegenwart dabei nicht anders aussahen als die dritte Kopie einer schlechten *Tatort*-Folge – das spricht mehr als alles andere dafür, dass die Orgie in der modernen Welt keinen richtigen Platz mehr hat. (T. K.)

Das Prinzip Paulo Coelho

Der überwältigende Erfolg Paulo Coelhos hat zweifellos damit zu tun, dass seine Literatur die Komplexitäten des modernen Lebens auf so einfache wie stabile Wahrheiten reduziert. Was der Jüngling Santiago in Coelhos berühmtestem Roman einem mitreisenden Alchimieschüler vorwirft – dass der Inhalt seiner dickleibigen Schriften auch auf eine kleine Tafel passen würde –, ließe sich genauso über den Verfasser selbst sagen: Seine mittlerweile rund hundert Millionen Mal verkauften Bücher sind nichts anderes als die endlose Paraphrase ein und derselben Botschaft: an sich selbst zu glauben und die Träume des eigenen Lebenswegs umzusetzen.

Das poetische Verfahren ist bekannt und so häufig mit Häme bedacht worden, dass Coelho mit *Der Zahir* kürzlich sogar einen an die Literaturkritik adressierten Rechtfertigungsroman veröffentlicht hat. Interessanter als die ständige Verwunderung über die Beliebtheit dieser Glückskeks-Literatur ist jedoch etwas anderes: und zwar der Umstand, in welchem Missverhältnis die Thematik und die Intention der Bücher zu den Milieus steht, in denen sie gefeiert werden. Coelho geht es ganz offensichtlich um Zivilisations- und Modernekritik; die Weisheit der Natur und der Herzensregungen soll über jeden eingespielten Pragmatismus alltäglicher Existenz, über jede an Macht und materiellen Gütern ausgerichtete Weltanschauung obsiegen. Illustriert wird dieses Anliegen zumeist durch die Ansiedelung der Geschichten in einer archaischen Welt, die sowohl räumlich als auch zeitlich größtmögliche Distanz zu den Schauplätzen des gegenwärtigen Lebens einnimmt (auch wenn Coelho gelegentlich Aussetzer passieren: Alles im *Alchimisten* beispielsweise deutet auf eine zeitliche Situierung der Handlung vor vielen hundert Jahren hin, doch plötzlich heißt es über eine Figur, sie habe sich einmal »für Esperanto interessiert«, was bekanntlich erst im Jahr 1887 erfunden wurde). Die

Bücher Paulo Coelhos entwerfen also eine spirituellere, fremde Gegenwelt zu unserer Zivilisation; und dennoch sind es gerade die Hauptdarsteller dieser Zivilisation, die Politiker, Spitzenmanager und Leistungssportler, die seit Jahren zu den gebanntesten Lesern zählen und deren werbewirksame Begeisterung – man denke an die Aufnahme Bill Clintons, der sogar im Gehen in den *Alchimisten* vertieft ist – dem Buch vermutlich auch seinen einzigartigen Popularitätsschub verliehen haben.

Wie ist dieses Verhältnis zu erklären; warum findet die publizistische Würdigung Paulo Coelhos nicht in den Feuilletons statt, sondern in Managermagazinen und auf Weltwirtschaftsforen, zu denen er seit Jahren regelmäßig eingeladen wird? Offenbar spricht das scheinbar so romantische und träumerische Beharren auf den eigenen Zielen gerade die professionellsten Sphären des modernen Lebens an; die Maximen der Selbsterkenntnis liefern jenen kurzen Moment der Besinnung aufs Wesentliche, der den Vorstandsvorsitzenden und Präsidenten umso mehr Kraft gibt, die Arbeit in aller Kompromisslosigkeit fortzusetzen. Die Nähe der Coelho-Bücher zu diesem Milieu verliert ihr Überraschendes, wenn man ihre Diktion mit einem in den letzten Jahren populär gewordenen Genre vergleicht: der Motivationsliteratur für Führungskräfte. Bis in die Wortwahl hinein reichen die Übereinstimmungen zwischen den jeweiligen Kernsätzen. Man könnte sich eine Art Zuordnungstest vorstellen, in dem auch der größte Coelho-Liebhaber vor Problemen stünde: »Wenn du etwas ganz fest willst, dann wird das gesamte Universum dazu beitragen, dass du es auch erreichst« (*Der Alchimist*); »Was hält dich davon ab, alles zu tun, um dein Leben zu dem zu machen, was du dir wirklich vorgestellt hast?« (*Das Robbins Power Prinzip. Wie Sie Ihre wahren inneren Kräfte sofort einsetzen*).

Tatsächlich muss man Paulo-Coelho-Romane wohl in erster Linie als flüssig geschriebene Motivationshandbücher begreifen. Was sie dagegen ganz gewiss nicht einlösen, ist jene Kritik der bestehenden Verhältnisse, die nach den Aussagen des Verfassers stets an ihrem Anfang stand. Eher werden ihre Sinnsprüche von den Lesern wie Ampullen zur Steigerung der täglichen Leistungsbereitschaft eingenommen.   (A.B.)

Das Prinzip Sex and the City

Die Reaktionen auf die Serie waren euphorisch: Zum ersten Mal sei es im Fernsehen möglich gewesen, dass Frauen tatsächlich kein Blatt mehr vor den Mund nehmen und ungezügelt über Sex reden; nicht falsche Scham habe die vier Freundinnen angeleitet, sondern das reine Lustprinzip. Prominente erzählten in Begleitshows regelmäßig ihre Lieblingsszenen nach, nicht ohne dabei leicht zu erröten angesichts der drastischen Deutlichkeit der Dialoge. Carrie, Charlotte, Miranda und Samantha, diese Vorkämpferinnen einer selbst bestimmten weiblichen Sexualität, wurden für den Hedonismus der insgesamt 94 Folgen einmütig gefeiert.

Sex and the City: Selten hat eine Fernsehserie vergleichbar Einfluss auf die Lebenswelt des Publikums genommen; die vier ledigen, gut verdienenden New Yorker Frauen, die sich beim Mittagessen oder beim abendlichen Drink freizügig über den Verlauf ihrer mehr oder weniger festen Liebesbeziehungen austauschten, sind für viele Frauen zu Leitbildern einer andauernd ungebundenen Existenz geworden. Sorge dich nicht, lautet die Botschaft der Serie, wenn du auch in deinen Dreißigern noch nach dem richtigen Lebenspartner suchst; solange du gute Freundinnen hast, um die Lage täglich zu besprechen, ist alles in Ordnung! So unermüdlich haben Frauenzeitschriften jenen Selbstbewusstseinsschub thematisiert, der mit dem regelmäßigen Konsum der Serie einhergeht, dass kurz vor dem Ende der letzten Staffel tatsächlich eine wissenschaftliche Studie in Auftrag gegeben wurde, die diesen Zusammenhang empirisch belegen sollte. Die Redelust der *Sex and the City*-Protagonistinnen als therapeutische Maßnahme.

Aber ist all das wirklich wahr? Am Ende der dreijährigen Ausstrahlungszeit auf ProSieben verfestigte sich der Eindruck, dass die Aufnahme der Serie auf einer Reihe von Missverständnis-

sen beruht. Das betrifft zum einen die vorgebliche Promiskui-
tät der Hauptfiguren: Wenn Kritiker das konventionelle Ende
der Geschichte bemängeln – drei der vier Frauen steuern auf
den Hafen der Ehe zu, und sogar die mit Zügen der Sexbeses-
senheit ausgestattete Samantha wünscht sich die große Liebe
–, dann unterschlagen sie, dass jede der 94 Folgen dieses Ziel
niemals aus den Augen verlor. Die Männer, die etwa durch das
Bett Carries wanderten, wurden niemals aus einer bloßen Laune heraus ausgewählt, sondern immer in der Hoffnung, dieser
Kandidat könne endlich der Mann fürs Leben sein. Jene anrü-
chige Atmosphäre, die ProSieben der Serie zu geben versuchte
– man denke an den Slogan »Sie könnten schon wieder...?« im
Ankündigungstrailer –, hat für den Lebensplan der Hauptfigur
und zumindest zwei ihrer Freundinnen gerade keine Gültigkeit; der One-Night-Stand ist immer das Vorläufige, Unbefrie-
digende, auf lange Sicht sogar Gesundheitsschädliche (nicht
umsonst erkrankt Samantha in der letzten Staffel an Krebs).

Dass es in *Sex and the City* um nichts weniger geht als selbstge-
nügsame sexuelle Liberalität, lässt sich auch an der Gestaltung
der Männerrollen erkennen. Mit Ausnahme des undurchschaubaren »Mr. Big«, dessen Bestimmung als künftiger Ehemann
Carries von seinem ersten Auftauchen an klar war, gibt es keine einzige ernst zu nehmende Figur; die Bettpartner der vier
Freundinnen überbieten sich in ihren Eigenheiten und psy-
chischen Defekten. Das Defilee der Liebhaber ist eine »Freak-
Show« Tod Browning'schen Ausmaßes, wie der amerikanische
Literaturwissenschaftler David Greven in einem Essay über
die Serie geschrieben hat, doch genau diese Überzeichnung
der Ungeeigneten lässt die Sehnsucht nach dem Ideal, nach
dem unkomplizierten, normalen, gesunden Mann fürs Leben
umso stärker erwachsen. Vielleicht wäre es sinnvoll, *Sex and the
City* gerade in dieser Hinsicht zu betrachten: als Feier nicht der

promiskuitiven, sondern der normierten Sexualität. Am Ende verzeichnen die vier Frauen ein leibliches, ein adoptiertes und ein geplantes Kind sowie eine frühzeitig eingetretene Menopause infolge chemotherapeutischer Behandlung. Von illegitimer Sexualität ist nicht mehr viel zu bemerken.

Es gibt neben dieser missverstandenen Libertinage eine weitere rätselhafte Komponente der *Sex and the City*-Rezeption: eine, die mit der Frage nach dem realistischen Gehalt der Serie zusammenhängt. Von den Umfragen in Zeitschriften und Radiosendungen – »Welcher *SatC*-Typ sind Sie?« – bis zum Auftauchen Cosmopolitan trinkender Frauenrunden in den Bars der Stadt reichen die Indizien, die den ungewohnt identifikatorischen Blick auf die Serie belegen. Die Geschichte einer Kolumnistin, die hin und wieder auf dem Bett liegend ein paar Gedanken in ihr Powerbook tippt und sich dennoch den Lebensstil einer Großverdienerin leisten kann, wurde also nicht als das einmal mehr, einmal weniger pointiert erzählte Märchen aufgenommen, das es ist, sondern gewissermaßen als naturalistische Lebensanleitung. Die Frage stellt sich, was diese kollektive Orientierung an den fiktiven Standards von *Sex and the City* für Auswirkungen hatte. Vielleicht täuscht der Eindruck, aber es scheint, als hätte das Stakkato der Reflexionen und Zweifel, der unerfüllten Wünsche und überhöhten Ansprüche tatsächlich einen spürbaren Einfluss auf viele Frauen zwischen 28 und 38 gehabt. Das endlos durchdeklinierte Versprechen der großen Liebe hat die allgemeine Nervosität, ob »Mr. Perfect« noch zu finden sei, kontinuierlich befeuert; in dieser Verunsicherung, nicht in irgendeinem emanzipatorischen Akt liegt die vordringliche Leistung der Serie.

Sex and the City stellt ein feinmaschiges Muster zur Verfügung, das die eigenen Erfahrungen überzieht. Das erklärt auch die jahrelange begeisterte Aufnahme der Serie in den Frauen- und Lifestyle-Magazinen. Wenn es diesen Zeitschriften ohnehin um nichts anderes geht als die Etablierung von Codes des Normativen – die »richtige« Kleidung, die »richtige« Wohnungseinrichtung, der »richtige« Musikgeschmack –, dann war *Sex and the City* die passende Fernsehserie, um auch das Privatleben auf der Basis dieser Codes zu verhandeln. Carrie Bradshaws Abenteuer und ihre Art, darüber zu sprechen, ergeben jene erotische Normbiografie, zu der sich die eigenen Erlebnisse zu verhalten haben. Vielleicht ist die Behauptung nicht übertrieben, dass die Serie bestehende Liebesbeziehungen erschwerte und sich anbahnende vereitelte: Im Vergleich mit den von Folge zu Folge tiefer eingravierten Imaginationen eines »Mr. Perfect« konnten die konkreten Eindrücke nicht standhalten. Auch wenn individuelle Wunschbilder der Liebe natürlich immer schon kulturell und medial vorgeprägt sind: *Sex and the City* hat das Vertrauen der Zuschauer in ihre eigenen Regungen nachhaltig eingeschränkt. (A.B.)

Das Prinzip Sonntag

Ob einer glücklich ist, merkt er daran, wie er zum Sonntag steht, ob die Stille dieses Tages ihm eher ein Atemholen ermöglicht oder die Luft abschneidet. Kein anderer Zeitpunkt der Woche, der etwa von frisch zusammengekommenen Paaren sehnlicher erwartet wird; ihnen kommt die Ereignislosigkeit des Sonntags gelegen, ohne jede Ablenkung sind sie sich selbst überlassen, tauchen ein in die ungeteilte Dauer der Stunden. Ein besonderes Frühstück, das der eher Aufgestandene unbemerkt zubereitet (der andere, geweckt vom Geräusch des Milchschäumers); später ein Ausflug, ein langer Spaziergang, die Suche nach einem Landgasthaus, dessen Küche durchgehend geöffnet ist. Die Zeit vergeht aus einem Guss, ohne Konturen, und vielleicht gewähren solche Sonntage tatsächlich jene Stärkung, jene »seelische Erhebung«, zu der sie einem Artikel des Grundgesetzes zufolge verpflichtet sind. Abends dann, als Wiedereintritt in die Welt, ein gemeinsamer Kinobesuch. (Gibt es eine zweite Vorstellung, in der ähnlich viele Paare sitzen würden wie sonntags um 20 Uhr? Die verstreuten Einzelnen, im voll besetzten Saal ohne Chance, einen Sitz zwischen sich und den Nachbarn freizulassen, wirken wie Eindringlinge.)

In der Selbstvergessenheit des Paares löst sich die ungewöhnliche Dichte des Sonntags auf. Ist es nicht ohnehin so, dass jeder Wochentag so etwas wie ein spezifisches Gewicht besitzt? Die Leichtigkeit eines Freitags oder Samstags etwa, ihre luftige Konsistenz, zerstreut von der Vielfalt der Anregungen; ganz beiläufig vergehen die Stunden. Dagegen der Sonntag, zwischen elf Uhr morgens und fünf Uhr nachmittags: hoch komprimierte, fast reine Zeit, die es zu bewältigen gilt. Am Morgen ist dieses Gewicht mittlerweile nicht mehr sofort zu spüren; die geöffneten Bäckereien und die neu gegründeten Zeitungen bieten vielen ein willkommenes Mittel, die Konfrontation hinauszuzögern, den Sonntag wie eine Imitation des Samstags anzugehen. Doch es kommt der Moment, da die Differenz nicht mehr zu leugnen ist, da die Wirkung der zeitverdünnenden Mittel nachlässt. Und so wie die Stunden scheinen dann auch manche Menschen kaum noch weiterzuwissen; nachmittags um halb drei sieht man sie auf den Straßen, einzelne Passanten, die auffällig langsam gehen, zu nahe an den Häuserwänden, so als müssten sie sich abstützen, um dem Druck des Sonntags standzuhalten. Erst am frühen Abend, vielleicht mit dem Beginn einer vertrauten Fernsehsendung, lässt dieser Druck nach; zum ersten Mal zeichnet sich das Ende des Tages ab, und es bietet sich die erleichternde Aussicht auf den Neubeginn der Woche, auf den Montagmorgen (den man dann im Kreis der Kollegen wieder nach guter Gewohnheit verdammen wird). Hatte der Freud-Schüler Sándor Ferenczi solche Passanten im Sinn, als er im Jahre 1919 einen kleinen Text namens *Sonntagsneurosen* schrieb? »Von Neurosen, deren Symptomschwankungen vom jeweiligen Wochentag abhängig wären, hat meines Wissens noch niemand etwas erwähnt«, heißt es in dem Aufsatz. »Und doch glaube ich, die Existenz dieser eigenartigen Periodizität behaupten zu können.«

Als vor knapp fünfzig Jahren das moderne Wochenende erfunden wurde, sollte der Samstag die Funktion einer Vorhut einnehmen, auf den Höhepunkt der Woche einstimmen. Inzwischen hat sich das Verhältnis umgekehrt; in einem profanen Sinne erscheint der Sonntag eher als unnötiger Fortsatz, als eine Art Appendix der Woche: verheißungsvoll allenfalls aus der Perspektive des Abends zuvor. Wenn man den meisten Wochentagen eine bestimmte Grundstimmung zuordnen kann – die Stagnation des Dienstags, die Sehnsucht des Freitags, die Gelassenheit des Samstags –, dann steht der Sonntag, vor allem in seiner zweiten Hälfte, für das Gefühl des Überdrusses. Alles dauert bereits zu lange an; die Zeichen des Wochenendes sind verbraucht. In den Sportsendungen noch einmal die Zusammenfassung der Bundesligaspiele: Den Vorabend eingerechnet, sind die wichtigsten Tore nun zum sechsten oder siebten Mal gezeigt worden; jeder Pass ist bekannt, jeder Laufweg der Stürmer vor der entscheidenden Spielszene, doch ein eigenartiger Mechanismus sorgt dafür, dass man weiterhin ausharrt – so als gehörte die Wiederholung zu den notwendigen Charakterzügen des Sonntags. Auf dem Weg zum Zigarettenautomaten noch einmal der unvermeidbare Blick auf die Schlagzeilen der Boulevardzeitungskästen, vielleicht zum zehnten, fünfzehnten Mal in den vergangenen eineinhalb Tagen. Gleichgültig überfliegt man sie, wie längst überholte Anweisungen, die aus einem Versehen heraus noch nicht ausgewechselt worden sind. (A.B.)

KAPITEL VI

GERÄTE

Das Prinzip Designer-Produkt

Produkte mit dem Attribut »Designer-« im Namen formulieren eine Reihe von Versprechen. Die Brillen, Uhren, Sofas, Lampen, Pfeffermühlen, die mit diesem Prädikat versehen sind, sollen dem Käufer die Gewissheit geben, dass er etwas Exklusives ersteht, einen Gegenstand, der sich vom konventionellen Angebot in mehrfacher Hinsicht abhebt: geschaffen von einem Künstler seines Fachs (und nicht Teil der anonymen Standardproduktion), radikal in der Durchführung (und nicht dem kleinsten gemeinsamen Nenner des Massengeschmacks verpflichtet), kostspielig und luxuriös (und nicht für jeden erschwingliches Mittelmaß). Designer-Produkte verhalten sich zum Rest des Verfügbaren also in jeder Hinsicht elitär.

Mit dem Herausstellen der Exklusivität ist aber in den meisten Fällen ein ästhetisches Problem verbunden: Denn Möbel oder Haushaltsgegenstände, die in Katalogen und Schaufenstern mit jenem Attribut angepriesen werden, zeichnen sich bekanntlich nicht durch künstlerische Vollendung aus, sondern durch ein schon auf den ersten Blick erkennbares Zuviel an Gestaltungswillen. Mit dem Präfix »Designer-« ist immer ein Übermaß verbunden: das zu Große des Pastatellers, das zu Lange des Messergriffs, das zu Schmale des Brillengestells – eine Manier, die allenfalls im Stilempfinden von Vermögensberatern noch als elegant gilt. Beinahe scheint es ein Gesetz von Designer-Gegenständen zu sein, dass sie bemüht wirken, unstimmig, als sei die Abweichung vom Gewöhnlichen ihre einzige Legitimation. Zugleich kann man mit großer Sicherheit davon ausgehen, dass dort, wo die Maßstäbe des Produktdesigns in den letzten Jahrzehnten tatsächlich gesetzt wurden, dieses Attribut nirgendwo mehr zu finden ist.

Diese Zurückhaltung hat aber weniger mit dem diskreten Charakter der Beteiligten zu tun; sie weist vielmehr auf die ästhetischen Bedingungen des Designs selbst: Am negativen Beiklang des Attributs »Designer-« wird eine Grundfrage der Produktgestaltung sichtbar: das Problem, wie viel subjektiver Anteil, wie viel Autorschaft aus den Dingen sprechen darf. So-fas mit asymmetrischen Sitzflächen, Brillen mit einem halben Dutzend ineinander verkreuzter Streben tragen diese Autor-schaft deutlich vor sich her; den Dingen sind die Ambitionen des Designers wie Wucherungen aufgepfropft. Allenfalls wir-ken sie wie Form gewordenes Brainstorming, dem die Fein-arbeit endgültiger Realisierung noch bevorsteht. Ernst zu neh-mendes Design beginnt mit einer Empfindung für das Gleichgewicht zwischen Gestalter und Gestaltetem.

Eine merkwürdige Konstellation: Der Schrecken des Attri-buts »Designer-« hat dafür gesorgt, dass jeder Produktgestalter heute mit dem Bewusstsein an die Arbeit gehen muss, eine Grenze zu wahren, die eigene Prägung des bearbeiteten Ma-terials nicht über Gebühr herauszustellen. Das gerade wieder kursierende Zauberwort »Einfachheit« ist daher nicht allein als ästhetische Entscheidung zu verstehen, sondern auch als Versuch der Rehabilitation eines Genres. Die Designer-Tä-tigkeit muss einer Korrektur unterworfen werden: Nicht das Hinzugefügte, der Schnörkel, die Verbiegung, die Asymme-trie soll aus ihr sprechen, sondern die Aufgabe, den gestalteten Gegenständen Gerechtigkeit widerfahren zu lassen. Vielleicht besteht das Ziel geglückten Produktdesigns tatsächlich darin, sich in der Vollendung des Gegenstandes unsichtbar zu ma-chen, ein solches Maß an Anstrengung in die Gestaltung der Dinge zu investieren, dass diese Anstrengung nirgendwo mehr zu spüren ist.

Wie beschädigt der allgemeine Ruf von Designer-Produkten jedenfalls ist, lässt sich am besten daran ermessen, dass sich die Bedeutung des Wortes seit einiger Zeit verschoben hat. Im gegenwärtigen Sprachgebrauch ist das Präfix mehr und mehr im übertragenen Sinne gebräuchlich, in Begriffen wie Designer-Droge, Designer-Baby, Designer-Food. Nicht mehr das Individuelle, Luxuriöse soll betont werden, sondern schlicht das Widernatürliche, nicht mehr der Gegensatz zu einem Standard, sondern der Gegensatz zur Natur. Traurige Karriere eines Konzepts: vom Inbegriff des Künstlerischen zum Synonym des Künstlichen. (A.B.)

Das Prinzip Fotohandy

In der Affäre um das Kokain schnupfende Supermodel Kate Moss, die im September 2005 zu weltweiten Schlagzeilen und der Kündigung millionenschwerer Werbeverträge führte, ist ein Hauptschuldiger bislang kaum benannt worden: das Fotohandy, mit dem die inkriminierenden Aufnahmen entstanden sind. Ein falscher Freund drückte heimlich auf die Videotaste seines Mobiltelefons, in der höchst privaten, geradezu intimen Atmosphäre eines Musikstudios – und wenn man diese Bilder genau betrachtet, erkennt man, dass Kate Moss einmal sogar direkt in das winzige Kameraauge blickt, ohne den Akt des Filmens überhaupt zu bemerken. Der Plan des Filmemachers war es von Anfang an, diese Aufnahmen meistbietend zu verkaufen – dennoch erregte er keinerlei Verdacht. Erst mit der Erfindung des Fotohandys wurde diese Art des Vertrauensbruchs möglich: Jedes andere Aufnahmegerät gibt seine Intention noch preis – hier aber konnte der Verräter einfach so tun, als lese er zum Beispiel eine SMS.

Lange schien es angebracht, am Sinn des Fotohandys überhaupt zu zweifeln: Die Bilder waren selbst in den besten Geräten noch zu klein und pixelig, um Erinnerungen in einer Form zu bewahren, die man auch künftig gern betrachten würde – und der offensichtliche Vorteil, in jeder Lebenslage eine Kamera zur Hand zu haben, schien dieses Manko nie ganz aufzuwiegen. Jetzt aber wird klar, dass die Relevanz des Geräts in dem Maße steigt, in dem die Situation seines Einsatzes einmalig, dramatisch oder verschwörerisch wird. Die alte Maxime fotografischen Glücks, zur rechten Zeit am rechten Ort zu sein, gewinnt durch das Fotohandy eine neue Breitenwirkung: Wem es heutzutage gelingt, überhaupt etwas Außergewöhnliches zu erleben (und sei es eine koksende und drogenumnebelte Kate Moss) – der kann das Geschehen dank seinem Mobiltelefon auch festhalten. Das Fotohandy als versteckte Kamera, die gar

nicht mehr versteckt werden muss, verwandelt uns alle in eine
Armee von Privat-Paparazzi.

Dass die Qualität der Bilder immer noch schrecklich ist, kann
dabei sogar ein Vorteil sein: Für die Vergrößerung auf der Ti-
telseite einer Boulevardzeitung reicht es allemal, wie man jetzt
gesehen hat – und der extrem grobe, ausgewaschene Look wird
gleichzeitig zum neuen Standard für gefühlte Authentizität.
Dass damit das Fotografieren gleichzeitig aggressiver wird,
lässt sich selbst im privaten Umfeld beobachten: In vordigi-
talen Zeiten wurden Freund und Familie noch sorgfältig ar-
rangiert und zum Lächeln aufgefordert, von den 24 Bildern
eines Kleinbildfilms sollte möglichst jedes »etwas werden«.
Das Material war knapp, und nach zwei Schüssen wurde die
Kamera wieder eingepackt. Damit waren die Objekte vor der
Linse aber auch gewarnt und konnten einigermaßen kon-
trollieren, wie sie auf den Fotos erscheinen wollten. Digital
jedoch kann man Hunderte von Bildern speichern und auch
wieder löschen. So läuft, nur als Beispiel, ein Betriebsausflug
aufs Oktoberfest inzwischen gern darauf hinaus, dass jeder jeden permanent ablichtet. Hunderte von Bildern entstehen im
Lauf eines einzigen Abends, von denen gerade die, auf denen
ein Opfer besonders unvorteilhaft erwischt ist, wie Trophäen
herumgereicht und gespeichert werden.

In welchem Maße sich das Fotohandy als neue Erfahrung vor
die Wirklichkeit schiebt, lässt sich auch auf Popkonzerten beobachten. Bei jedem Höhepunkt ragen plötzlich Hunderte von
Fotohandys in die Luft, um aus erhöhter Position auf die Bühne zu blicken. Dabei leuchten die Digitaldisplays in der Dun-
kelheit wie sonst nur die Wunderkerzen: Jedes Handy blickt
auf den Star und schickt gleichzeitig eine Miniaturansicht des
Stars weiter in den Zuschauerraum – die zentrale Erfahrung

der Bühne erscheint plötzlich hundertfach reflektiert und zersplittert, sozusagen in ihre kleinsten Bestandteile zerlegt. Das ist am Ende auch die Metapher für ein gewisses Verlustgefühl, das mit dieser Art der Fotografie verbunden ist: Stellen wir uns vor, der Revolutionär Che Guevara hätte am Tag, als sein berühmtes, ikonografisch gewordenes Bild entstand, nicht vor der Kamera des legendären Fotografen Alberto Korda gestanden, sondern nur vor ein paar Fotohandys. Wenn überhaupt jemand diese Bilder so lange gespeichert hätte, blickten wir heute auf Hunderte kleiner Bilder eines Mannes mit Barett – aber den Namen, die Geschichte und den Mythos des Abgebildeten hätten wir längst vergessen. (T.K.)

Das Prinzip Hubschrauber

Fast jede Spielübertragung bei der WM 2006 war von den immer gleichen Bildern eingerahmt: Franz Beckenbauer, wie er unmittelbar vor Anpfiff auf seinen Tribünenplatz eilt und ihn fünf Minuten vor Ende wieder verlässt, um pünktlich beim nächsten Spiel zu sein. Beckenbauer – der Chef des Organisationskomitees, der Mann, der »die WM zu uns gebracht hat« – ließ sich bekanntlich per Hubschrauber durch Deutschland fliegen, um drei Viertel aller Partien live mitzuverfolgen. Das Argument für diese aufwendige Maßnahme war natürlich die kürzere Reisezeit zwischen den Spielstätten. Mit keinem anderen Verkehrsmittel hätte der dichte Terminplan vor allem in der Vorrunde eingehalten werden können, wobei der große Vorteil des Hubschraubers nicht in seiner Geschwindigkeit lag – 300 Kilometer in der Stunde bewältigen auch die neuesten ICE-Modelle –, sondern in seiner Unabhängigkeit von Streckennetzen und Verkehrsknotenpunkten. Er benötigt keinen abgelegenen Landeplatz und vermag noch in die feinsten Ritzen der Städte vorzudringen, während etwa das grobschlächtige Flugzeug weit vor ihren Toren haltmachen muss.

Für Beckenbauer hatte der Hubschrauber also zweifellos praktische Relevanz. Die Inszenierung und Konsequenz seines Gebrauchs jedoch – er nutzte ihn auch dann noch, als die Pausen zwischen den Spielen lang genug waren, dass er, wie Fifa-Präsident Sepp Blatter, mit dem Privatjet hätte fliegen können – lässt erahnen, dass es bei der Wahl dieser Fortbewegungsart auch einen symbolischen Anteil gegeben haben muss: dass das Bild des Hubschraubers Beckenbauers Status bei dieser WM auf geeignete Weise repräsentierte. Wie stark sich die Aura des Helikopters von der des Flugzeugs unterscheidet, wie wenig sich ein Privatjet auf dieser Mission geeignet hätte, zeigte etwa der Moment des Aussteigens. Beckenbauer, der direkt neben dem Stadion aus der kaum gelandeten Maschine hüpft, Krawatte und Sakko festhält (die Rotorblätter drehen sich noch) und mit schnellen Schritten Richtung Stadion läuft: Was ist in dieser Szene – man kennt sie auch von Blitzbesuchen Bushs oder Rumsfelds in Soldatencamps – alles enthalten? Sie steht für Dynamik, Entschlossenheit, In-Bewegung-Sein und setzt einen völlig anderen Akzent als das Verlassen eines Flugzeugs, ein eher statischer Augenblick, der in der Nähe des Feierlichen, des Staatsakts liegt. Der Helikopterlandung, auf einem Fleckchen Wiese zwischen den Gebäuden, ist dagegen jedes Ritual des Empfangs fremd: keine vorgeschalteten Räume wie etwa Ausstiegstreppe, Landebahn, Terminal, nur ein Sprung zwischen Himmel und Erde.

Der Hubschrauber ist das Verkehrsmittel des Ausnahmezustands, des Mittenhinein. Seine Wendigkeit, sein Vermögen, fast jeden Ort in einen Start- und Landeplatz zu verwandeln, gibt Ankunft und Abflug eine einzigartige Form von Sichtbarkeit, deren Konsequenzen in einem Zeitungsbericht über Beckenbauer zu Beginn der WM beschrieben wurden.»Als der Anpfiff naht, richten sich die Blicke in den Himmel«, heißt es darin über den im Anflug begriffenen Hubschrauber.»Jetzt wissen auch die Fans, die nicht auf der Ehrentribüne sitzen: Franz Beckenbauer ist unter ihnen.« In diesen beiden Sätzen ist fast alles über die Symbolik des Verkehrsmittels enthalten: Der Helikopter ermöglichte Beckenbauer, dem Herrn über dieses Turnier, seine Position immer wieder zu demonstrieren. Die Stadionkulisse war allerdings kein zufälliges Beiwerk der Fußball-WM, sondern erscheint als zentrales Element der Hubschrauber-Ikonografie überhaupt, wie etwa Musikvideos und Konzertinszenierungen von Michael Jackson bis Guns N' Roses zeigen. Erst im Verhältnis zur aufblickenden Menschenmenge kann sich die Machtgeste der Insassen vollends entfalten. Sichtbar für alle Zuschauer schwebte Franz Beckenbauer

ein und wieder davon; zwischen den Spielen – in einer Flug-
höhe, die noch die konkrete Wahrnehmung der Umgebung
zulässt – hatte er nach eigenem Bekunden einen klareren Blick
auf das Land als die Erdgebundenen: »Wir leben in einem Pa-
radies, das sieht man ganz deutlich im Hubschrauber.« Franz
Beckenbauer ist in den Wochen der WM endgültig zu einer
gottgleichen Gestalt geworden. Der Helikopter war seine Him-
melsleiter.   (A.B.)

Das Prinzip Mikrowelle

In der öffentlichen Wahrnehmung ist es still geworden um den Mikrowellenherd – so still, dass es schon wieder auffällig ist. Nach seiner Erfindung und Patentierung im Jahr 1946 brauchte er einige Zeit, um ein Symbol für die technische Befreiung der Hausfrau zu werden, dann ein Trendprodukt für den Massenmarkt, schließlich ein allgegenwärtiger, unentbehrlicher Küchenhelfer. In Deutschland schlug ihm lange besonderes Misstrauen entgegen. Der Durchbruch zum Verkaufsschlager gelang ihm erst Ende der Achtzigerjahre, später als überall sonst. Und selbst dieser Erfolg wurde von zahllosen Zeitungsberichten flankiert, die zwischen Überschriften wie »Gefahr durch Mikrowellenstrahlung« und »Mikrowellenherde völlig ungefährlich« schwankten. Ganz beruhigen ließen sich die Bedenken nie, Meldungen von per Mikrowelle getöteten Haustieren oder Babys waren lange Zeit ein Klassiker im Ressort »Vermischtes«.

Davon ist nichts geblieben. Der Fachverband für Elektrohaushaltsgeräte meldet, dass dreißig Millionen Mikrowellengeräte in deutschen Haushalten vorhanden sein müssen – aber es ist, als würden wir uns für sie schämen, als hätten wir sie völlig aus dem Bewusstsein verbannt. Kein Mensch käme heute noch auf die Idee, eine Eloge auf die Mikrowelle zu schreiben und sie als »bescheidenen Star der modernen Küche« zu preisen, wie es 1995 zum Beispiel die *Wochenpost* noch tat: »Sie spart die Zeit, die wir nicht haben. Sie verfertigt das Essen, das wir uns verdient haben, wenn wir dabei vorm Fernsehen hocken. Sie schafft den Doppelverdienern das schlechte Gewissen vom Hals, ihre Schlüsselkinder mit belegten Broten ernähren zu müssen. Sie verdichtet individuelle und soziale Zeit.« Gibt es auch unter technischen Geräten so etwas wie Leitfossilien, die nur begrenzte Zeit existieren und im Rückblick eine Ära definieren? Wenn ja, dann muss die Mikrowelle dazu zählen:

gestern noch Unabhängigkeitserklärung für Besserverdiener und Lebensretter für ultramobile Singles – heute ein Schandfleck in der Prestigeküche und Rauswurf-Kandidat für den nächsten Sperrmüll.

Ramschangebote in Großmärkten, wo Billigversionen kaum noch dreißig Euro kosten, und Absatzzahlen, die seit dem Jahr 2004 rapide fallen, bestätigen diese Beobachtung. Kochen hat eine neue Symbolik gewonnen. Wenn es etwas gibt, was wenigstens theoretisch wieder Zeit kosten darf und muss, dann ist es das liebevoll geplante, mit dem Wissen und den Gerätschaften der Profis zubereitete Menü für Familie und Freunde. Früher zählte eher das Ergebnis, die warme Mahlzeit auf dem Tisch. Wie schnell und unsinnlich sie produziert wurde, womöglich in einer versteckten, für Gäste nicht einsehbaren Abstellkammer – das hatte niemanden zu interessieren. Je mehr aber die Ausgaben für teure Einbauten stiegen und die Küche ein Repräsentationsraum wurde, desto unpassender schien die Zauberei mit der Mikrowelle. Wurden echte Garungs- und Geschmacksbildungsprozesse darin nicht eigentlich nur simuliert? Und stand die atemberaubende Geschwindigkeit wirklich für Fortschritt oder am Ende doch eher für Fake?

Die Mikrowelle ist das Opfer der Sehnsucht nach einer neuen Form von Gemütlichkeit geworden. Die mikrowellenbefreite Küche, in der die Menschen wieder Lebenszeit verbringen und Lebensqualität erfahren, soll soziale Bande noch einmal neu verknüpfen, selbst komplizierte Patchworkfamilien müssten sich vor der urzeitlichen Wärme eines echten Herds mühelos wieder vereinen lassen. So soll es sein, zumindest in unserer Fantasie. Und wenn es für die Mikrowelle doch eine Zukunft gibt, dann liegt sie wahrscheinlich in unserer eigenen Verlogenheit. Der reißende Absatz von Riesenkühlschränken,

Dampfgarern und anderen Renommiergeräten, die ganze neue
Heim- und Küchenfixierung korrespondiert jedenfalls nicht,
wie es zu erwarten wäre, mit einem Verkaufsrückgang bei Tief-
kühlkost und Fertiggerichten. Und das kann eigentlich nur
eines bedeuten: Wenn niemand zuschaut, essen wir noch genauso hastig, ungesund und unsinnlich wie in all den Jahren
zuvor – und das kleine Gerät, das wir jetzt so sorgfältig vor
fremden Blicken versteckt halten, muss uns nach wie vor dabei
helfen. (T.K.)

Das Prinzip Organizer

Irgendwann muss die Katastrophe passieren, und der Lauf der Ereignisse wird sich wie folgt entwickeln: Du gehst aus, du packst dein Handy, dein Adressbuch und ein paar andere wichtige Dinge ein, du erlebst einen wilden und sorglosen Abend, und irgendwann stellst du fest: Alles ist weg! Das Telefon, das Adressbuch, ja sogar der Zettel mit dem Zugangscode zur Haustür deiner Pariser Freunde. Im ersten Augenblick schmerzt die Leere, die diese Dinge zurückgelassen haben, dann der materielle Verlust, schließlich aber vor allem die verlorenen Daten: Wie hieß noch die lauschige Pension am Comer See, der unauffindbare Buchladen in London? Und, ach, die Geheimnummer von Uschi Glas! Dein Leben, dein Job, deine Vergangenheit, alles ist dir abhanden gekommen. Du kehrst um, du suchst, versuchst das Schicksal noch aufzuhalten – aber zu spät. Die Informationen deines Lebens liegen jetzt in einer Mülltonne. Allein. Sie haben Angst und sind schmutzig und schreien ganz jämmerlich.

In diesem Moment wachst du auf. Neben dir liegt dein neuer Organizer. Er steckt voll geballter Information. Du streichst über seine glatte, schlanke, sanft glänzende Oberfläche. Du drückst ein paar Tasten oder malst ein paar Zeichen auf den Bildschirm, worauf er sofort den Namen »Glas, Uschi« anzeigt. Und eine streng geheime Nummer. Du rufst diese Nummer an, weckst Uschi Glas, wünschst ihr einen guten Morgen und sagst ihr, dass sie eigentlich ganz in Ordnung sei. Uschi freut sich wie Bolle. Gut gelaunt springst du aus dem Bett, hüpfst in die Dusche, pfeifst und denkst an Michael Graeter, das arme Schwein.

Wer ist dieser Michael Graeter? Das fragt der Leser zu Recht. Hätte Michael Graeter rechtzeitig einen Organizer besessen, müsste man diese Frage nicht stellen. Er war mal, vor ungefähr zwanzig Jahren, ein sehr berühmter Klatschreporter. Damals hatte er nicht nur die Uschi-Glas-Geheimnummer, sondern praktisch alle Geheimnummern der Welt. Sie standen in seinem dicken Filofax. Diesen Filofax ließ er eines Tages in einer Telefonzelle liegen. Und obwohl er dem ehrlichen Finder eine absurd hohe Belohnung versprach, hat er den Filofax niemals wiedergesehen. Mal ehrlich, Michael: Nachts, wenn du allein bist – hörst du deine Geheimnummern schreien?

Die Besitzer eines elektronischen Organizers sind vor solchen Albträumen sicher. Weil sie mehr als nur ordentlich sind – sie sind organized. Auch du drückst nun stundenlang winzige Knöpfe. Du überträgst sämtliche Leute, die du jemals kanntest, in deine neue Datenbank – und zwar komplett. Bei Uschi Glas reichte es bisher, dass du ihre Geheimnummer hattest. Jetzt nicht mehr. Jetzt recherchierst du ihre Büronummer. Ihr Bürofax. Ihre Handynummer. Ihr Heimfax. Ihre E-Mail-Adresse. Ihre Straße. Dann hast du die Straße, aber es fehlt noch die Postleitzahl. Du gehst ins Internet und wirfst eine Suchmaschine an, die dir die Postleitzahl ausspuckt. Du schließt den Organizer an deinen Computer an und drückst den sogenannten Synchronisations-Button. Es piept. All das braucht Zeit. Es braucht so viel Zeit, dass alles andere warten muss. Dein Schreibtisch sieht aus wie Sau. Uschi ruft an, aber leider musst du es kurz machen.

Früher hattest du Adressen, um zu leben. Heute lebst du, um Adressen zu sammeln. So kann es nicht weitergehen. Als radikales Gegenprogramm stürzt du dich mal wieder voll ins Nachtleben. Dein Organizer, der nun gleichzeitig auch dein Handy ist und all deine früheren Merkzettel und Visitenkarten enthält, ist natürlich dabei. Bis zu dem Moment gegen Morgen, wo er plötzlich nicht mehr dabei ist. Im ersten Augenblick schmerzt die Leere, die er zurückgelassen hat, dann der materielle Verlust, schließlich ... Aber hier, genau an dieser Stelle, verändert sich der Lauf der Geschichte. Die Informationen sind immer noch da. Du fährst gleich zum nächsten Elektronikmarkt, kaufst einen neuen Organizer, gehst heim, schließt ihn an deinen Computer an und drückst wieder den Synchronisations-Button. Der Organizer lädt sich alles wieder drauf, die lauschige Pension am Comer See, den Buchladen in London und natürlich Uschis Geheimnummer. Plus ihre Büronummer und ihr Bürofax und ihre Handynummer und ihr Heimfax und ihre E-Mail-Adresse und ihre Straße und ihre Postleitzahl. Zwei Stunden später triffst du sie zum Kaffeetrinken und erzählst ihr, dass deine Vergesslichkeit dich gerade ein paar hundert Euro gekostet hat. »Was sind schon ein paar hundert Euro!«, ruft Uschi fröhlich, und ihr beide lacht. Du erwähnst den Namen Michael Graeter, aber Uschi weiß gar nicht mehr, wer das ist.   (T.K.)

Das Prinzip Rollkoffer

Im einheitlichen Auftreten der Geschäftsreisenden konnte das Gepäckstück bis vor einiger Zeit noch als Fremdkörper erscheinen. Egal ob Handkoffer, Reisetasche oder Kleidersack: Das Gepäck wirkte häufig wie ein ungewohnter Zusatz, wie eine übermäßige Betonung individuellen Stils. Mit den schwarzen Nylonrollkoffern, wie sie seit zehn, fünfzehn Jahren allgegenwärtig geworden sind, hat sich diese Bruchstelle geglättet: Die Standardisierung des Erscheinungsbildes schließt nun auch das Gepäck mit ein. Der Trolley ist weniger Aufbewahrungsort von Reisebedarf als Business-Accessoire, Teil der Geschäftskluft. Auf den Gängen der Flughäfen morgens um halb neun oder abends um sechs trifft man kaum noch auf ein anderes Ensemble als dunklen Anzug oder Kostüm und nachgezogenen Rollkoffer. Die rasch vorübereilende Silhouette aus Mensch und schräg gestelltem Gepäck bildet eine untrennbare Einheit; sie ist das Emblem des gegenwärtigen Flugbetriebs.

Doch was besagt es, dass die meisten Koffer mittlerweile Rollen haben? Welche Aussage wird von der Schar der Geschäftsreisenden formuliert, die ihr kleines Gefährt hinter sich herziehen? In erster Linie soll diese Bewegung veranschaulichen, dass mit dem Transport des eigenen Gepäcks keinerlei Beschwernis oder Einschränkung mehr verbunden ist. Durch die Mühelosigkeit, mit der der Rollkoffer gezogen wird, macht der Benutzer deutlich, welch selbstverständlichen Status das Reisen für ihn besitzt. In diesem Leben ist kaum noch eine Schwelle erkennbar zwischen dem Unterwegs- und dem Zuhausesein (in schroffer Abgrenzung etwa zu jenen Familien mit ihren wuchtigen, ausgebeulten Kunstlederkoffern, denen man die Ausnahmesituation der Flugreise so deutlich ansieht).

Es gibt eine kleine Geste, in der diese Übergangslosigkeit, diese Ausstellung routinierter Mobilität eingefasst ist: der Moment, in dem der Passagier gleich nach dem Aussteigen aus dem Flugzeug oder in der Halle mit dem Gepäckband den Griff des Rollkoffers auszieht und sich in Bewegung setzt. Man muss auf diese Geste achten, die betonte Beiläufigkeit, mit der sie sich vollzieht. Während die eine Hand bereits das Mobiltelefon bedient, aktiviert der Reisende mit der anderen den Griff, ohne zu stocken, ohne hinabzublicken. Alles an diesem Bewegungsablauf demonstriert, wie unerheblich die Zäsur des Ankommens ist. Wenn es so etwas wie ein Gestenreservoir der Gegenwart gibt, dann gehört dieser Handgriff zweifellos dazu.

Dass sich in der Gestalt von Gepäckstücken die gesellschaftliche Stellung ihrer Benutzer abbildet, hat in der Geschichte des Reisens immer Bestand gehabt – wer wäre jemals mit einem Schrankkoffer unterwegs gewesen außer denen, die ihn nicht selber tragen mussten? Auch den Rädern der Trolleys ist ein solcher Hinweis aufgeprägt. Denn sie besagen, dass der Koffer für Personen gedacht ist, die im Verlauf der Reise ausschließlich glatten Untergrund passieren. Vom Kunststoffboden des Flughafens über den Asphalt des Taxistands zum Teppich der Tagungszentren und Hotels führt der Weg des Rollkoffer-Benutzers. Dieses Leben kennt keine Unebenheiten, keine Unterbrechungen. So fugenlos wie die Bodenflächen, auf denen es sich abspielt, ist auch der Tagesablauf mit seinen rasch aufeinanderfolgenden Terminen. Der Rollkoffer ist der Navigator dieser gleitenden Existenz: Seine rasch blockierenden Räder bestimmen die in Frage kommenden Wege vor, machen eine Abzweigung in rissiges Terrain so gut wie unmöglich. Und wenn es doch einmal geschieht, verliert der Reisende augenblicklich seine Souveränität: kein unbeholfeneres Bild als ein Geschäftsmann auf den Straßen einer historischen Altstadt, der sich verirrt hat und sein Gefährt über das grobe Kopfsteinpflaster zu manövrieren versucht.

Der ehemals träge Gegenstand »Koffer« ist also, mit Rädern versehen, selbst zu einer Art Verkehrsmittel geworden. Die Kräfteverhältnisse sind dabei allerdings unklar: Zieht der Reisende wirklich noch seinen Trolley, oder ist es nicht viel eher umgekehrt?   (A.B.)

Das Prinzip Spielball

Im Frühsommer 1996, kurz vor dem dreißigjährigen Jubiläum des legendären WM-Finales im Wembleystadion, kam es zwischen England und Deutschland zu einer kleinen diplomatischen Krise. Geoff Hurst, dreifacher Torschütze im Endspiel, sollte im Rahmen eines Festaktes den damaligen Spielball geschenkt bekommen, zum Andenken an seinen entscheidenden Beitrag zu Englands einzigem Weltmeisterschaftstitel. Doch im Lauf der Suche nach dem vergessenen Ball erhärtete sich nach und nach der Verdacht, dass er im Besitz des deutschen Nationalspielers Helmut Haller sein musste, der das Spielgerät, wie alte Fotos bezeugen, nach dem Schlusspfiff unter seinem Trikot aus dem Stadion schmuggelte. Haller wollte sich zunächst nicht mehr an die Vorkommnisse erinnern, so dass man in London schon die Deutsche Botschaft einschaltete, um den Entführungsfall auf höchster Ebene zu klären. Schließlich tauchte der ausgeblichene Lederball aber doch noch auf, im Keller eines Augsburger Hauses. Der Besitzer hieß Jürgen Haller und hatte das Erinnerungsstück von seinem Vater schon kurz nach dem Finale vermacht bekommen. Überzeugt von der sechsstelligen Lösegeldzahlung einer Londoner Zeitung, welche die feierliche Rückkehr exklusiv dokumentierte, wurde der Ball von den Hallers schließlich nach London gebracht. Die Vorsichtsmaßnahmen waren groß: Ein Augsburger Radiojournalist, der Jürgen Haller damals auf der nächtlichen Autofahrt nach London begleitete (verfolgt von abgewiesenen Reportern), hatte sich den in einer Tasche verpackten Ball an die Hand gekettet.

Diese Episode zeigt wie keine andere in der Geschichte des Fußballs, welche Macht dem Spielball traditionell zukommt. Nicht nur während der neunzig Minuten einer Partie steht er im Mittelpunkt des Geschehens, sondern auch danach, im kollektiven Gedächtnis an die größten Momente des Sports. Ne-

ben seiner unmittelbaren Funktion als Spielgerät hat er immer
die symbolische der Reliquie: Noch Jahrzehnte nach einem
historischen Match, wenn die Erinnerungen verblassen und
die Fernsehbilder zunehmend fremd werden, speichert sich in
der leicht aufgerauten Oberfläche des Balles die unmittelbare
Präsenz des Ereignisses.

Seit dem 10. Juni 1998 stimmt diese Diagnose nicht mehr. An
diesem Tag begann in Frankreich die 16. Fußball-Weltmeisterschaft, und im Zuge der Ökonomisierung der Spielzeit
wurden anlässlich des Turniers einige Regeländerungen vorgenommen. Eine Neuerung betraf auch die Anzahl der Spiel-
bälle: Die traditionelle Regel, nur mit einem einzigen Exemplar auszukommen (das höchstens dann ausgetauscht wurde,
wenn es Luft verlor oder wenn ein überraschender Winterein-
bruch ein besser sichtbares Modell notwendig machte), hatte
immer wieder zu überflüssigen Spielverzögerungen geführt.
Man erinnert sich noch gut an jene Bilder, wenn die Fans der
in Führung liegenden Mannschaft nach einem Fehlschuss
auf die Tribüne den Ball nicht mehr herausgaben; wenn die
Balljungen lange Sekunden warten mussten, bis er von der
dunklen Masse auf den Rängen an ganz unvermuteter Stelle
wieder ausgespuckt wurde. Beim Eröffnungsspiel 1998 wurde
deshalb zum ersten Mal jeder der zehn Balljungen mit einem
Ersatzball ausgestattet, um den Fluss des Spiels nach einer Unterbrechung jederzeit zu gewährleisten.

Zwei Konsequenzen hat diese Regeländerung – die seitdem
auch für Bundesliga- und Europacup-Spiele gilt – nach sich
gezogen. Zum einen, kaum auffällig, löscht sie bestimmte
altgediente Gesten des Fußballspiels aus: der Schiedsrichter,
der sich nach der Klage eines Spielers vom ordnungsgemäßen
Luftdruck des Balles überzeugt; oder die Balljungen, die eine

genau einstudierte Kette bilden, um den im Graben vor der
Tribüne verschwundenen Ball möglichst rasch ins Spiel zu-
rückzubringen. Zum anderen aber, weitaus gewichtiger, reißt
sie eine Lücke in die Gedächtniskultur des Sports. Geschichts-
bücher und Museen des Fußballs sind bislang häufig um die
Reliquie des Originalballes herum konzipiert worden. Mittlerweile ist das nicht mehr möglich. Wie sollte man etwa den Ball
eines legendären Spiels jüngeren Datums aufbewahren und
musealisieren, wenn im Lauf der neunzig Minuten mindestens
zehn verschiedene Exemplare im Spiel waren? Der Spielball als
Reliquie, die noch mit einer Verzögerung von dreißig Jahren
zu einem Politikum werden kann, ist ausgestorben. Das lässt
sich auch daran erkennen, wie mittlerweile mit ihm umgegan-
gen wird. Nicht einmal der Schütze eines spektakulären, entscheidenden Tores, wie etwa Thomas Hitzlsperger am letzten
Spieltag der abgelaufenen Bundesligasaison, macht nach dem
Spiel Anstalten, den Ball bei sich zu behalten.

Das Verschwinden des identifizierbaren Spielballes markiert
vielleicht nur die letzte Stufe einer generellen Entwicklung in
der Geschichte des Fußballsports, die man als »Entindividua-
lisierung« des Balles bezeichnen könnte. Denn lange vor seinem massenweisen Einsatz in einer einzelnen Partie erfuhr der
Spielball zunächst eine andere Form der Nivellierung: seine
industrielle Produktion. Im letzten Drittel des 20. Jahrhunderts verwandelte sich ein Ball ja erst dadurch in ein Original,
dass er in einem bestimmten Spiel eingesetzt wurde; was seine
bloße Gestaltung betraf, unterschied er sich in nichts von den
im Netz des Platzwarts verbleibenden Exemplaren. Das war
nicht immer so. Vom Finale der ersten Weltmeisterschaft im
Jahre 1930 etwa ist überliefert, dass die Finalgegner Argentinien und Uruguay je eine Halbzeit ihren eigenen Ball stellen
durften. Es gab noch keine einheitliche Herstellungsweise,

und die Spielgeräte der beiden Nationen waren von derart unterschiedlicher Konsistenz, die Gewöhnung an das jeweilige Exemplar derart kompliziert, dass Argentinien in der ersten Halbzeit führte, Uruguay aber nach der Pause den Sieg herausspielte. Bis in die Nachkriegszeit hinein war jeder Ball ein Einzelstück, abhängig von der Qualität des Leders und der Geschicklichkeit der Näher.

Diese von der Produktionsweise vorgegebene Individualität ist seit Jahrzehnten standardisiert worden. Was sich aber bis in die jüngste Vergangenheit bewahrt hat, ist ebenjene Identität des Spielballes, die auch Geoff Hurst während des Skandals von 1996 noch einmal betonte. Er ließ Helmut Haller damals mitteilen, dass es sinnlos sei, ein anderes Exemplar des gleichen Modells mitzubringen, denn er werde »den echten Ball von damals sofort wiedererkennen«.   (A.B.)

KRISEN

Das Prinzip Bedrohung

Die endlose Debatte darüber, welche Antwort der Westen auf Al-Qaida-Terror und Islamismus geben soll, wirkt auf den ersten Blick chaotisch. Mehr Toleranz, mehr Härte, mehr Toleranz und mehr Härte – größer könnte die Kakophonie kaum sein. Nur eine Tatsache bezweifelt offenbar niemand: dass die Bedrohung real und absolut ist, dass die Macht der Fanatiker täglich wächst, dass wir dabei sind, den Krieg gegen den Terror zu verlieren. Rechtsextreme, ehemalige CIA-Agenten, Nahost-Experten, Leitartikler jeder Couleur, linke Kriegsgegner – an diesem Punkt herrscht gespenstische Einigkeit.

Und warum auch nicht? Politiker werden dafür gewählt, sich Sorgen zu machen. Ehemalige CIA-Agenten verkaufen eine Menge Bücher damit. Nahost-Experten und Leitartikler bekommen Sonderseiten und tolle Sendeplätze dafür. Und linke Kriegsgegner leben sowieso in der ständigen Hoffnung, dass die USA gerade auf die nächste große Katastrophe zumarschieren. Seit Kassandra in der griechischen Mythologie zwar korrekt, aber leider ungehört vor dem Untergang Trojas warnte, hat die Position des Mahners den Nimbus von Glamour und Weitsicht. Kein Intellektueller, der nicht gern in dieser Pose fürs Autorenfoto posierte, kein *Spiegel*-Essay, das ohne einen gewissen Grundton des Apokalyptischen auskäme. Für die Gegenfigur, den Beschwichtiger, existiert als Rollenmodell nur der Hitler-Verniedlicher Chamberlain – ein historischer Loser sondergleichen.

Andererseits: Es reicht. Es ist Zeit, die Lebensrealität eines westlichen Normalmenschen wieder einmal mit den Horrorszenarien unserer Medien-Kassandras abzugleichen. Diese Realität hat so gut wie nichts mit fernen Kriegsschauplätzen wie dem Irak oder Afghanistan zu tun. Sie heißt 9/11, Bali, Madrid, London. Terror im Herzen unserer Metropolen und Urlaubsorte;

Opfer, die wir selbst sein könnten. Dieser Krieg geht gerade
nicht verloren. Dieser Krieg war nie ein Krieg. Trotz schlimms-
ter Drohungen der Terroristen ist die Zahl der Toten gering
geblieben. Wie bitte? Darf man das sagen angesichts der dreitausend Leichen von Ground Zero? Sind nicht alle Opfer des
Terrors auch stellvertretend für uns gestorben, verdienen sie
es nicht, besonders geehrt zu werden? Doch, absolut. Aber ein
Teil unserer Mitbürger stirbt zum Beispiel auch deshalb, weil
sie trotz aller Warnungen das Rauchen nicht einstellen wollen.
Deutlich mehr als die Toten des 11. September. Jeden Tag.

Apokalyptiker, Schwarzseher und Kampf-der-Kulturen-Verlie-
rer könnten etwas Wichtiges von den Rauchern lernen: Jeder
Lebensstil birgt gewisse Risiken. Der Lebensstil des westlichen
Normalmenschen bringt es mit sich, auf der Gewinnerseite zu
stehen, andere Kulturen zu dominieren und Teil einer Volks-
wirtschaft zu sein, die einen überproportionalen Anteil am
weltweiten Kapital besitzt. Das Risiko dabei ist es, von den
Fanatikern der Verliererseite mörderisch gehasst zu werden.
Das ist in den letzten Jahren klar geworden, das wird man
nicht mehr ändern können. Ein paar wenige von uns werden
daher sterben müssen, als Stellvertreter dieses Lebensstils, auch
in Zukunft. Aber angesichts der Vorteile, die wir dafür genießen, und angesichts der erdrückenden Übermacht an Ressourcen und Waffen, über die wir verfügen, reagieren wir ein bisschen arg hysterisch auf diese Opfer. Bedenkt man, wie hoch die
realen Verluste unter den Rauchern sind, sind Raucher helden-
hafte Stoiker dagegen.

Der nächste große Anschlag wird kommen, und es wird trotzdem nicht der Sieg des Terrors sein. Aber wenn wir schon jetzt
dem Verfolgungswahn verfallen und gegen jede Evidenz das
Gefühl haben, mit dem Rücken zur Wand zu stehen, werden

die nächsten dreitausend Terroropfer, die wir verkraften müssen, vielleicht wirklich eine Katastrophe auslösen. Denn dann könnten wir kollektiv auf eine Weise durchdrehen, dass kein Stein auf dem anderen bleibt, dass der Irakkrieg am Ende wie ein kleines Scharmützel aussieht. Und angesichts der aberwitzigen Mengen von Ressourcen und Waffen, die wir zum Durchdrehen zur Verfügung haben, ist das nun wirklich eine Bedrohung, die wir fürchten müssen. (T.K.)

Das Prinzip Doping

An der Berichterstattung über Doping fällt immer wieder auf, dass sie einige Voraussetzungen der eigenen Argumentation ausblendet. Es geht vor allem um das Problem der Grenze zwischen legitimer und illegitimer Leistungsoptimierung, Wahrheit und Betrug. In der öffentlichen Wahrnehmung ist diese Grenze fest zementiert und unmissverständlich, wie sich nach den Geständnissen von Radsportlern im Frühling und Sommer 2007 wieder einmal zeigte: auf der einen Seite die Tugenden des disziplinierten Trainings, der ausgewogenen Ernährung, der Motivation, auf der anderen das Verbrechen des Dopings. Aber funktioniert diese Trennung wirklich so reibungslos? Ruft nicht manchmal die eine wie die andere Seite vergleichbare physiologische Effekte hervor?

Das Verfahren des Blutdopings etwa, das zur Suspendierung Jan Ullrichs und etlicher anderer Fahrer von der Tour de France 2006 geführt hat, sorgt genau für jene Vermehrung der roten Blutkörperchen in den Adern der Athleten, die auch das Ziel von Praktiken wie dem Höhentraining ist. Zwei Strategien – einmal dauerhafter Aufenthalt in bestimmten Regionen, einmal Entnahme, Zentrifugierung und Rückinjektion des eigenen Blutes –, die beide die Bindung von Sauerstoff im Blut optimieren und die Leistung steigern sollen. Im Idealfall ergänzen sich die Techniken, wie es in einem erklärenden Bericht über Blutdoping heißt: »Wenn durch den Athleten besonders viele rote Blutkörperchen fließen, zum Beispiel nach einem Höhentraining, wird maximal ein Liter Blut abgenommen, in der Zentrifuge auf ein Konzentrat reduziert und gelagert. Kurz vor Wettkämpfen wird es wieder gespritzt.« Wo genau endet hier die erlaubte Wettkampfvorbereitung des Spitzensportlers, wo beginnt die verbotene? Offenbar spielt vor allem der Ort eine Rolle, von dem aus Leistungsmaximierung betrieben wird. Die Anreicherung des eigenen Blutes etwa ist so lange legitim, wie sie sich rein im Innern des Körpers vollzieht (Training, Ernährung); jeder Eingriff von außerhalb – und führe er auch die im Training begonnenen Umwandlungsprozesse nur konsequent weiter – ist Kontamination, Affront gegen den viel beschworenen »sauberen Sport«.

Im Kampf gegen Doping, wie ihn Funktionäre oder Journalisten führen, geht es vielleicht weniger um die Aufklärung von Verbrechen, um die reine Liebe zur Wahrheit, als vielmehr um die notwendige Aufrechterhaltung eines Menschenbildes. Denn Doping bedroht das, was für das Faszinosum des Sports entscheidend ist: die Demonstration von autonomer Subjektivität, von unbezweifelbarer individueller Leistung. Die immer größer werdende kulturelle Bedeutung des Sports hängt vor allem damit zusammen, dass seine Wettkämpfe eine beglückende Antithese zur voranschreitenden Abstraktion der gegenwärtigen Welt bilden. Außergewöhnliche sportliche Leistungen sind eines der letzten Refugien, in denen der einzelne Mensch noch einen alles entscheidenden Unterschied machen kann; die wenigen Hundertstel, die wenigen Zentimeter zwischen dem Ersten und dem Zweiten versichern dem Publikum, dass es die Kategorie des selbstbestimmten Subjekts auch in unserer hochvermittelten Welt noch gibt.

Der Skandal des Dopings besteht darin, dass es genau diese Unterschiede zwischen den Einzelnen zu nivellieren droht: Eine jedermann zugängliche Pille, eine Spritze, eine Infusion bewirkt mehr als Talent und Trainingswille. Es raubt dem Sport seine souveränen Helden. In dem Klagelied eines enttäuschten Jan-Ullrich-Verehrers wurde diese Konstellation im Jahr 2006 noch einmal deutlich. Der Zeitungsartikel erinnerte an das »genetische Privileg« des Radfahrers, das seine Anhänger so verehrten: »Ruhepuls von 30 bis 35, Lungenvolumen

von sechs Litern, das Herz 50 Prozent größer als beim Normalmenschen«. Doping durchkreuzt genau das: die gottgegebene
(oder mühevoll erarbeitete) Einzigartigkeit eines Sportlers.
Der Versuch der Sportwelt, durch Gesetze und Strafen die po-
rösen Grenzen zwischen Legitimität und Illegitimität in der
Leistungsoptimierung aufrechtzuerhalten, ist daher keine Sache der Moral. Eher hat er schlicht mit der Sorge um die öffentliche Funktionsfähigkeit und Darstellbarkeit des eigenen Me-
tiers zu tun. Die große Erzählung des Sports – mit ihren
Klassifikationen, Listen, Rekorden, mit den Mythen um Helden
und Verlierer – würde unlesbar werden, wenn die Unterschiede
zwischen den Teilnehmern ihren Ursprung nicht mehr in den
Körpern selbst hätten. (A.B.)

Das Prinzip Elektrosmog

Die Geschichte moderner Verkehrs- und Kommunikationsmittel ist von einer verlässlichen Konstante durchzogen: In
ihren Anfangsjahren gelten die Apparaturen stets als gesund-
heitsschädlich. In Handbüchern und Zeitschriftenaufsätzen
aus der Frühzeit der Eisenbahn oder des Fahrstuhls, des Telefons, Radios oder Fernsehens tauchen jeweils ähnlich lau-
tende Warnungen auf, die von einem übermäßigen und un-
bedachten Gebrauch der neuen Technik abraten; drastische
Fallgeschichten werden ausgebreitet, um das Risiko der Ne-
benwirkungen darzustellen. Ebenso konstant wie diese wiederkehrende Diagnose der Skepsis ist jedoch auch eine zweite, jeweils ein halbes Jahrhundert später einsetzende Redeordnung:
die des leicht spöttischen Rückblicks auf die skurrilen Ängste
der Gründergeneration. Milde lächelnd betrachtet man etwa
Abbildungen früher Eisenbahnpassagiere, die fortwährend auf
den Zehenspitzen stehen, um die vermeintlich schädlichen Effekte dauerhafter Vibration zu mildern. Zwei Diskursrituale
umrahmen also seit hundertfünfzig Jahren den Assimilations-
prozess technischer Geräte: die Erregung des Anfangs und das
Kopfschütteln des Rückblicks.

Die anhaltende Debatte über »Elektrosmog«, die Frage nach
der Wirkung jener elektromagnetischen Felder, die vor allem
von Mobiltelefonen und den zugehörigen Sendemasten ausgehen, muss gerade vor diesem Hintergrund verstanden werden. Seit einem Jahrzehnt berichten Zeitungen regelmäßig
über Forschungsprojekte, die der Schädlichkeit der elektromagnetischen Felder auf die Spur kommen wollen; Dutzende von
Bürgerinitiativen haben sich in jüngster Vergangenheit ge-
gründet, um gegen die Aufstellung von Sendemasten in ihrer
Nachbarschaft zu protestieren. Welches Wissen steht also über
das Phänomen Elektrosmog zur Verfügung? Grundsätzlich
fällt auf, dass sich der Stand der Forschung über die Jahre hin-

weg nicht fundamental geändert hat; auch nach mehreren tausend Studien zum Verhältnis von Mobilfunk und Erkrankungen wie etwa Krebs ist kein gesicherter Zusammenhang nachzuweisen. Sogar die bislang größte Publikation aus dem Umkreis der Kritiker, Thomas Grasbergers und Franz Kotteders Buch *Mobilfunk. Ein Freilandversuch am Menschen* von 2003, gesteht ein: »Im Grunde lässt sich die öffentliche, aber auch die wissenschaftliche Diskussion derzeit auf einen Satz reduzieren: »Es herrscht keine Gewissheit.« Wie lässt sich also das unveränderte Insistieren auf der Schädlichkeit des Mobilfunks, dem Mangel an Evidenzen zum Trotz, genauer erklären?

Innerhalb der Logik technikgeschichtlicher Prozesse folgen die mahnenden Stimmen dem immer gleichen Muster; eine neue Apparatur wird zwangsläufig dem Verdacht ausgesetzt, kontaminierend zu wirken, was in diesem Fall bereits die Begriffswahl verdeutlicht: »Elektrosmog« überträgt eine Wortschöpfung aus der Klimaforschung ins Feld der Physik. Würde man ein Buch wie *Mobilfunk* mit den kritischen Manifesten bei der Einführung des konventionellen Telefons, Radios oder Fernsehens vergleichen, ergäben sich aufschlussreiche Kongruenzen, etwa was den Gebrauch und die argumentative Funktion des Wortes »Strahlen« betrifft. Ohne diese Identifizierung physikalisch herzuleiten, bezeichnen Grasberger und Kotteder elektromagnetische Felder in ihrem Buch als »Strahlung, der man nicht entgehen kann, die Angst macht«, wodurch sich das Unbehagen vor dem Mobilfunk unweigerlich in eine lange Tradition fundamentaler Bedrohungen einreiht. »Strahlen«: Man müsste einmal eine Symbolgeschichte dieses Begriffs im 20. Jahrhundert schreiben, den umgangssprachlichen Gebrauch des Wortes im Verhältnis zu seiner konkreten Bedeutung in der Physik untersuchen. Es ließe sich vermutlich zeigen, dass die heterogensten physikalischen Effekte zu

»Strahlen« werden, wenn es darum geht, das Gefahrenpotenzial einer undurchschaubaren Technik zu verdeutlichen. In diesem Begriff bündelt sich die Angst vor der zunehmenden Abstraktion elektrotechnischer Prozesse.

Letztlich geht es bei der Diskussion über die Gesundheitsschädlichkeit des Mobilfunks um die Frage: Wie ernst soll man die Anliegen der Kritiker, die Hinweise auf erhöhte Erkrankungsraten in der Umgebung von Sendemasten nehmen? An der Faktizität der subjektiven Beschwerden besteht kein Zweifel; andererseits ist es möglich, dass man sich an die Angst vor Mobilfunk, an Geschichten von panischen Wohnungsauflösungen nach der Installation von Antennen in der Nachbarschaft, schon bald mit ebenjenem Lächeln erinnert, das heute Mahnschriften aus der Frühzeit anderer Medien auslösen. Wie verhält sich also die individuelle Erfahrung der Menschen zu den Gesetzmäßigkeiten historischer Prozesse? Woran liegt es, dass frühe Eisenbahn- und Fahrstuhlpassagiere oder Konsumenten neuer Kommunikationsmittel offenbar an Krankheiten leiden, für die es kurze Zeit später keine Erklärung mehr gibt? Zweifellos ist zu berücksichtigen, dass technische Apparaturen in der Frühphase von Unzulänglichkeiten in der Konstruktion geprägt sind, die später beseitigt werden; zweifellos bildet sich bei der zweiten Generation von Benutzern das heraus, was Wolfgang Schivelbusch in seiner *Geschichte der Eisenbahnreise* die »zivilisatorische Rindenschicht« der Menschen nennt. Dennoch bleibt ein fiktionaler Rest der Beschwerden zurück, ein wiederkehrender Phantomschmerz in der Anfangszeit neuer technischer Errungenschaften. Dieser Aspekt der Fiktionalität ist auch in der gegenwärtigen Elektrosmog-Debatte erkennbar.

Die Symptome der leidenden Patienten in der Umgebung von Sendemasten sind allzu real; ihr fiktionaler Anteil beginnt jedoch mit dem Versuch, sie ins Verhältnis zu medienkritischen Positionen zu stellen, die tragische Ursprungslosigkeit etwa einer Krebserkrankung einzugliedern in einen kausalen Zusammenhang. Wenn man ein Buch wie *Mobilfunk* liest, fällt immer wieder eins ins Auge: dass sich medizinische Argumente unaufhörlich mit weltanschaulichen Argumenten überlappen. Warum taucht in einer Untersuchung über die gesundheitlichen Effekte mobilen Telefonierens ein Kapitel mit dem Titel »Das Handy und der Überwachungsstaat« auf? Warum stehen im Schlusswort Sätze wie: »Der Bürger soll an jedem beliebigen Ort telefonisch erreichbar sein und sich Bilder, Videos oder Spiele herunterladen können. Dass solch eine totale Versorgung tendenziell auch totalitäre Qualität bekommen kann, wurde gezeigt.« Deutlich wird, dass die angeblich pathologische Wirkung des Elektrosmogs immer auch als Teil einer umfassenderen, kulturellen Kontamination durch das Mobiltelefon beschrieben wird. Die Autoren unternehmen eine Art Bedrohungstransfer: Jener weltanschauliche Schaden durch übermäßige mobile Kommunikation, von dem das Buch auf jeder Seite implizit handelt, wird als Beschreibung eines gesundheitlichen Schadens präsentiert. Das Insistieren auf dem pathologischen Effekt ist eher als argumentative Strategie einer Kulturkritik aufzufassen, die in den nächsten Jahren, im Zuge der endgültigen Etablierung der neuen Technik, unweigerlich abklingen wird. Elektrosmog: womöglich nichts anderes als eine dichte, hartnäckige Metapher. (A.B.)

Das Prinzip Entzug

Das traditionelle Paradigma des Entzugs ist von großem Ernst geprägt. Der Süchtige muss eine Art persönlichen Untergang erleben, bis zu einem absoluten Tiefpunkt (»Rock Bottom«) absinken, seine Machtlosigkeit eingestehen und seine bisherige Identität aufgeben, um in einer Gruppe anonymer Leidensgenossen die entscheidende Erfahrung zu machen: Im Kampf mit der Abhängigkeit sind alle Menschen gleich. Diese intime Erfahrung ging lange mit einer bewussten Strenge des äußeren Rahmens einher: Linoleumböden, schlichte Krankenzimmer, kahle Gruppenräume, eine bitter verkochte Brühe aus der Kaffeemaschine – dieser Ästhetik der Schande galt es zu entkommen. Wer aus der Außenwelt einen Ruf als Respektsperson, Erfolgsmensch oder Star mitbrachte, büßte diesen Status ein, war im Gegenzug aber geschützt. Niemand durfte ihn hier erkennen, dafür stand zum Beispiel das »Anonym« bei den Anonymen Alkoholikern. Prominente, das war die eiserne Regel, hatten in der Öffentlichkeit niemals Suchtprobleme.

Dann kam die ehemalige Präsidentengattin Betty Ford und gestand im Jahr 1978 vor der amerikanischen Nation ihre Alkohol- und Tablettenabhängigkeit. Damit war der Pakt des Schweigens gebrochen. Vier Jahre später gründete sie ihre eigene Klinik, in der Stars sie selbst bleiben durften, sofern sie bereit waren, ihre Genesung als öffentliche Erbauungsgeschichte zu inszenieren. Im Gegenzug für dieses doch erhebliche Risiko belohnte sie Menschen wie Elizabeth Taylor, Johnny Cash, Tony Curtis oder Liza Minnelli mit einer neuen Ästhetik des Entzugs. Es gab nun Ausblick auf Wüstenlandschaften und Golfplätze, einen »See der Hoffnung«, einen »Raum der Kontemplation« und das generelle Lebensgefühl eines Luxusressorts hinter streng bewachten Mauern. Non-profit zwar, aber doch nur für Reiche erschwinglich. In den ersten Jahren ihrer Existenz wurde der Name der Klinik dennoch eher gewispert als laut ausgesprochen. Bis heute hat sie sich den Rest einer therapeutischen Ernsthaftigkeit bewahrt, was man zuletzt am Beispiel des Sängers und Nicole-Kidman-Gatten Keith Urban sehen konnte: Er checkte im Oktober 2006 zunächst für dreißig Tage ein, blieb dann aber – »auf dem langen Weg, verzichten zu lernen«, wie er sagte – mehr als drei Monate.

Genau wie Betty Ford selbst wird er damit aber zum letzten Zeugen einer vergangenen Epoche. Gerade in den letzten Jahren haben sich Stars und Boulevardmedien in einen bisher unvorstellbaren Entzugszirkus hineingesteigert: mal rein, mal wieder raus, heute fast mit dem Bettlaken erhängt, morgen schon wieder ausgerissen und auf einer Party gesehen und so fort. Die Namen der heißesten Privatkliniken sind längst öfter in den Klatschspalten als die der heißesten Nachtclubs: »Promises« in Malibu (Britney Spears, Ben Affleck, Diana Ross, Robert Downey Jr.), »The Meadows« in der Wüste von Arizona (Kate Moss, Amber Valletta, Whitney Houston), »Crossroads« auf der Karibikinsel Antigua (Eric Clapton, Britney Spears, Whitney Houston) und »Wonderland« im Laurel Canyon von Los Angeles (Lindsay Lohan). An Gleichheit und Gemeinschaft ist hier, mit Gourmetkoch, Yogalehrer und Fitnesstrainer, nicht mehr zu denken – und an dem, was ein Süchtiger als Allererstes aufgeben müsste, halten die Stars im neuen Pseudoentzug eisern fest: eben doch keine Grenzen zu akzeptieren, weiterhin nur den eigenen Launen zu folgen.

All diese Institutionen haben Webseiten, und ein Blick darauf macht die Sache endgültig klar: Entzug ist nichts anderes mehr als sündhaft teurer Wellnessurlaub im Imagetief. Dazu passen ein paar der zuletzt genannten Gründe für die Selbsteinweisung von Reichen und Berühmten: »extreme Müdigkeit« (Mariah Carey), »Perfektionismus« (Ashley Judd), »Antisemitismus-Anfälle« (Mel Gibson), sogar »Schwulenfeindlichkeit« (Isaiah Washington). Entzug als Parodie, PR-Stunt, Karriere-Waschanlage. Robbie Williams, der wohl aus Versehen noch einmal in ein ernsthaftes Entgiftungsprogramm geriet, floh vorzeitig und beschimpfte die Klinik hinterher als »Konzentrationslager«. Damit ist ein gewisser Endpunkt erreicht: Sollte es je einen positiven Effekt der Prominenten-Therapie gegeben haben (»Wenn Betty Ford zu ihrer Sucht stehen kann, kann ich das auch«), so droht dem Prinzip Entzug nun eine Aushöhlung, die für eine neue Generation wirklicher Suchtkranker bald fatal werden könnte. (T.K.)

Das Prinzip Google und Kino

In dem Film *Mitten ins Herz* mit Hugh Grant und Drew Barry-more arbeitet der abgehalfterte Popstar Alex mit seiner jungen Haushaltshilfe, die sich als begabte Liedtexterin erwiesen hat, an einem Comeback-Song. Als sie sich zum zweiten Mal zum Songschreiben treffen, begrüßt er sie mit den Worten: »Ich habe dich gegoogelt« – ein Satz, der die Handlung des Films, die Beziehung der beiden zueinander, sofort beschleunigt. Denn Alex gibt Sophie mit diesem Satz zu erkennen, dass er um ihre Biografie weiß, um ihre Ambitionen als Schriftstelle-rin in Creative-Writing-Kursen und bei Dichterlesungen. Die per Internet-Suchmaschine gewonnenen Informationen ak-kreditieren die Haushaltshilfe als ernst zu nehmende Texterin und treiben die Erfolgsstory des Films voran.

Google ist im zeitgenössischen Film mittlerweile ein regel-mäßig auftauchendes Handlungselement. Dass sich eine der Figuren an den Bildschirm setzt und die Startseite der Such-maschine öffnet, ist eine häufig wiederkehrende Szene. Das ex-plizite Auftauchen der Google-Website hat meist keine beson-dere Bedeutung für den Plot; jemand sucht den Wetterbericht oder die Homepage eines Unternehmens. Auf beiläufige und unsichtbare Weise hat Google jedoch, wie auch die Szene zwi-schen Grant und Barrymore vor Kurzem wieder gezeigt hat, einen fundamentalen Einfluss auf den Bau von Geschichten gewonnen.

Zu den wenigen grundlegenden, seit Jahrhunderten kaum variierten Handlungsmustern in der Literatur und später im Kino gehört die Konstellation, dass sich zwei Unbekannte be-gegnen und leidenschaftlich ineinander verlieben, ohne mehr als den Namen voneinander zu wissen. Nach kurzer Zeit müs-sen sie sich trennen, und der Erzählplot handelt schließlich von nichts anderem als der Suche der einen Figur nach der anderen. Liebesgeschichten in der griechischen Mythologie, bei Shakespeare oder in den Grimm'schen Märchen sind nach diesem Modell gestaltet, und das Hollywood-Kino hat es im 20. Jahrhundert zahllose Male aufgegriffen. Einer der letzten Filme, die diesen Handlungsgang noch einmal konsequent durchgespielt haben, war *Weil es Dich gibt* mit Kate Beckinsale und John Cusack, in dem nichts als zwei flüchtig notierte Telefonnummern in einem antiquarischen Buch und auf einem Fünf-Dollar-Schein ausreichen, damit sich das Paar Jahre nach einem gemeinsam verbrachten Nachmittag in Manhattan doch noch wiederfindet.

Als der Film 2001 im Kino zu sehen war, rief dieses Schema gerade noch kein grundsätzliches Misstrauen hervor. Drei Jahre später jedoch, in Richard Linklaters *Before Sunset*, war das bereits anders. In diesem Film (der Fortsetzung von *Before Sunrise*, in dem ein junger Amerikaner und eine junge Französin sich im Zug kennenlernen und gemeinsam durch das nächtliche Wien laufen) kommt Jesse, mittlerweile ein bekannter Schriftsteller, zu einer Lesung nach Paris. Seine damalige Gefährtin sieht in einem Buchladen zufällig die Ankündigung und geht hin. Es stellt sich heraus, dass die beiden in den zurückliegenden neun Jahren immer wieder aneinander gedacht, sich eine zweite Begegnung erträumt haben. Genau dieser Plot geht im Jahr 2004 aber nicht mehr auf. Warum haben sie sich denn nicht gegoogelt?, fragt man sich ständig; er ist ein Bestsellerautor, hat Zehntausende von Google-Treffern, und auch die Französin Celine, angestellt bei einer Umweltorganisation, würde es zweifellos noch auf ein paar Dutzend Websites von Konferenzen oder Pressemitteilungen bringen. Die feinfühligen Dialoge zwischen Ethan Hawke und Julie Delpy, das Geständnis ihrer Sehnsüchte und der Ratlosigkeit, wie man einander noch einmal begegnen könnte, entfalten nun keinen

Zauber mehr; sie sind unter falschen mediengeschichtlichen Voraussetzungen zustande gekommen.

Die Tatsache, dass Internet-Suchmaschinen fast jeden aus dem Blick geratenen Menschen aufzuspüren imstande sind, ist seit Jahren fest im Bewusstsein verankert. Jeder kennt die Abende in befremdlicher Stimmung, allein am Computer: Man geht auf die Suche nach alten Bekannten im Internet, fahndet nach den Namen früherer Liebschaften, und das Netz ist mittlerweile so feinmaschig, dass sich nicht nur besonders exponierte Biografien finden lassen. Fast jedes Leben ist inzwischen auf irgendeine Weise erfasst durch Google, und sei es in den notorischen Verzeichnissen ehemaliger Klassenkameraden. Was aber das Kino betrifft, so ist es im Zeitalter des Internets eines seiner vertrautesten Grundplots beraubt. Die Frage ist, wie sich Geschichten verändern werden durch diese neue Konstellation. In der Vergangenheit hat sich das Erzählen als ungeheuer elastisch erwiesen angesichts verkehrs- oder nachrichtentechnischer Erfindungen; vermutlich hatte man nach der Erfindung des Autos oder des Telefons vor mehr als hundert Jahren auch schon das Gefühl, dass ein Großteil der bis dahin obligatorischen Liebesgeschichten nun nicht mehr darstellbar sei. Texte und Filme haben aber sämtliche technische Innovationen vereinnahmt, ja es haben sich sogar neue Genres gebildet (das Auto etwa hat das Roadmovie hervorgebracht). Vielleicht werden Internet-Suchmaschinen künftige Liebesgeschichten im Kino eher produzieren als überflüssig machen. (A.B.)

Das Prinzip Klingelton

Der Hass hat nachgelassen. Jetzt herrscht ein Gefühl von Leere. Vielleicht auch, jawohl, eine Spur Wehmut. Du siehst bai-
risch rappende Klingelton-Indianer auf Viva, die sich selbst
die Genitalien verstümmeln und »Mei tut des weh« rufen, und
denkst: Es ist vorbei. Du siehst den besoffenen Klingelton-Elch
auf MTV, die kopulierenden Schildkröten, die furzenden Affen
und Folli, den kleinen Drachen, und weißt: Du bist, egal wie
sehr du dich anstrengst, nicht mehr jung. Jung sind die, die das
alles super finden und ihr ganzes Taschengeld dafür ausgeben
und Sweety das Küken, Mr. Chaos den nackten Teufel oder Sö-
ren das Arschlochbaby auf ihr Handy laden, um der Welt eine
Botschaft zu schicken. Diese Botschaft, das spürst du, gilt auch
dir. Du verstehst sie nur nicht. Oder besser gesagt: Du verstehst
nur allzu gut, dass es hier, zum ersten Mal seit Ewigkeiten, gar
nichts mehr zu verstehen gibt.

Bisher machte die Jugend eigentlich ganz tolle Sachen. Sie
liebte Songs von den Strokes und Franz Ferdinand, die auch
dir sofort vertraut vorkamen. Sie tanzte zu coolen Beats, bei
denen du auch mit dem Fuß wippen musstest, sie schrieb Texte
wie die Band Wir sind Helden, die dir frech und spritzig vorkamen, sie ging gegen Krieg und Globalisierung auf die Straße,
genau wie du, sie hatte ein bisschen Angst vor der Zukunft,
aber nicht allzu viel – Herrgott ja, es passte kein Blatt zwischen
dich und diese Jugend, und ganz egal, was dein Personalausweis dazu sagte: Du warst dabei, du warst mittendrin, du warst
selber jung!

Aber nun ist alles anders. Nun musst du feststellen: Die sogenannte Jugend, mit der du mitgefiebert hast, war gar nicht die
richtige Jugend. Das waren einfach Menschen in einer neuen,
stark verlängerten Pubertätsphase, die mit 16 beginnt und ungefähr bis zur Rente dauert. Menschen in derselben Lebens-

phase wie du, ich oder der berüchtigte popkulturelle Jugend-
forscher Joachim Lottmann (Jahrgang 1956), die eben nur
zufällig noch Mitte zwanzig waren. Tja.

Die eigentliche Jugend, das wird dir klar, wenn du Klingelton-
werbung im Fernsehen siehst, will bei dieser tollen, großen
und harmonischen Endlospubertät nicht mehr mitmachen.
Sie will: Rebellion! Sie will: Rabatz! Sie hat sich aus der Umar-
mung der ewig Junggebliebenen befreit und hat den Aufstand
vorverlagert – ins Kinderzimmer; sie hat sich den erstbesten
Scharlatanen und Geschäftemachern an den Hals geworfen
und – obwohl noch gar nicht geschäftsfähig – einen Pakt mit
dem Teufel geschlossen: das Klingelton-Abo. Es liefert die
Musik für ihren Aufstand, und diese Musik musste lächerlich,
brutal, dilettantisch und geschmacklos klingen, bei Eltern und
Pädagogen Aversionen und maximales Unverständnis wecken
– und, krönender Abschluss der Unverschämtheit, auch Joachim Lottmann den letzten Nerv rauben. Bingo! Sweety, das
flauschige Jamba-Küken, hat diese Ziele in kürzester Zeit erreicht. Und noch viel mehr.

Bei allen, die du kennst, auch Zwanzigjährigen, lösen Sweety
und seine Freunde Mordgedanken aus. Viele spielen das *Kill
Sweety*-Spiel im Internet, wo man das Küken mit Kettensäge,
Flammenwerfer und Dynamit umbringen kann. Das mag im
Einzelfall therapeutisch wirken, aber es hält den Lauf der Geschichte nicht auf. Im Gegenteil: Erst im Tod liegt die wahre
Erfüllung von Sweetys Mission. Es lebt an einem Ort, wo unsere ewige Toleranz nicht mehr hinreicht, es stirbt, wie seinerzeit die Helden des Films *Easy Rider*, durch die Engstirnigkeit
und das mörderische Unverständnis der alten Welt – und steht
doch auf wie Phoenix aus der Asche. Was jetzt kommt, ist neu.
Nicht mehr für dich gemacht, nicht für mich, nicht für Joa-

chim Lottmann und auch nicht mehr für all die Zwanzigjährigen, die sich noch jung fühlen, aber längst zu alt für Sweety
sind. Ein historischer Moment, der eigentlich ohne Vorbild ist.
Oder doch nicht? Das letzte Mal, als Musik die Welt erschüt-
terte und eine neue Jugendbewegung schuf, die alle lächerlich,
brutal, dilettantisch und geschmacklos fanden bis auf die echte
und wahre Jugend – wie hieß das doch gleich? Richtig, alter
Sack: Das war Punk.   (T.K.)

Das Prinzip Ofenfrisch

Seit einiger Zeit machen Plakate in den Filialen von Bäckerei-
ketten die Kunden darauf aufmerksam, dass sie »ofenfrische«
Backwaren bekommen. Dieses Attribut markiert ein Paradox.
Denn es hat sich in der Sprache der Betriebe genau in dem
Maße durchgesetzt, in dem es produktionstechnisch nicht
mehr zutrifft: Ofenfrisch heißen die Brezen und Croissants
erst, seitdem sie nicht mehr frisch hergestellt werden. Die Entstehung des Wortes lässt sich genau bestimmen: Solange es die
unhinterfragte Tätigkeit jedes Bäckers war, am frühen Morgen
in einem Keller- oder Nebenraum seines Geschäfts zu backen,
gab es eine solche Bezeichnung nicht; es bestand nach Laden-
öffnung gar keine andere Möglichkeit, als dass das Angebotene
unmittelbar zuvor an Ort und Stelle zubereitet worden war.
Das Wort »ofenfrisch« wurde in den letzten Jahren erst notwendig mit dem flächendeckenden Siegeszug der Großbäcke-
reien und der nicht mehr zu verheimlichenden Praxis, dass in
den belieferten Filialen nicht eigens produziert, sondern nur
noch tiefgekühlte Ware aufgebacken wurde. Seitdem kursiert
diese neue Bezeichnung – die nichts anderes als ihr Gegenteil
meint, wie jeder weiß, der die angenehm warme Breze einer
Supermarktbäckerei einmal eine Stunde hat stehen lassen und
dann versuchte sie zu essen.

Am Einsickern dieses Attributes in den Sprachgebrauch lässt
sich aber etwas Grundlegenderes über den Zusammenhang
zwischen den Worten und den Dingen beobachten. Denn es
macht anschaulich, dass sich jede Benennung des Ursprünglichen, Unverfälschten immer nur im Nachhinein, als strate-
gische Beschwörung vollzieht. Das Kriterium der Frische stand
in Bäckereien lange Zeit nicht zur Debatte, einfach deshalb,
weil es in den von Tag zu Tag produzierenden Einzelbetrie-
ben eine vollkommen selbstverständliche Kategorie war. In
dem Augenblick, in dem diese Selbstverständlichkeit verloren

geht, wird sie zum offensiv vorgetragenen Verkaufsargument.
Wobei »Ofenfrische« im Wörterbuch der Echtheitsbeschwö-
rungen nur einer der jüngsten Einträge ist. Ein älteres Stich-
wort, ebenfalls aus dem Feld des Kulinarischen, wäre etwa das
Prädikat »hausgemacht«, von dem man weiß, dass es seine
emphatische Bedeutung zum ersten Mal durch Etiketten auf
Konservenbüchsen verliehen bekam (in einer Zeit, in der Essen aus Haltbarkeitsgründen nicht anders als »hausgemacht«
sein konnte, löste das Wort noch keinerlei Sehnsüchte aus).
Aus dem Bereich des Sports wiederum stammt die Vokabel
des »Straßenfußballers«, deren feierlicher Beiklang sich genau
demselben Impuls verdankt. Denn solange jedes Kind – egal
ob Beckenbauer oder Schwarzenbeck – den Umgang mit dem
Ball tatsächlich auf der Straße erlernte, spielte dieser Ausdruck
im Jargon der Reporter keine Rolle. Erst seitdem sich bereits
Vorschüler auf den offiziellen Plätzen der Fußballvereine ab-
mühen, wird jeder besonders eigenwillige, technisch herausra-
gende Spieler rituell als »letzter Straßenfußballer« gewürdigt.
Der Verweis auf eine vermeintliche Ursprünglichkeit setzt also
immer gerade in dem Moment ein, in dem dieser Ursprung
zugunsten anonymer und standardisierter Verhältnisse entzo-
gen wurde.

Vielleicht zeichnet sich in dem Wort »ofenfrisch« tatsächlich
der ganze Wandel des Backgewerbes von einer Ansammlung
lokaler Kleinbetriebe zur Hegemonie weniger Großprodu-
zenten ab. Denn es gehört zu den untrüglichsten Indizien der
industriellen Fertigung, dass sie alles Maschinelle der Herstellungsweise zu verbergen sucht und in der Präsentation ihres
Produkts zu Bildern des Vorindustriellen, Familiären greift.
Dass die Nähe des eigenen Ofens in den Bäckereien so vehement thematisiert wird, ist gleichbedeutend damit, dass die
Backmischung in Wahrheit aus der Konzernzentrale oder

gleich aus Fabriken von den Philippinen kommt. Ofenfrisch: Alle Klagen über das Aussterben der Bäckereien, wie sie in den Zeitungen regelmäßig zu lesen sind, ließen sich auf die Karriere dieses Wortes reduzieren. (A.B.)

Das Prinzip Siemens

Doch ja, am Ende wird es auch hier um raffgierige Manager, heimtückische Globalisierungspläne und die Vernichtung heimischer Arbeitsplätze gehen. Aber nicht sofort. Zunächst muss vom Handy meiner Mutter die Rede sein. Meine Mutter ist Jahrgang 1944, und wie viele Menschen ihrer Generation steht sie dem Fortschritt mit gesunder Distanz gegenüber. Dass sie überhaupt ein Mobiltelefon hat, hängt hauptsächlich mit dem Wunsch ihrer Kinder zusammen, ihre Bewegungen durch die Welt halbwegs zu verfolgen. Sie ist das, was Handyhersteller gern einen Einsteiger nennen. Folgerichtig benutzt sie ein schon etwas älteres, silbernes Einsteigermodell namens A65, und das wurde – jetzt kommt es – von Siemens hergestellt, als Siemens noch Siemens hieß und nicht BenQ und BenQ auch noch nicht pleite war.

Wenn meine Mutter ihr Handy nicht versteht, stellt sie gern Einsteigerfragen. Neulich war sie zu Besuch und behauptete, dass es unmöglich sei, Einträge aus ihrem Handy-Adressbuch zu löschen. Das haben wir gleich, sagte ich und machte mich an ihrem Menü zu schaffen. Es war ohne Zweifel das hässlichste und umständlichste Handymenü, das ich je gesehen hatte. Alles funktionierte intuitiv genau andersherum, als man spontan gedacht hätte. Und: Ich kam nicht zum Ziel. Ich konnte einzelne Zahlen löschen und einzelne Buchstaben, aber einen ganzen Eintrag? Keine Chance. Ist nicht so wichtig, sagte meine Mutter, die merkte, wie Besessenheit in mir aufstieg. Aber mein Ruf als Gadget-Guru stand auf dem Spiel. Ich lud mir die Bedienungsanleitung von der früheren Siemens- und jetzigen BenQ-Website herunter; ich konsultierte Internetforen. Die Stunden vergingen. Nichts half. Am Ende, als meine Mutter längst im Bett war, gab ich auf, legte ihre Karte in mein Nokia ein, löschte, änderte und speicherte ihre Daten innerhalb von drei Minuten – und fiel danach in einen unruhigen

Traum, in dem der Technikstandort Deutschland sehr düster, karstig und menschenleer aussah. Ungefähr so wie das Land Mordor in *Der Herr der Ringe*.

Das Handy meiner Mutter, ich habe nachgeschaut, kam im Herbst 2004 auf den weltweit expandierenden Markt der Mobiltelefone. Im Sommer 2005 war Siemens vom dritten Platz der Handyhersteller bereits auf den fünften Platz zurückgefallen, der Marktanteil auf 5,5 Prozent abgesackt. Seither ging es weiter bergab. Der Zusammenhang ist – zumindest mir – nun sonnenklar. Politiker, Gewerkschaftsfunktionäre und Wirtschaftskommentatoren, die sich über den großen Niedergang noch wundern oder erregen können, haben wahrscheinlich schon lange kein Siemens-Handy mehr benutzt, und ganz sicher haben sie niemals versucht, einen überflüssigen Adressbucheintrag wie beispielsweise den »Vodafone Blumengruss« aus ihrem Siemens-Handy zu löschen. Aber Moment: Kann das alles wirklich so simpel sein? Ich fürchte: ja. In der Welt der Konsumgüter liegen die Beweise schließlich für jeden auf der Hand.

Nach dem Verschwinden der Siemens-Handysparte im Juli 2006 war viel von der Verantwortung für die Mitarbeiter die Rede, von Werten wie Stabilität, Rationalität und Kontinuität, die traditionell mit dem Prinzip Siemens verbunden waren und es nun wohl nicht mehr sind. Dass diese Werte jedoch früher auch auf einem Handwerksethos beruhten, das jedem einzelnen Siemens-Mitarbeiter wichtig war; dass in der Siemens-Kultur keiner etwas aus der Hand gab, was nicht gut durchdacht und technisch ausgereift war – davon spricht merkwürdigerweise niemand. Die Siemens-Topmanager in ihrer Gier und ihrer strategischen Unfähigkeit mögen an vielem schuld sein, aber die Menü-Software im Handy meiner Mutter

haben sie nicht entwickelt. Wer auch immer dafür die Verantwortung trägt, wer das getestet, abgesegnet oder versucht hat,
dieses Handy zu verkaufen, ohne einen internen Aufstand an-
zuzetteln – der muss jetzt auch der anderen Seite des Desasters
ins Auge sehen: Kein Politiker, kein Gewerkschafter, kein Sozi-
alplan kann uns auf Dauer vor den Folgen retten, wenn unsere
Arbeit derart katastrophale Ergebnisse produziert.   (T.K.)

Das Prinzip Straßenmusiker

Für die Passanten, die an ihm vorübergehen, verkörpert der Mann das Idealbild eines Straßenmusikers. Er steht ganz ruhig da, wiegt den Oberkörper hin und her und spielt auf seiner Klarinette. Neben ihm ein Kasten auf dem Kopfsteinpflaster, abgegriffener roter Samt, ein paar Münzen liegen darin. Ansonsten keinerlei Ballast. Wenige Handgriffe, und schon könnte er verschwunden sein, auf dem Weg zur nächsten Fußgängerzone, zur nächsten Stadt, zum nächsten Zwischenstopp auf seiner endlosen Reise. Wer sollte ihn daran hindern, heute Abend schon in Paris zu spielen, morgen auf der Strandpromenade von Nizza, übermorgen in Rom? Erzählt nicht sein dunkles hageres Gesicht, wettergegerbt und zerfurcht, genau von dieser ganz großen Freiheit? Und symbolisiert nicht sein Aussehen – dieses pechschwarze Haar, dieser wilde, beinahe stechende Blick aus blauen Augen – das Künstlertum in seiner reinsten Form?

Vermutlich schon. Wer aber das Pech hat, nebenan bei offenem Fenster zu arbeiten, der weiß: Paris, Nizza und Rom sind rein theoretische Möglichkeiten. Er ist immer da. Und er spielt, mit seinem stets sehnsuchtsvollen und schwer tremolierenden Ton, immer dieselben Melodien. Manchmal beginnt er mit *Somewhere Over The Rainbow*, leitet dann zum Thema des *Paten* über und anschließend zu *Summertime*. Gleich darauf beginnt er wieder mit *Summertime*, lässt *Somewhere Over The Rainbow* folgen und endet mit *Love Story*. Gerade spielt er, schätzungsweise zum dritten Mal an diesem Vormittag, *Lara's Theme* aus dem Film *Doktor Schiwago*. Gegen Mittag, das weiß man schon, wird er aufhören und verschwinden, aber dann beginnt ein Akkordeonspieler mit sehr ähnlichem Programm, erweitert um *O Sole Mio* und *Besame Mucho*. Die Hölle des Formatradios, in dem immer dieselben Hits laufen, ist nichts dagegen – wahrscheinlich waren es sogar

ehemalige Straßenmusiker, die das Formatradio überhaupt
erst erfunden haben.

Ganz allgemein ist es frappierend, wie sehr die hypothetisch so
wilde und verantwortungsfreie Welt des Straßenkünstlertums
tatsächlich zur Konformität neigt: Amerikaner mit Gitarre,
die Bob-Dylan-Liedgut singen, tragen immer Cowboyhüte,
sind grundsätzlich extrem hager und klingen ein wenig nach
jaulenden Katzen. Mit Gold- oder Silberfarbe bemalte Pan-
tomimen, die starr auf ihren Podesten stehen, sehen auf der
Croisette von Cannes nicht anders aus als auf dem Hamburger Gänsemarkt, und von dem jungen Mann, der Passanten
hinterherläuft und ihre Gangart imitiert, scheint es einen Klon
in jeder größeren Stadt zu geben. Es kann auch passieren, dass
ponchotragende Panflöten-Indios gerade mit *El Condor Pasa*
beginnen, wenn man eine Einkaufspassage betritt, während
andere ponchotragende Panflöten-Indios das Lied gerade beenden, wenn man am gegenüberliegenden Ausgang wieder
herauskommt. Wahrscheinlich werden sie von einer Atomzeit-
uhr synchronisiert – und in Wahrheit muss jeder Straßenkünst-
ler streng reglementierte Kostüm- und Programmlizenzen bei
einem internationalen Konzern erwerben, der natürlich komplett im Verborgenen operiert.

Neulich hörten wir wieder einmal die ponchotragende Panflö-
ten-Formation Wayna Picchu in der Fußgängerzone. Laut dem
Heft in ihrer CD *King of the Andes*, die wir zu Recherchezwecken erworben haben, stammen sie aus San Antonio, La
Libertad, Peru, haben ihr aktuelles Hauptquartier aber im bayerischen Penzberg aufgeschlagen. Und plötzlich, während
wir noch über das Prinzip ihres Wirkens nachdachten, spielten
sie *Chan Chan* – diesen kubanischen Superhit, das unausweich-
liche erste Lied aus dem *Buena Vista Social Club*. Das klang

zwar keinen Deut frischer als *El Condor Pasa* – aber es war doch gleich ein Schimmer der Hoffnung: Wenn ponchotragende Indios zur Not so tun können, als wären sie Kubaner – dann ist in der Straßenmusik doch eigentlich alles noch möglich. Dann gibt es Raum für Innovationen, für gewagte und radikale Ideen, dann warten wir eigentlich nur noch auf den großen und genialen Erneuerer dieses ganzen Berufsstandes, der die Vergangenheit einfach hinwegfegen wird – und bitte auch gleich den Akkordeonspieler vor meiner Tür, der gerade wieder mit *La Paloma* beginnt. (T.K.)

Das Prinzip Tom Cruise

Gibt man in das amerikanische Google-Suchfeld die Stich-
worte »Tom« und »Cruise« ein, erscheint erstens eine Liste seiner Filme, zweitens eine große Fanpage und drittens die Website www.TomCruiseIsNuts.com. Dies steht für die drei derzeit
wichtigsten Annahmen über ihn: Er ist Schauspieler. Er ist ein
Superstar. Und er tickt nicht mehr ganz richtig. Womit der
große dramaturgische Entwicklungsbogen seiner Existenz
auch schon halbwegs skizziert wäre.

Tom Cruise ist Filmschauspieler seit 1981 und seinem weithin
vergessenen Debüt *Endless Love*. Sein Dasein als Superstar beginnt fünf Jahre später mit dem hochglänzenden, haarsträu-
bend militaristischen Luftwaffen-Werbeclip *Top Gun*, wo er
lederjackig, breitbeinig und dauergrinsig ein paar russische
Düsenjäger abknallt und zum Symbol der Reagan-Ära auf-
steigt. Kurz darauf wird er Scientologe. Nun spielt er gern
Figuren, die zwar lederjackig, breitbeinig und dauergrinsig
beginnen, dann aber Einsicht zeigen und sich zu besseren
Menschen wandeln. Die Auswahl seiner Projekte und Regisseure wird smarter, er nimmt schauspielerische Herausforde-
rungen an, er arbeitet an sich und ist dabei so konstant erfolgreich, dass Hollywood eine eigene Regel für ihn erfinden muss:
Niemand kann immer ganz oben sein – außer Tom Cruise.

In dieser Phase ist er nie anders zu sehen als topfit, gut gelaunt, enthusiastisch und arbeitswillig. Er sagt niemals Dinge,
die nicht vernünftig oder zumindest konsensfähig klängen.
Bei Premieren nimmt er sich stundenlang Zeit für seine Fans.
Kein Kollege äußert je etwas anderes als Lob für seine professionellen und menschlichen Qualitäten, keine beendete
Beziehung führt je zu Anfeindungen oder schmutzigen Vor-
würfen. Sein Dasein ist ein einziger zähnebleckender, fäuste-
ballender, »Victory« signalisierender Vorwurf an den Rest der

Welt: Auch du könntest, würdest du immer hundertfünfzig Prozent geben, mit laserscharfem Fokus deine Ziele verfolgen und endlich deine Hausaufgaben machen, schon viel weiter, reicher und berühmter sein, als du es momentan bist.

Was dem Prinzip Tom Cruise natürlich eine zutiefst inhumane Qualität gibt. So etwas kann, nach aller menschlichen Erfahrung, gar nicht wahr sein. Nicht so völlig ungebrochen, nicht über so viele Jahre hinweg. Selbst andere Scientologen wie John Travolta werden mal fett oder bauen Mist. So entsteht in der Öffentlichkeit das Begehren, den Panzer dieser Perfektion aufzubrechen. Der Mann muss doch ein Sektenzombie sein, dessen Hirn in sinistren Laboren gewaschen wurde. Seine Ehen und Beziehungen, seine Auftritte, seine ganze Existenz möchten wir als Fake sehen, geschützt von den besten Verträgen und den teuersten Anwälten der Welt. Zu behaupten, er sei schwul und es gebe Beweise dafür, kostet etwa zehn Millionen Dollar. Aber verdammt, wenn er schon nicht schwul ist, könnte er nicht wenigstens zeugungsunfähig sein? Nein, sorry. Keine Chance.

Und dann zerstört der Mann sein Prinzip einfach selbst. Trifft eine 16 Jahre jüngere Kollegin, schreit seine Verliebtheit hemmungslos in die Welt hinaus, springt vor Glück auf Talkshow-Sofas herum und scheint nicht mehr Herr seiner Sinne zu sein. Die manische Euphorie kann blitzschnell in Aggressivität umschlagen, dann randaliert er zur besten Sendezeit gegen Psychopharmaka, schmäht Kolleginnen und beschimpft Journalisten. Was immer er jetzt tut – Ultraschall-Apparate für den Privateinsatz kaufen, über die Geburtsrituale von Scientology reden, Witze über den Verzehr der Plazenta machen, seine neugeborene Tochter »Suri« nennen –, bestätigt in den Augen der Welt nur noch eins: dass der Mann nicht mehr zu retten ist.

In dem Moment, da er die Nerven verliert und als Person mit Fehlern greifbar wird, genauso größenwahnsinnig, wie es für seine Erfolge ganz normal ist und also fast human, ist die Zeit unserer Rache gekommen – für zwanzig Jahre unerträgliche, unmenschliche Perfektion. (T.K.)

Das Prinzip UEFA-Pokal

Als im April 2007 feststand, dass der FC Bayern München in
dieser Saison die Champions League verfehlt und sich nur für
den UEFA-Pokal qualifiziert hatte, wurde der Verein auf den
Sportseiten der Zeitungen mit Spott bedacht. Vor allem die
Boulevardblätter schossen sich darauf ein, das Elend dieses
»Cups des Grauens« zu zeichnen, den eingetretenen »Super-
Gau« zu beklagen. »UEFA-Cup am Donnerstag«, so etwa die
Diagnose, das sei »eine Tingeltour in die erbärmlichsten Stadien Europas der Champions-League-freien Zone«. Nach der
entscheidenden Niederlage der Bayern gegen Stuttgart begann
eine Zeitung mit einer Serie, »die wir dem Leser gerne erspart
hätten« und die besonders abseitige Vertreter des Wettbewerbs
vorstellte, Mannschaften aus Island, Mazedonien, Armenien
oder der Ukraine. Genüsslich wurden den Bayern-Fans die
Beschwernisse der Anreise geschildert, die kaum zumutbaren
Hotels, die befremdlichen Nationalgerichte. Der UEFA-Pokal:
die schäbige Kehrseite der Champions League mit ihren festen
Metropolen Mailand, Madrid oder London.

Diese Einschätzung hatte nicht von jeher Bestand. Im Jahr
1985 erschien eine große Abhandlung über *30 Jahre Europa-
pokal*, deren Ausführungen vor dem Hintergrund heutiger Droh-
kulissen wie aus einem fernen Jahrhundert klingen. Im Kapitel
über den UEFA-Pokal heißt es in dem Buch, dieser Wettbewerb
garantiere »einen besonders guten Überblick über den jeweiligen Leistungsstand, über Spielstile, Systeme und Entwicklungen. Und daß der UEFA-Cup vom ersten Tag an eine er-
staunliche Beliebtheit genoß, ist angesichts der großen Namen
kein Wunder. Hier gab sich der europäische Fußball-Adel sein
Stelldichein. Noch dichter als in den anderen Konkurrenzen
ballen sich Europas Spitzenteams.« In der Saison 1995/96, als
der FC Bayern letztmals am UEFA-Pokal teilnahm und den
Wettbewerb auch gewann, war von dieser Begeisterung noch

einiges zu spüren. Der Sieg beim FC Barcelona etwa, noch heute ein denkwürdiges Ereignis der Club-Geschichte, gelang im Halbfinale jener UEFA-Cup-Konkurrenz.

Innerhalb eines Jahrzehnts hat sich ein lange Zeit hoch angesehener sportlicher Wettbewerb in ein Skurrilitäten-Kabinett verwandelt. Wie ist es dazu gekommen? Der Niedergang des UEFA-Pokals ist natürlich untrennbar mit der Einführung der Champions League im Jahr 1992 verbunden. Vor diesem Datum folgten die drei europäischen Vereinswettbewerbe – Europacup der Landesmeister, Cup der Pokalsieger, UEFA-Cup – zwar einer festen Hierarchie, doch durch ihre gleichartige Präsentation, alle Spiele mittwochs und nahezu identischer Spielmodus, waren sie nur durch graduelle Unterschiede voneinander getrennt. Die Champions League setzte dagegen einen grundsätzlicheren Schnitt: auf der einen Seite die neue Elitemarke, eine Europaliga, weltweit einheitlich vermarktet, mit Logo, Hymne, festen Sponsoren und bis dahin unvorstellbaren Summen an Fernsehgeldern und Punkteprämien; auf der anderen Seite, vor allem nachdem der Pokalsieger-Wettbewerb 1999 abgeschafft wurde, der bloße Rest, das Sammelbecken all jener Mannschaften, die es nicht geschafft hatten. Als 1997 schließlich die sogenannte Fünfjahresregelung der UEFA eingeführt wurde, welche dafür sorgte, dass die Meister der nationalen Ligen nicht mehr automatisch teilnahmeberechtigt waren und sich umgekehrt bis zu vier Mannschaften einer starken Liga qualifizieren konnten, verwandelte sich der einst egalitäre europäische Wettbewerb in eine sorgfältig zusammengestellte Europaliga. Der UEFA-Cup wurde endgültig an den Rand gedrängt (auch was den Spieltag betrifft, der mittlerweile auf den Donnerstag verlegt wurde – der Zuschauer ist dann von den Champions-League-Übertragungen am Dienstag und Mittwoch schon fast übersättigt).

Aufschlussreich ist jedoch, dass das Schicksal des UEFA-Cups nicht allein mit fußballpolitischen Gründen zu tun hat; in seiner Wandlung wird auch die grundlegende Veränderung Europas der letzten 15 Jahren deutlich. Ähnlich wie beim Eurovision Song Contest, dessen Teilnehmerfeld mittlerweile durch Qualifikationsrunden ermittelt werden muss, zeichnet sich im UEFA-Cup die Verästelung des Kontinents nach dem Ende der jugoslawischen und sowjetischen Nationengebilde ab. Allein diese beiden Länder zerfielen in derzeit 16 Einzelstaaten, und die Aufstockung des UEFA-Cups von ehemals 64 auf heute 132 Mannschaften (von denen achtzig die erste Hauptrunde erreichen) ist ein Effekt dieser Entwicklung. Exotische, kaum auszusprechende oder zu lokalisierende Vereinsnamen gab es im UEFA-Pokal immer schon. Doch in den Siebziger- und Achtzigerjahren hätte man keine herablassenden Zeitungsserien produziert über Clubs wie Marek Stanke Dimitrov aus Bulgarien, FC Arges Pitesti aus Rumänien oder das ungarische Team von Videoton Szekesfehervar, das 1985 sogar das Finale erreichte. Diese Namen waren ebenso bedeutende, wenn auch nicht gleichwertige Teilnehmer des Wettbewerbs; zudem gaben sie den Zuschauern die Gelegenheit, sich ein Bild über den zumeist verborgenen Fußball der Ostblockstaaten zu machen. Dem offenen, aber ökonomisch und kulturell weiterhin zweigeteilten Europa gelten diese Namen nur als »erbärmliche« Auffüllung des Wettbewerbs. Sportlich mag der UEFA-Cup seine Bedeutung eingebüßt haben – als Abbild der politischen Hierarchien Europas ist er genauer denn je.   (A.B.)

Das Prinzip Virus

Als die Warnung bei mir ankam, war das Virus schon da. In der Familie wüteten bereits die Symptome, nur ich selbst fühlte mich fit und schwelgte im Hochgefühl meiner tollen Abwehrkräfte. Dann jedoch las ich, was der Virenforscher auf www.heute.de zu sagen hatte, und Wort für Wort sank meine Zuversicht: Der Noro-Erreger ging um. Schon eine Million Menschen waren infiziert. Medikamente dagegen gab es nicht, auch keine Impfung. Zehn bis fünfzig Stunden sollten von der Ansteckung bis zum Ausbruch vergehen. Wenn das alles stimmte – und ich hatte keinen Zweifel daran –, dann hatten meine tollen Abwehrkräfte ängst kapituliert, dann war der Kampf bereits verloren. Ich legte mich ins Bett wie der alte Mann, der beim Untergang der *Titanic* als Einziger seine Würde bewahrt hatte, und machte das Licht aus. In der Nacht ging es los.

Über Wesen und Wirken der Viren gibt es kaum Neues zu berichten. Auch mein Noro-Virus fühlte sich nicht anders an als seine Kollegen zuvor; eher war es ein schwächliches Exemplar, das mich nur von neun bis halb zwei auf Trab hielt. Neu erscheint aber die Fülle der Informationen, die ein Virus heute begleiten. Ich sah Bilder und Videos meines Peinigers. Ich las, dass er (oder ein naher Verwandter) gerade auch auf der *Queen Elizabeth 2* mitfuhr und dort bereits jeden fünften Passagier befallen hatte, und zum ersten Mal in meinem Leben war ich froh, nicht auf einer Kreuzfahrt zu sein. Später klagte ich über starke Kopfschmerzen und wurde eine Zeit lang als Simulant betrachtet – bis der nächste Bericht klarstellte, dass dies eine typische Noro-Spätfolge war. Und noch heute spüre ich leichtes Unwohlsein, wenn ich an die Nachricht denke, dass man sich ohne Weiteres zweimal hintereinander anstecken kann.

Es ist, als hätten wir einen neuen Antiviren-Informationskanal eröffnet, der live und auf sämtlichen Medien vom Treiben un-

serer unsichtbaren und gefährlichen Feinde berichtet: jeder
Ausbruch eine Schlagzeile, jeder verdächtige Hühnerstall eine
Meldung, jeder tote Schwan ein Bild in den Hauptnachrich-
ten. Virologen als Helden und Medienstars; Infokästen als
Handlungsanweisungen für das eigene Leben. Viele Beobach-
ter halten das für übertrieben, für Panikmache, für ein weiteres
Versagen unserer hohldrehenden, alles verschlingenden Me-
dienmaschinerie. Sie glauben, der Mythos von der unsichtbaren Bedrohung sei am Ende zumeist schlimmer als die Gefahr
selbst. Ich glaube das nicht. Ich liebe Virenberichte.

Wenn man so will, ist das Virus ja selbst Information. Ein Da-
tenstrang. Ein gefährliches Programm. Es lebt nicht wirklich.
In seiner Winzigkeit kann es allein nichts ausrichten. Es braucht
eine Körperzelle, die es aufnimmt, seinen Code mit dem eigenen verwechselt und anfängt, gefährliche Dinge zu tun – wie
neue Viren zu produzieren. Die Ausweitung auf den Begriff
des Computervirus ist treffend, sogar erhellend. Sie zeigt: Der
Krieg gegen Viren kann nur ein Informationskrieg sein. Er
wird in Echtzeit entschieden werden. Entweder ist das Virus
zuerst da – oder die Handlungsanweisung der Virenjäger:
Nicht öffnen. Nicht essen. Hände waschen und Schutzmaske
anlegen. Sofort zum Arzt gehen. Die Virenwarnung duldet
keinen Aufschub. Als schwerstes Versagen während der SARS-
Epidemie gilt bis heute, dass die chinesischen Behörden ihre
Informationen nicht sofort mit der ganzen Menschheit geteilt
haben.

Am Ende wird es darauf ankommen, wer seine Informationen
schneller und wirkungsvoller verbreiten kann – der Homo sa-
piens oder das Virus. Viren können ihre Informationen durch
verschiedenste Medien übermitteln, notfalls auch durch das
Wasser und sogar durch die Luft. Menschen können das auch.

Viren machen ständig Fehler bei der Datenübertragung, Menschen ebenfalls. Viren jedoch, und das ist der große Unterschied, werden gerade durch diese Fehler erst so richtig gefährlich. Das neue Supervirus, das eines Tages entstehen könnte, um eine Pandemie auszulösen und die halbe Menschheit zu gefährden, wird durch solch einen Datenfehler, durch die Mutation eines schon bekannten Virenstrangs, entstehen. Die Hoffnung der Menschheit dagegen beruht allein darauf, diesem Angriff mit fehlerfreier Information zu begegnen. Mit den richtigen Gegenmaßnahmen und nicht mit den falschen, mit der richtigen Mischung zwischen Planung und Panik. Wir üben noch. Aber sollte die Seuche aller Seuchen eines Tages wirklich ausbrechen, dann wird eine rechtzeitige Schlagzeile, ein präziser Fernsehbericht, eine klare Webseite unsere einzige Rettung sein. (T.K.)

KAPITEL VIII

Autoritäten

Das Prinzip Bravo

Der Beginn der *Bravo*-Lektüre hat sich für alle Zeiten im Gedächtnis eingraviert. Es ist seltsam: Wer könnte etwa noch die allererste Ausgabe der Tageszeitung benennen, die er am Frühstückstisch gelesen hat, oder das erste Kinderbuch? Diese Anfänge ereigneten sich beiläufig, schleichend. Dass die früheste Begegnung mit *Bravo* dagegen als biografisches Ereignis Bestand hat, liegt vielleicht an dem deutlicheren Einschnitt, der mit dem Kauf des Hefts verbunden war: eine Art Initiation in eine neue Lebensphase, die erste, im Rückblick fast befremdlich frühe Ablösung von der Kindheit. Der Grund, warum das erste Heft eine solche Zäsur markierte, waren natürlich nicht die Starschnitte, Foto-Lovestorys oder Kissogramme, sondern die Aufklärungsseiten, die in den letzten Jahrzehnten zweifellos das Heranwachsen ganzer Generationen in Deutschland geprägt haben.

In einem Buch zum 50. Jubiläum von *Bravo* schrieb eine Psychologin kürzlich: »Wir sind ein Volk, das in seiner Jugend in Bezug auf Wissen über und Kultur im Umgang mit Sexualität in einem Ausmaß dem Einfluss von *Bravo* ausgesetzt war, von dem die etablierten pädagogischen Institutionen von Kirche und Staat nur träumen können.« Man müsste noch genauer sagen: nicht nur in seiner Jugend, sondern bereits in einem weitaus jüngeren Alter. Denn lag das Charakteristische früher *Bravo*-Lektüre nicht genau darin, dass man Woche für Woche von Dingen erfuhr, zu welchen man selbst erst Jahre später in der Lage sein sollte? Das Heft lieferte die Anleitung für Trockenübungen im Reich der Sexualität. Es ist wahrscheinlich die Gemeinsamkeit sehr vieler *Bravo*-Leser, dass umfassendes Wissen vor jeder Erfahrung stand, dass man von Sex als 13- oder 15-Jähriger nicht mehr durch ein Ereignis, durch eine Begegnung überrascht werden konnte, sondern umgekehrt diese ersten Ereignisse sich immer schon vor dem Hintergrund eines angefüllten Bilderreservoirs bewähren mussten.

Der Bereich der »Aufklärung« tauchte in den Heften zu Beginn der Sechzigerjahre in Form von kommentierten Leserbriefseiten auf. Die reaktionäre Grundausrichtung der Antworten in den ersten Jahren ist, von heute aus gesehen, überraschend. Anfang 1969 betreute dann kurzzeitig eine schwedische Ärztin die Aufklärungsseiten und führte eine Liberalisierung der Empfehlungen ein; im Herbst 1969 nahmen schließlich der berühmte »Dr. Jochen Sommer« und wenig später »Dr. Alexander Korff« ihre Arbeit auf, beides Pseudonyme des Sexualtherapeuten Martin Goldstein, der bis 1984 bei *Bravo* beschäftigt war. Im Laufe von nur einem Jahr vollzog die Zeitschrift also eine rasante Kehrtwende. Die weitgehende Dämonisierung der Sexualität war nun größtmöglicher Aufmerksamkeit und Einfühlung gewichen, getreu jener Überzeugung Martin Goldsteins, die er in einem Beitrag zu dem Band *50 Jahre Bravo* äußert: »Sexuelle Unterdrückung ist eine übliche Handhabe von Machthabern (...) Ich wollte für Befreiung eintreten.«

Aber war es wirklich eine »Befreiung«, die mit den Aufklärungsseiten einherging? Zweifellos wurde nun offen über die Dinge gesprochen. Aber mit den fortwährenden Erlebnisgeschichten über den ersten Kuss, die ersten Berührungen, das erste Miteinanderschlafen war noch ein anderer Effekt verbunden als die bloße Information, als das rückhaltlose Sagen, wie es wirklich ist. Heft für Heft legte *Bravo* nun ein festes Erzählmuster über die vagen Wünsche und Vorstellungen seiner jungen Leser. Es wurde eine verbindliche Reihenfolge der Annäherungen bestimmt: An den einfachen Kuss schloss sich der Kuss »mit Zungenschlag« an, an das »Streicheln über der Gürtellinie« (Anfang der Achtziger auch mit dem Begriff »Necking« benannt) das »Streicheln unter der Gürtellinie« oder »Petting«, an das Petting schließlich das »Erste Mal«, das Ziel aller Vorstufen und Anstrengungen. *Bravo* gab also etwas vor, was man die Staffelung der Sexualität nennen könnte, und ein geglücktes Heranwachsen war gebunden an das Passieren der verschiedenen Stadien, deren genauer Ablauf in den einzelnen Folgen beschrieben wurde.

Welchen Einfluss hatte dieser wöchentliche Fortsetzungsroman der sexuellen Initiation auf die Leser des Heftes? Das »Dr.-Sommer-Team« würde auch heute darauf insistieren, dass es um Anleitung, Wissensvermittlung, eben »Aufklärung« gehe (schöne Pointe der deutschen Sprache, dass sich die epochale geistesgeschichtliche Leistung in der Biografie jedes Einzelnen wiederholt). Doch genauso gut könnte man sagen, dass diese Wissensvermittlung zu einem beträchtlichen Teil auf Willkür und Fiktion beruht: Sie ordnet jene Ansammlung verwirrender, demütigender und euphorisierender Erfahrungssplitter, die man Pubertät nennt, zu einer linearen Erzählung und vermittelt jedem Leser, dessen Geschichte von dieser Linie abweicht, das Gefühl unzureichender Normalität. »Sexuelle Unterdrückung ist eine übliche Handhabe von Machthabern«, sagt Dr. Sommer. Sexuelle Befreiung ebenso.

Als kaum der Grundschule entwachsener Leser war man selbstverständlich davon überzeugt, dass die Beschreibungen der Aufklärungsseiten deckungsgleich seien mit dem, was auf einen zukommen würde. Das Heft bildete gewissermaßen eine natürliche Ordnung der Geschehnisse ab. Ein zufälliger Blick auf diese Rubriken zehn, fünfzehn Jahre später genügte dann allerdings, um den Verdacht endgültig bestätigt zu sehen, dass die natürliche Ordnung eher eine erdachte Sprache mit komplexer Grammatik ist. Auffällige Verschiebungen hatten sich im System der Dr.-Sommer-Grammatik ergeben. Kategorien wie »oberhalb der Gürtellinie« oder »Necking« waren längst verschwunden; stattdessen war etwa von »Heavy Petting« die Rede, einer hinzugefügten Zwischenstufe auf dem Weg zum

Ersten Mal. Für die heute 13-jährigen Leser wird dieser Begriff vermutlich noch große Autorität haben; wenn sie nicht irgendwann »Heavy Petting« praktizieren, begreifen sie ihre Entwicklung als abweichend. In den frühen Achtzigerjahren gab es dieses Stadium noch gar nicht, und es wäre umgekehrt ein befremdliches Defizit gewesen, vom Petting nicht direkt zum Ersten Mal überzugehen.

Wenn man in den Jahren nach der *Bravo*-Lektüre vielleicht eines gelernt hat – dass es gerade auf die unbemerkten Übergänge ankam, auf das Spielerische –, dann stand Aufklärung für das genaue Gegenteil: für das Zergliedern dieses Prozesses in einzelne Stationen. Der berühmte *Bravo*-»Starschnitt« kommt einem in den Sinn, jenes lebensgroße Poster eines Popstars, das in einzelnen Portionen über Monate hinweg in den Heften enthalten ist und von den Lesern zusammengefügt werden muss. Lieferte die Aufklärungsserie Woche für Woche nicht etwas Ähnliches: einen Starschnitt der eigenen Sexualität? *Bravo* unterschied das ungeteilte Ganze der Erwartungen in Etappen. Und so wie das vollendete Bild des Stars, mühevoll zusammengesetzt und an der Innenseite der Kinderzimmertür befestigt, niemals realistisch und wie aus einem Guss wirkte, sondern seine Nahtstellen und Ränder preisgab – genauso sah nach jahrelanger *Bravo*-Lektüre auch die Welt der eigenen Fantasien und Wünsche aus. Sex in Lebensgröße, ja, aber als schiefe Aneinanderreihung von Fragmenten. (A.B.)

Das Prinzip Kofi

Kaum hatte Kofi Annan seine Geschäfte bei den Vereinten Nationen an diesen nichtssagenden Koreaner abgetreten, haben wir seine majestätische Erscheinung auch schon vermisst: diesen geraden Rücken, diese freundlichen, stets ein wenig traurigen Augen, dieses dunkle, ernste, wunderbar von eisgrauem Haar umrahmte Gesicht. Der Singsang seiner Stimme war ein Schlaflied für unsere politischen Ängste – das beste Beruhigungsmittel, das die Weltpolitik zu bieten hatte. Warum aber haben wir diese Figur, völlig losgelöst von ihren tatsächlichen Erfolgen und Misserfolgen als UN-Generalsekretär, immer mit so großem innerem Wohlgefühl betrachtet? Es scheint da einen merkwürdigen Effekt bei älteren schwarzen Männern zu geben, die uns in Autoritätspositionen gegenübertreten. Man hat ihn bei Colin Powell gespürt, erst als Generalstabschef der US-Truppen, später als Außenminister unter Bush. Man spürt ihn bis heute bei Nelson Mandela. Und man spürt ihn, wenn in Hollywood distinguierte schwarze Schauspieler Präsidenten, Richter und Detektive spielen – wie Morgan Freeman, der eigentlich seit Jahren nichts anderes macht. Man könnte es den Kofi-Effekt nennen.

Es fühlt sich richtig an, diese weisen Männer in diesen ernsten Rollen zu sehen: fortschrittlich, anti-rassistisch, zutiefst korrekt. Der Ursprung dieses Gefühls aber ist unreflektiert – und wenn man anfängt, es genauer zu hinterfragen, stößt man sofort auf das mediale Gegenbild des jungen Schwarzen. Sosehr Kofi Annan beruhigt, so sehr verstört, sagen wir, der Rapper 50 Cent. Der junge bis mittelalte Medienschwarze, sofern er seine Harmlosigkeit nicht gerade als Komiker vor sich herträgt, ist Gangmitglied, Gangsta-Rapper, Warlord; oder im besten Fall Politaktivist wie Malcolm X, von dem der weiße Mann aber ebenfalls keine Gnade erwarten kann. Der junge Schwarze sät Gewalt, und er wird Gewalt ernten. Er stirbt jung. Entweder wird er von seinen Brüdern umgebracht oder von Killern des weißen Establishments. Nur vor dem Hintergrund dieser alten, brutalen Klischees lässt sich der Welterfolg des Kofi-Effekts erklären.

Punkt eins: Wir vertrauen dem alten schwarzen Mann schon einfach deshalb, weil er in unserer Vorstellung ein Überlebender ist. Sein Alter allein weist ihn bereits als Vernunftmenschen und Pazifisten aus, als einen, der sein Temperament eisern im Griff hat, sonst hätte es ihn in endlosen Straßenkämpfen längst erwischt. Punkt zwei: Das Alter relativiert die imaginierte Energie, die beim jungen Schwarzen noch so furchteinflößend wirkt. Die uralte Angst des Weißen vor der sexuellen Potenz des Schwarzen überträgt sich dabei bruchlos auch auf eine revolutionäre Potenz, und diese Angst nimmt erst nach langen Jahren langsam ab. Morgan Freeman war zweiundfünfzig, als er endlich zum Star wurde, Kofi Annan wurde mit achtundfünfzig Jahren Generalsekretär, und Nelson Mandela musste sogar bis zum Alter von zweiundsiebzig warten, bevor das Apartheidregime ihn endlich aus dem Gefängnis entließ.

So hat der heimelige Kofi-Effekt eine ziemlich ungute, um nicht zu sagen rassistische Komponente. Er geht zurück bis auf jene literarische Figur, die vor langer Zeit ein Urbild des weisen schwarzen Mannes etablierte: Onkel Tom. Mit übermenschlicher Duldsamkeit und Schicksalsergebenheit fügte sich dieser Sklave in die schlimmen Verhältnisse, wie sie nun einmal waren. Und jetzt mal ehrlich: Erwarten wir, wie unausgesprochen und unbewusst auch immer, nicht dasselbe von unseren heutigen Kofi-Annan-Figuren? Der schwarze Richter, diese Standardfigur im Hollywood-Film, der mit tiefem Bass sein Urteil verkündet, soll Lebenserfahrung und Gerechtigkeit verkörpern – zugleich jedoch vollstreckt er

Gesetze, auf die er keinerlei Einfluss hat, und verleiht einem Justizsystem seine Würde, welches vielleicht weder Würde noch Gerechtigkeit kennt.

Ganz ähnlich hat auch die Rolle des Kofi Annan funktioniert – die Belege dafür finden sich in seiner Laufbahn. Er war zum Beispiel, bevor er zu höchsten Würden aufstieg, eine Zeit lang für die Friedensmissionen der UN zuständig, auch während des Massakers von Ruanda – der schlimmste Völkermord der jüngsten Geschichte. Und er blieb dabei untätig. Wohl wahr, er habe nichts unternommen, erklärte er später vor einem Untersuchungsausschuss – aber die Entscheidungen, die alles hätten ändern können, würden doch ohnehin ganz woanders gefällt. Die Welt war bereit, das sofort zu glauben – und damit war die Sache nicht nur erledigt, er hatte sich nun auch für das höchste Amt qualifiziert, das ein weiser schwarzer Mann überhaupt erreichen kann: würdevolle Miene zu einem oft höchst unwürdigen Spiel zu machen, das er nicht beeinflussen kann – und auch nicht beeinflussen soll. (T.K.)

Das Prinzip Jack Nicholson

Allein die Vorstellung, dass er einmal nicht mehr da sein könnte, reißt in Gedanken einen Abgrund der Leere auf. Welches herzliche Lachen sollten die Oscar-Kameras dann noch einblenden? Wer würde, nachdem Brando und Beatty schon weg sind, noch auf dem einsamen Bergrücken am Mulholland Drive hausen, hoch über den Niederungen und Intrigen Hollywoods? Und wer könnte seinen Ehrenplatz am Spielfeldrand der Los Angeles Lakers füllen, der seit Jahrzehnten bei keinem Heimspiel leer bleibt? Mit jedem Jahr, in dem Jack Nicholson sein Leben lebt, seinen Gewohnheiten treu bleibt, sein Grinsen grinst und einfach Jack Nicholson ist, wächst die Verantwortung, die ihm zufällt. Schon sein purer Anblick spendet inzwischen Trost. Er ist die lebende Erinnerung daran, dass die Zeiten einmal besser waren und vielleicht auch wieder besser werden können; dass es für einen kurzen Augenblick möglich war, sich der Vergeblichkeit des Seins entgegenzustemmen; dass ein freier Geist die Welt verändern und Bäume aus dem Boden reißen kann – oder, nun ja, wenigstens das schwere Marmorwaschbecken aus *Einer flog über das Kuckucksnest*. Oder wie war das?

Zwölfmal war er für den Oscar nominiert, öfter als jeder andere männliche Darsteller, dreimal hat er ihn gewonnen. Viele seiner Filme, von *Easy Rider* über *Chinatown* bis hin zu *The Shining*, sind längst in das Pantheon der großen Filmklassiker aufgenommen. Kluge Geschäftsentscheidungen, darunter seine legendäre 60-Millionen-Dollar-Gewinnbeteiligung am Comic-Blockbuster *Batman*, haben ihn zu einem der reichsten Schauspieler Hollywoods gemacht. Und trotzdem gelingt es ihm immer wieder, seine längst überlebensgroße Persona in ernsthaften Charakterstudien zum Verschwinden zu bringen, zuletzt als verlorener Witwer in Alexander Paynes *About Schmidt* (2002). Dazu fünf Kinder von vier Frauen, ohne bleibende Feindschaften – das klingt eigentlich nach einem gelungenen Leben, nach einer umfassenden Definition für Erfolg. Und doch steht Jack Nicholson dafür gerade nicht. Wenn Tom Cruise darauf wetten würde, dass er ein Waschbecken aus dem Boden reißen kann, wäre der Ausgang der Sache klar. Nicht so bei Nicholson.

Kein Schauspieler war jemals besser darin, Regeln in Frage zu stellen. Das bedeutet aber zugleich auch, dass für Nicholson eben meistens nicht die Regeln des Kinos galten, sondern die Regeln der wirklichen Welt. Auf der Leinwand spielte er dasselbe Spiel wie wir alle, mit demselben Risiko – und kein gütiger Drehbuchgott wartete nur darauf, ihn aus seinen selbst angerichteten Schlamasseln wieder zu befreien. Man muss nur sehen, wie er in *Five Easy Pieces – Ein Mann sucht sich selbst* (1970) versucht, einen Toast zu bestellen, der nicht auf der Speisekarte steht, und an der verbitterten Kellnerin scheitert. Eine Niederlage, klar – aber allein der Charme, die Unverschämtheit und die Gerissenheit, mit denen Nicholson in den Kampf um seinen Toast zieht, wirken ansteckend. Da wird gerade ein Star geboren. Zwei Anhalterinnen schauen zu und sind begeistert, die beiden repräsentieren bereits sein künftiges Millionenpublikum, das in der Tat später keinen Schauspieler mehr lieben, und auch keinem mehr verzeihen wird als Jack Nicholson. »Gibst du auf?«, lautet nun oftmals die naheliegende Frage, und in der Waschbeckenszene von *Einer flog über das Kuckucksnest* antwortet er: »Ich mach mich doch gerade erst warm.« Heute hat Nicholson einen Picasso auf dem Klo hängen – aber seinen Toast, den hat er, bildlich gesprochen, immer noch nicht.

Er wuchs in Neptune City, New Jersey, auf, als Sohn eines irischstämmigen Showgirls, das bei seiner Geburt erst siebzehn war

und mit Hilfe der Großmutter bis zum Tod die Legende auf-
rechterhielt, seine ältere Schwester zu sein. Seinen Vater hat
er nie gekannt. Ein geheimes Grundgefühl, dass die Frauen
möglicherweise nicht ganz fair spielen, scheint dann auch
in seinen Rollen und in seinem Leben präsent zu sein, und
Frauen, sofern sie sich mit Moral, Vernunft oder Konvention
im Bund wussten, sollten seine formidabelsten Gegner auf der
Leinwand werden. Seine Hollywood-Karriere begann er noch
als Schüler, als Botenjunge für MGM, eine frühe Liebe zum
europäischen Autorenfilm weitete seinen Horizont, und eine
Gesellenzeit bei Monte Hellman, Roger Corman und anderen Pionieren des unabhängigen Kinos lehrten ihn auch Dreh-
buchschreiben und Regieführen, Fähigkeiten, die er später nur
selten zum Einsatz brachte. Bald wusste er auch erfolgreich
zu verschleiern, wie hart er eigentlich arbeitete. Allein in den
sechs Jahren nach seinem Durchbruch mit *Easy Rider* (1969),
als der Rest seiner Generation noch fröhlich im Drogenrausch
schwelgte, drehte er vierzehn Filme. Und wie er es bis heute
schafft, Autoren und Regisseuren Paraderollen zu entlocken,
die eigentlich nur er spielen kann, ist von jeher sein bestgehü-
tetes Geheimnis.

Schwere Marmorwaschbecken kann er, wenn man es genau
nimmt, trotzdem nicht aus dem Boden reißen. Und das ist
auch gut so. Er ist der Mann, der es wenigstens versucht. Und
besser noch: der es schafft, sogar andere, Stärkere dazu zu in-
spirieren.   (T.K.)

Das Prinzip Marcel Reif

Nach dem Ende des Spiels sieht man ihn im Premiere-Studio stehen, neben dem Moderator und den beiden Bundesligatrainern. Etwas abseits hält er sich, aufmerksam nur in den kurzen Phasen des Gesprächs, in denen er nach seinem Urteil gefragt wird. Das grau melierte Haar ist länger geworden, eine fast wagnerhafte Tolle fällt in die Stirn; das Reserviert-Spöttische hat sich noch stärker in den Gesichtsausdruck eingegraben. Er hat das Spiel wie immer brillant kommentiert, wieder um Welten informierter und eloquenter als alle seine Kollegen. Jetzt, zehn Minuten nach dem Abpfiff, scheint er jedoch ganz offensichtlich nicht mehr bei der Sache zu sein, verfolgt die Unterhaltung fast ein wenig apathisch. Er kann sein Desinteresse am allgemeinen Fernsehgerede über Fußball kaum noch verbergen.

Das ist das Dilemma Marcel Reifs, das sich, wenn der Eindruck nicht täuscht, in den letzten Jahren zugespitzt hat: der innere Widerstreit eines Sportreporters, dem unaufhörlich gesagt wurde, er sei mehr als das, er verleihe seiner eher handfesten Disziplin den Anstrich einer künstlerischen Tätigkeit, er habe eigentlich zu viel Charisma für sein Metier. Reif weiß natürlich, dass er in der Öffentlichkeit niemals den Fehler begehen darf, sich als etwas anderes denn als bloßer Fußballreporter zu präsentieren. Auftritte wie jene bei der Spielanalyse im Premiere-Studio weisen aber darauf hin, dass ihn die fortwährenden Lobreden tatsächlich nach und nach von seinem Berufsmilieu entfernen: Er wirkt mittlerweile eher wie ein erschöpfter Dirigent, der sich nach vollbrachter Inszenierung noch herablässt, ein paar Fragen zu beantworten. Man glaubt, Reif den Kampf zwischen strategischer Bescheidenheit und dem verführerischen Sog des Hochmuts fast anzumerken – vor allem im ständigen Betonen der eigenen Bedeutungslosigkeit in Interviews und Porträts. Man hat es von ihm einmal zu oft gehört, dass er trotz seines Grimme-Preises »nur Sportreporter« sei, sich nicht mit den

Größen des Fernseh-Entertainments vergleichen lassen wolle; dass es »nur um Fußball« gehe und sein Tun auf keinen Fall als Kunst verstanden werden könne. Die ständigen Warnungen vor dem Überbewerten der eigenen Tätigkeit stammen von dem, der dieser Gefahr selber immer schon erliegt.

Marcel Reif hat ein Genre zur Meisterschaft gebracht, das sich damit begnügen muss, etwas Vorgefundenes zu begleiten, nur kommentierend in Erscheinung zu treten. Die Schwierigkeit besteht darin, von allen Seiten Hymnen auf die eigene Sprachkunst entgegenzunehmen, gleichzeitig aber zu wissen, dass es kaum etwas Flüchtigeres und Sekundäreres gibt als die Reportage eines Fußballspiels. In diesem Zusammenhang darf man eines nicht vergessen: dass der bedeutendste Moment in der Karriere Marcel Reifs genau in einer Ausnahmesituation bestand, in der der Fußballreporter plötzlich schöpferisch tätig wurde, ein Ereignis nicht mehr verdoppelte, sondern selbst erzeugte. Am 1. April 1998 brach kurz vor dem Champions-League-Spiel zwischen Madrid und Dortmund ein Tor zusammen; es folgte jener inzwischen legendäre 75-minütige Dialog mit Günther Jauch über die grotesken Reparaturversuche des Stadionpersonals, der in Reifs Ausruf gipfelte: »Noch nie hätte ein Tor einem Spiel so gut getan wie heute.« An diesem Abend vollzog sich für das eine Mal der Umschlag vom Sekundären zum Primären im Schaffen des Sportreporters, von der Begleitung zur Erschaffung von Wirklichkeit. Vielleicht hat diese Aufführung und ihre überwältigende Wirkung beim Fernsehpublikum eine Sehnsucht in Reif entfacht, die dem bloßen Reden über Fußball seither den Hauch von Unzulänglichkeit gibt. (A.B.)

Das Prinzip Starke Frau

Es gab mal eine Zeit in diesem Land, da war Verzweiflung die oberste Bürgerpflicht. Und obwohl das noch gar nicht sehr lange her ist, wirkt dieser Sommer 2005 inzwischen doch eher wie ein schlechter Traum. Ist es wirklich wahr, dass der Bundespräsident persönlich die Apokalypse ausgerufen hat? Dass die Zukunft unserer Kinder auf dem Spiel stand, die föderale Ordnung überholt, die Haushalte in einer nie da gewesenen kritischen Lage waren? »In dieser ernsten Situation braucht unser Land eine Regierung, die ihre Ziele mit Stetigkeit und Nachdruck verfolgen kann«, sprach Köhler. Ersehnt wurde eine Politik »aus einem Guss«, mit »möglichst viel Macht« (*Die Zeit*), es sollte »durchregiert« werden (A. Merkel), und laut einer Studie der Universität Leipzig wünschten sich damals bereits 16,7 Prozent der Deutschen einen »Führer, der Deutschland zum Wohle aller mit harter Hand regiert«. In solcher Lage sind wir nicht zimperlich, das ist bekannt, da nehmen wir jeden, der es noch wagt, sich als »starker Mann« zu präsentieren.

Es tat nur eben keiner. Wirklich so gar niemand. Nicht mal ein gescheiterter Kunstmaler aus Österreich. Der Starke-Mann-Sensor suchte und suchte, stieß ins Leere, spielte verrückt, schließlich fand er: Angela Merkel. Nach einer Schrecksekunde schlug der Blitz der Erleuchtung ein: Klar, wie sollte es anders sein? Denn plötzlich fiel allen auf, dass der starke Mann auch sonst – in Filmen, Bestsellern, Popmythen, den großen Erzählungen der Gegenwart – schon lang nicht mehr zu finden war. Wann wären wir zuletzt einer Männerfigur begegnet, die alles konnte und wusste, souverän die richtigen Entscheidungen traf, keine wirklichen Schwächen kannte und nie von Zweifeln geplagt war? Ganz recht, das gibt es nicht mehr. Am nächsten käme dem vielleicht noch James Bond, aber auch der ist von jeher doch nichts anderes als eine Parodie, den gönnen sich die ratlosen Männer noch als kleines, peinliches Vergnügen am Rande.

Wie anders dagegen die starke Frau! Wer heute starke Frauen ohne Fehl und Tadel und ohne jede dramaturgische Problemzone sucht, der braucht nur den Fernseher anzumachen. Man findet: das Gesamtwerk von Uschi Glas seit circa 1980, jede Menge Veronica-Ferres- und Ruth-Maria-Kubitschek-Melodramen, die gütige Resolutheit der späten Maria Schell, die resolute Güte der mittleren Gaby Dohm, die geradezu diktatorische Autorität der Inge Meysel, Gott hab sie selig, und so fort. Und anders als bei den Männern gelten hier orgiastische Selbstbestätigung, hemmungsloses Auf-die-Schulter-Klopfen, behagliches Besserwissen und aufopferungsvolles Gutmenschentum nicht etwa als anrüchig und künstlerisch minderwertig, nein: Starke Frauen haben eine Mission, starke Frauen sind politisch wertvoll und gewinnen Kulturpreise, starke Frauen stehen wie Felsen in der Mitte der Gesellschaft, starke Frauen werden geliebt oder, was ihre männlichen Zuschauer angeht, zumindest klaglos respektiert.

In diesen mächtigen Schwesternorden ist Angela Merkel, ohne dass wir es recht mitbekommen haben, irgendwann eingetreten, und auf einmal war sie so dermaßen nicht mehr Kohls Mädchen, dass es Kohl und viele ihrer früheren Weggefährten bis heute nicht fassen können. Die Spekulationen, wie sie ihre Rolle in Zukunft gestalten würde, waren damit vollkommen müßig: weder als Aschenputtel noch als graue Maus noch als Eiserne Lady des entfesselten Kapitalismus. Als sie Kanzlerin wurde, traf sie auf ein real von Männern dominiertes, in seinen Fantasien aber längst matriarchalisch geprägtes Land. Mit anderen Worten: Sie musste, genau wie ihre Kolleginnen aus dem Fernsehen, einfach nur da sein, gütig blicken, charmant zuhören und schlichtweg das Selbstverständliche tun. Hier jemanden trösten, dort jemanden pädagogisch zurechtweisen, milde über die Eskapaden der Männer lächeln, die angesichts

ihrer Ruhe zu heillosen Hallodris schrumpften, das Chaos der
Welt an ihrem mütterlichen Busen abprallen lassen und tag-
aus, tagein, Jahr um Jahr, ein einziges Gefühl vermitteln: dass
alles am Ende, zwangsläufig und unausweichlich, irgendwie
schon gut werden würde. Genauso hat sie es gemacht, genauso
ist sie in kürzester Zeit zur mächtigsten Frau der Welt aufge-
stiegen – und den Mann, der dagegen noch etwas ausrichten
könnte, den wollen wir erst mal sehen.   (T.K.)

Das Prinzip Stephen Hawking

Die Charakterisierung Stephen Hawkings ist stets an Superlative gebunden. Als sich der britische Wissenschaftler vor einiger Zeit in Deutschland aufhielt, um für sein neuestes Buch zu werben, ließen die Berichterstatter wieder einmal keinen Zweifel aufkommen, dass der »klügste Mensch aller Zeiten« zu Besuch sei, der »bekannteste Wissenschaftler der Welt«; Reinhold Beckmann stellte ihn in seinem Fernsehinterview als »bedeutendsten Denker des Jahrhunderts« vor. Die öffentliche Einschätzung Hawkings steht, wie gelegentlich erwähnt wird, in zunehmendem Widerspruch zu seiner Reputation in der Welt der theoretischen Physik selbst; dort gilt er als renommierter Forscher unter vielen anderen, der sich in den letzten 15 Jahren, seit dem unvergleichlichen Erfolg seiner *Kurzen Geschichte der Zeit*, auf die immer populärwissenschaftlichere Präsentation kosmologischer Fragestellungen konzentriert hat. Die herausgehobene Stellung Hawkings als Jahrhundertgenie und Nachfolger Albert Einsteins muss also weitere Gründe haben als den bloßen Gehalt seiner Forschungsergebnisse. Es scheint in der öffentlichen Wahrnehmung einen bestimmten Zusammenhang zu geben zwischen der Erscheinung des an der Muskelschwäche ALS erkrankten Wissenschaftlers und seinem Status als Meisterdenker.

Stephen Hawking ist nach einem Luftröhrenschnitt im Jahr 1985 nicht mehr in der Lage zu sprechen; seit einiger Zeit kann er seinen am Rollstuhl befestigten Sprachcomputer nicht mehr mit der Hand steuern, sondern nur noch durch Augenbewegungen. Die Faszination an Hawking ist also die Faszination vor dem reinen Geist: In der ausdruckslosen, zusammengekrümmten Gestalt offenbart sich die klare Essenz des Denkens, ohne Trübung durch einen wendigen Körper, durch wortreiche Kommunikation. Dieser Mensch ist nichts als Intelligenz; von ihm geht eine unendliche Verdichtung der geistigen Tätigkeit aus, die sich alles Entbehrlichen entledigen musste: von der Funktionstüchtigkeit der Gliedmaßen bis zu den grundlegendsten Arbeitsmitteln wie Stift und Papier. In der Hawking-Biografie von Michael White und John Gribbin heißt es an der Stelle, an der sie das Ausbrechen der Krankheit im Alter von 21 Jahren beschreiben: »Als einzig glücklicher Umstand in diesem Albtraum erwies es sich nun, dass sich Hawking ausgerechnet für theoretische Physik entschieden hatte, eines der ganz wenigen Gebiete, die im Grunde nur die reine Verstandestätigkeit erfordern.« Und genau diese Konsequenz hat ihn zur Ikone der Wissenschaft schlechthin gemacht: ein Gelehrtenleben, das mit dramatischer Ausschließlichkeit im Kopf stattfindet.

Bedeutsam ist in diesem Hinblick, dass Hawking gerade die letzten Fragen der Menschheit stellt. Nicht weniger als das absolute Wissen steht auf dem Spiel – die »Weltformel« oder die »Formel Gottes«, wie es in Besprechungen der Bücher gern heißt –, gemäß dem alten Mythos physikalischen Denkens, dass sich eines Tages mit einem einzigen Geistesblitz, mit einer einfachen Gleichung sämtliche Geheimnisse der Welt offenbaren ließen. Hawking selbst befeuert diesen Mythos regelmäßig durch raunende Prognosen über unmittelbar bevorstehende Erkenntnisse, die den Ursprung des Universums oder die Möglichkeit von Zeitreisen betreffen. Der reine Geist, der das Absolute im Blick hat: Es ist genau diese Kombination, die für den einzigartigen Ruf des Kosmologen sorgt. Er nimmt in der Öffentlichkeit mehr und mehr die Position eines wissenden Propheten ein, eines Wesens, das sowohl seiner Einsichten wie auch seiner Gebrechlichkeiten wegen nicht mehr ganz von dieser Welt ist. Die Erscheinung Stephen Hawkings, die untrennbare Einheit aus Elektrorollstuhl, Mensch und Sprachcomputer scheint seine Umgebung offenkundig zu einer Beschäftigung mit den größten Fragen zu animieren. Man erhofft sich von ihm, der sich selbst seit Langem an einer äußersten Grenze menschlicher Existenz bewegt, einen Blick in Sphären, die keinem anderen zugänglich sind. Eindringlich vermittelte diesen Eindruck etwa das Interview Beckmanns, der seinem Gast eine Reihe von Schicksalsfragen stellte und die vorbereiteten Antworten entgegennahm, als säße er einem Orakel gegenüber. (A.B.)

Das Prinzip Uli Hoeneß

Der Erfolg von Uli Hoeneß beruht auf der Unbestimmbarkeit
seines Temperaments: Der Manager des FC Bayern München
ist heiß- und kaltblütig zugleich. Leidenschaft und blankes
Machtkalkül überlagern sich fortwährend in seinem Auftreten. Man kennt die beeindruckenden Zornausbrüche in den
Fernsehinterviews: Da sitzt einer, der nach mehr als einem
Vierteljahrhundert in derselben Position noch mit ursprünglicher Begeisterung bei der Sache ist, der seinen Verein nicht
als bloße Arbeitsstätte, sondern als Heimat bezeichnet. Wenn
Hoeneß, Sportinvalide mit 26, die fortschreitende Technokra-
tisierung der Bundesliga beklagt; wenn er bekennt, dass er jederzeit seinen Schreibtisch geräumt hätte, wäre eine Heilung
des kaputten Knies möglich gewesen: Dann zeigt sich, dass
hinter dem Manager immer noch der große Romantiker steht,
für den das reine Spiel unendlich beglückender ist als die Anhäufung von Profit. Doch das ist nur die eine Seite. Um die andere sichtbar zu machen, müsste man einfach die lange Reihe
seiner Opfer befragen, die Aussortierten und Abgeschossenen
des FC Bayern: von Otto Rehhagel bis Andreas Herzog, von
Alain Sutter bis Thomas Berthold, von Tobias Rau bis zu Gio-
vane Elber zu Beginn der Saison 2003/2004, als Hoeneß es für
eine»Geisteskrankheit« hielt, den altgedienten Stürmer weiterhin zu beschäftigen. In diesen Momenten kühlt das Herzblut
des Gemütsmenschen schlagartig ab und pegelt sich auf der
Betriebstemperatur des kompromisslosen Geschäftsmannes
ein, dem es um nichts anderes als das ökonomische Wohl des
Vereins geht. So schnell vermag Hoeneß zwischen den Tempe-
ramenten zu wechseln, dass immer wieder die Vermutung auf-
kommt, er inszeniere seine Leidenschaftsausbrüche nur, setze
sie strategisch ein. Er selbst belässt diesen Verdacht bewusst im
Unklaren: Einmal sagte er über sich, er zettle nur jenen Krieg
an, von dem er überzeugt sei, dass er ihn auch gewinne. Uli
Hoeneß: ein Samariter, der über Leichen geht.

Wenn man sich fragt, warum Hoeneß' Heißblütigkeit niemals als mangelnde Souveränität, sondern immer als besondere Glaubwürdigkeit wahrgenommen wurde, dann muss man sich die besondere Funktionsweise des Betriebs FC Bayern München ansehen. Obgleich sich der Verein in den letzten zehn, fünfzehn Jahren zu einem weltweit operierenden Konzern entwickelt hat, wird er von Hoeneß, der in der bayerischen Provinz eine Wurstfabrik besitzt, als eine Art Familienunternehmen geführt. Er steht für das Wohl der Gemeinschaft ein, umsorgt die Problemkinder (ehemalige Spieler, die kein Bein mehr auf den Boden bekommen), maßregelt die Selbstzufriedenen und sondert die Dissidenten aus. Noch der entlegenste Winkel des Vereinslebens entgeht seiner Aufmerksamkeit nicht. Auch in einer Zeit also, in der sich die Marke FC Bayern global verstreut, kommt es ihm darauf an, ein klar bestimmbares Zentrum, ein sicheres Fundament des Vereins zu bewahren. Dieses Bedürfnis nach familiärer Verortung zeigt sich vor allem am Umgang mit dem eigenen Kapital, an der Vehemenz, mit der sich Uli Hoeneß etwa gegen einen Börsengang des FC Bayern wehrt, wie ihn andere große Clubs längst vollzogen haben. Dieser Schritt hieße, das Geld in die verschlungenen, anonymen Kanäle des Wirtschaftssystems einzuspeisen und die vollständige Kontrolle über den Entwicklungsgang zu verlieren; er hieße, die Lenkung der Vermögensverhältnisse nicht mehr dem eigenen Geschick, sondern einem abstrakten Kreislauf zu überlassen.

Gerade von der Finanzpolitik des FC Bayern her wird das Prinzip Uli Hoeneß anschaulich: Es ist das Prinzip der gedeckten Verhältnisse. Man muss nur darauf achten, wie häufig er in den vergangenen Jahren die stabile wirtschaftliche Position des FC Bayern den waghalsigen Geldtransfers der internationalen Konkurrenten, den hoch verschuldeten Spitzenclubs

wie Real Madrid oder Juventus Turin, entgegengehalten hat.
Er selbst, so die Rede des Managers, werde es niemals zulassen,
dass der FC Bayern sein »Tafelsilber«, das etwa Real Madrid
2003 in Form seines Trainingsgeländes verkauft hat, aus den
Händen gebe. Auch die ungewöhnlich hohen Transferaus-
gaben für Spieler wie Klose, Ribéry und Toni im Frühsommer
2007 widersprechen dieser Praxis nicht, da sie sich auf der Basis
erheblicher Einnahmen durch Champions-League-Teilnahme
und Spielerverkäufe vollzogen.

Das Bild des »Tafelsilbers« – jener letzte Familienrückhalt, in
dem Material- und Warenwert vereint sind – ist bewusst gewählt. Denn das ist Hoeneß' ganzes Credo: dass bei aller Risi-
kobereitschaft immer eine letzte Sicherheit, für die man selbst
zu bürgen hat, bestehen bleiben müsse. Und dieses Beharren
auf dem Fundament beschränkt sich bei Uli Hoeneß nicht
ausschließlich auf ökonomische Handlungsweisen, sondern
wird mehr und mehr zu einer allgemeinen Weltanschauung.
Dies zeigt sich an seinen zunehmenden gesellschaftskritischen
Einlassungen zur Oberflächlichkeit und Substanzlosigkeit der
modernen Welt, beispielsweise in der harschen Kritik an Halb-
prominenten, deren Popularität auf keinerlei Talenten mehr
beruhe. Seine Verachtung für das Ungedeckte umfasst sämtliche Bereiche.

Wenn Uli Hoeneß also mit der ganzen Fülle seines Körpers für
das Wohl des FC Bayern einsteht, muss man das merkwürdig
große Medieninteresse für seine radikale Abmagerungskur
Anfang 2005 gerade in diesem Zusammenhang sehen. Wa-
rum wurden damals ganzseitige Zeitungsinterviews über den
Verlust von 16 Kilogramm Gewicht geführt? Eben weil Uli
Hoeneß mit dem FC Bayern München identisch ist, weil die
Substanz seines Körpers die wirtschaftliche Gesundheit des

Vereins repräsentiert. An das Schwinden dieser Substanz ist nicht nur die Befindlichkeit eines Privatmenschen gebunden, der seinen Gürtel wieder enger schnallen kann, sondern der Zustand des Vereins selbst. (A.B.)

KAPITEL IX

STOFFE

Das Prinzip Asbest

Mit dem Abriss des Berliner Palasts der Republik, Anfang 2006 nach langen Verzögerungen begonnen, stellt sich die Frage nach der jüngsten Geschichte des Gebäudes. Der Anlass für die Schließung im Oktober 1990, nur acht Tage nach der Wiedervereinigung, war bekanntlich die Verseuchung des Gebäudes mit Asbest. Damals wirkte diese Begründung wie eine willkommene Verschiebung der Debatte von der Politik hin zur Medizin; dass der repräsentativste Bau des DDR-Staates schlicht aus gesundheitlichen Gründen nicht mehr genutzt werden durfte, rückte jede weltanschauliche Tendenz der Verordnung in den Hintergrund. Tatsächlich könnte man mit dem endgültigen Verschwinden des Palasts noch einmal über genau dieses Verhältnis von politischer und medizinisch-hygienischer Argumentation nachdenken. Denn die Frage stellt sich, ob Asbest tatsächlich ein bloßes Mineral, ein vollständig neutraler Stoff ist.

Der Historiker Jan Ulrich Büttner hat kürzlich gezeigt, dass es sich um ein Material handelt, das es nach streng mineralogischen Kriterien gar nicht gibt. Was man landläufig »Asbest« nennt, ist eine Gruppe ganz verschiedener Minerale, die sich allein in ihrer faserartigen Erscheinung und ihrer Unverbrennbarkeit ähneln. So unentschieden wie die Begriffsdefinition sind aber auch die Bestimmungen für den Umgang mit betroffenen Bauten. Anfang der Neunzigerjahre wurde bekannt, dass ein zweites repräsentatives Gebäude in Berlin flächendeckend mit Asbest versehen war: das Internationale Kongresszentrum im Westen der Stadt. Man hatte dort sogar, wie in alten Zeitungsberichten nachzulesen ist, exakt dieselbe Ausschäumungstechnik wie im nur drei Jahre jüngeren Palast der Republik verwendet. Diese Entdeckung führte aber keineswegs zur sofortigen Räumung des Gebäudes; die Ersetzung des Asbests durch alternative Isolier- und Brandschutzmaterialien wurde vielmehr beiläufig, unter Aufrechterhaltung des regulären Betriebs, vorgenommen.

Im Unterschied der Reaktionen auf diese beiden Fälle zeigt sich die politische Funktion des Materials: Asbest-Diagnosen werden eingesetzt, um die Giftigkeit eines Gebäudes auch in symbolischer Hinsicht zu untermauern. Zweifellos: Die massive Gesundheitsschädlichkeit des Stoffes ist unbestritten; sie wurde bereits Anfang des 20. Jahrhunderts, kurz nach Beginn der industriellen Nutzung, in einer Vielzahl von Untersuchungen festgestellt. Die feinen Nädelchen des Asbeststaubs können bei anhaltendem Kontakt zu einer Zersetzung der Lunge führen; Asbestherstellung und -verbreitung sind daher in Deutschland seit Mitte der 1990er-Jahre auch verboten. Dennoch ist der öffentliche Umgang mit dem Material aufschlussreich – ob besonnen oder panisch auf seine Entdeckung in älteren Gebäuden reagiert wird. Es müsste einmal eine politische Geschichte des Asbests geschrieben werden: In ihr würde sich vermutlich offenbaren, dass die Substanz in den letzten Jahrzehnten immer dann verstärkt ins Spiel kam, wenn ideologisch, ästhetisch oder städteplanerisch unliebsame Gebäude diskreditiert werden sollten. (Gegenwärtig lässt sich dieser Prozess in den Debatten um den umstrittenen Tour Montparnasse in Paris beobachten: Die Argumentation der Gegner, dass das Hochhaus ein Schandfleck im Bild der Stadt sei und abgerissen werden müsse, wird gerade durch den Asbestvorwurf gestützt.) Zudem ist der Verdacht berechtigt, dass in Zeiten nach einem politischen Umbruch die Architektur des überkommenen Systems durch das Asbest-Argument gewissermaßen pathologisiert wird. Das Beispiel Palast der Republik hat dies eindrucksvoll gezeigt: Das Gebäude beherbergte wie kein anderes die Kultur des gegnerischen Systems; die mächtige Konstruktion aus Glas und Stahl wurde überdies

als Essenz sozialistischer Architektur in Deutschland wahrgenommen. Im Schlagwort »Asbest« verdichtete sich nach 1989
das Dämonische des Gebäudes. Sofortige Schließung und rest-
lose Entkernung waren nicht in erster Linie medizinische Notwendigkeit (es hätte auch diskretere Möglichkeiten gegeben),
sondern eher ein exorzistischer Akt.   (A.B.)

Das Prinzip Eissorten

Das Sortiment der Eisdielen gehorchte lange Zeit einem überschaubaren System. Eine Anzahl von Früchten (Zitrone, Erdbeer, Banane etc.), Nüssen (Pistazie, Walnuss, Haselnuss) und Gewürzen (Vanille) bildete die Geschmacksreferenten für die Sorten. In den letzten Jahren sind zwei Dinge geschehen. Erstens führte die von Saison zu Saison voranschreitende Erweiterung des Angebots dazu, dass das Spektrum immer weiter ausgedehnt wurde: nicht nur auf exotische und abseitige Früchte wie Granatapfel, Rhabarber oder Preiselbeeren, sondern auch auf Referenten wie Desserts (Panna cotta, Tiramisu, Crème brûlée), Konditoreiwaren (Sachertorte, Apfelstrudel), Süßwaren (After Eight, Rocher) und Cocktails (Caipirinha, Piña Colada). Die Eissorten verweisen also nicht mehr allein auf Naturprodukte, sondern auf bereits vorhandene kulinarische Kreationen. Zweitens sind aber auch zunehmend Sorten auf dem Vormarsch, die überhaupt keine Geschmacksentsprechung mehr in der Wirklichkeit haben. Im aktuellen Sortiment von Berliner und Münchner Eisdielen finden sich etwa folgende Angebote: »Pokemon«, »Carribean Dream«, »Delfino«, »Delizia«, »Raver's Dream«, »Swiss«.

Was hat sich verändert? Mit der Anlehnung der Sorten an Cocktailnamen, Schokoladenriegel, Länder oder Filme tritt in den Eiscafés etwas ein, was jahrzehntelang undenkbar war: Die Eiskugel wird zum Markenprodukt. Solange sich das Sortiment allein auf Früchte oder Nüsse bezog, gab es diese Option nicht, und genau darin bestand auch der grundsätzliche Unterschied zwischen den Kugeln in der Eisdiele und den Eis-am-Stiel-Sorten am Kiosk. Diese trugen einen an mondäne Ferienregionen erinnernden Eigennamen, hatten eine wiedererkennbare Verpackung, erschienen also in jeder Hinsicht als Produkt einer Marke (wie Langnese oder Schöller). Jene dagegen waren gewissermaßen blank, unverpackt, markenlos; es gab zwar von Eisdiele zu Eisdiele beträchtliche Geschmacksunterschiede, aber es handelte sich immer um Varianten ein und derselben Grundsubstanz. Die Sorten hatten Bezeichnungen, keine Namen.

Inzwischen ist auch das Angebot der Eisdielen mehr und mehr vom Produktgedanken durchzogen, und wenn man sich fragt, woran das liegen könnte, muss man vielleicht einen Blick auf die jüngste Entwicklung des Marktes für Speiseeis werfen. Der Niedergang der traditionellen italienischen Eisdielen in den letzten Jahren ist bekannt; verdrängt wurden sie von den Herstellern hochverfeinerter Eiscreme für den Heimbedarf: Mövenpick, Häagen Dasz, in letzter Zeit auch Langnese mit seiner »Cremissimo«-Linie. Diese Firmen präsentieren bloße Eissorten mit den Mitteln des Eises am Stiel: als saisonale Neuheit, als limitierte Auflage, als Marke mit klingenden Namen wie »Tre Noci« oder »Lemon & Elderberry«. Langnese brachte kürzlich sogar drei neue Eissorten namens »Erste Liebe«, »Wolke Sieben« und »Süße Küsse« heraus – als Geschmacksrichtungen wohlgemerkt, nicht allein als Produktnamen. Die größeren Eisdielen und ihre Berater haben diese Tendenz natürlich erkannt, und die Konsequenz wird sich Sommer für Sommer an ihrem veränderten Sortiment erweisen.

Dass an die Stelle der Eissorte die Eismarke tritt, ist für die Hersteller aber mit einer bislang unbekannten Schwierigkeit verbunden. Denn es gibt keine selbstverständliche Deckung mehr zwischen Sorte und Geschmack. Erdbeer schmeckt nach Erdbeere, aber was ist mit »Aloe Vera«, »Delizia« oder »Raver's Dream«? Wie viele Marktbefragungen musste Langnese durchführen, bis man sich sicher war, dass »Süße Küsse« vorwiegend aus Vanilleeis bestehen sollten, und bis das Gefühl, auf »Wolke Sieben« zu schweben, gerade dem Geschmack von Heidelbeereis entsprach? Eines ist jedenfalls sicher: Das Sortiment der Eisdiele hat sein lange bewahrtes Stadium der Unschuld verloren, jene Zeit, in der der Name und das, was er bezeichnen soll, noch in unmissverständlichem Verhältnis zueinander standen. Nun bestellt man auch in der Eisdiele, einem der letzten Refugien des Markenlosen, immer häufiger Sehnsüchte und Rollenzuschreibungen, und der Gaumen muss erst Übersetzungsarbeit leisten. (A.B.)

Das Prinzip Fett

Noch immer gilt Fett als gefährlicher Stoff, und sein Image ist katastrophal: Es klebt die Haare zusammen, bringt die Haut zum Glänzen und wird vom Körper in sogenannten Problemzonen gespeichert – alles Dinge, die uns nicht gerade besser aussehen lassen. Fettablagerungen verstopfen die Arterien und führen zu Infarkten, Fett ist der zähe Batzen, der beim Fleischessen zwischen den Zähnen klemmt, Fett ranzt in Friteusen vor sich hin, und, ja, Fett bildet faulige Pfropfen in Abflussrohren, die irgendwann nur noch vom Notdienst entfernt werden können und dann so irrwitzig stinken, dass man denkt, das Waschbecken sei direkt mit dem siebten Kreis der Hölle verbunden.

Zugegeben, auch ich habe das Fett lange Zeit diskriminiert. Beim Metzger fragte ich nach besonders mageren Stücken und zahlte dafür gern auch den doppelten Preis. Im Supermarkt zogen mich Aufkleber wie »light« oder »fettfrei« magisch an, auch wenn sie, zum Beispiel auf Chipspackungen, im Grunde zu schön klangen, um wahr zu sein. Und viele Produkte kamen mir überhaupt nur deshalb ins Haus, weil die aufgedruckten Nährwerttabellen besonders niedrige Fettwerte versprachen: diese Reiswaffel etwa, die nach staubiger Luft schmeckte, aber nur ein halbes Gramm Fett enthielt; oder dieser Joghurt mit Fettgehalt von 0,1 Prozent, dessen Verzehr mir eine Vorahnung dessen gab, was Philosophen als »Begegnung mit dem Nichts« bezeichnen. Kurz: Wie viele Ahnungslose tat ich alles, um das Fett aus meinem Leben zu verbannen.

Es war dann die Schauspielerin Salma Hayek, eine schöne und lebenslustige Frau, die mich erstmals zum Nachdenken brachte. »Das Hirn besteht aus Fett«, erklärte sie ernsthaft und mit mexikanischer Verve in einem Interview, das ich vor Jahren mit ihr führte. »Der Mensch braucht Fett, um zu denken.«

STOFFE

Dann berichtete sie von Freunden in Los Angeles, die mit Low-Fat-Diäten begonnen hatten und darüber, wie sie glaubhaft versicherte, vor ihren Augen verblödet waren. Außerdem wies sie darauf hin, dass der Besitz eines harten, fettfreien Körpers unweigerlich auch die Seele verhärten lasse. Den wissenschaftlichen Gehalt dieser Thesen konnte ich nie ganz nachprüfen, aber dennoch blieb das nagende Gefühl zurück, dem Fett vielleicht Unrecht zu tun.

Was damals noch absurd klang, darf inzwischen als bestätigt gelten, und zwar selbst von so angesehenen Koryphäen wie dem *New England Journal of Medicine*: Fett kann eigentlich gar nichts dafür. Dies ist der Leitgedanke aller neueren, in Amerika schon massenhaft propagierten Diätmethoden: Egal ob Atkins-, South-Beach-, Glyx-Diät oder wie sie sonst noch heißen, sie haben einen neuen Schuldigen gefunden: die Kohlenhydrate. Teig- und Backwaren, Reis, Kartoffeln, stärkehaltiges Gemüse und Süßwaren sind nun das Teufelszeug, das man unbedingt meiden muss – denn Fett kann nur dann gespeichert werden, wenn der Insulinspiegel im Blut eine gewisse Schwelle überschreitet. Wer kaum Kohlenhydrate aufnimmt, der lockt auch nicht das Insulin hervor, der kann ganze Friteusen austrinken und wird doch alles Fett sofort wieder verbrennen – nun ja, im Prinzip zumindest.

Das Fett hat also großes Unrecht erlitten, und dennoch hat sich nie jemand beim ihm entschuldigt. Das möchte ich hiermit ausdrücklich nachholen: sorry, Fett. Wenn ich heute kräftig Bratöl in die Pfanne gieße, denke ich nicht an Herzinfarkte und stinkende Abflussrohre, sondern an flüssiges Gold – und an Salma Hayek mit ihrem wohlgenährten Gehirn, mit der ich tagelang kluge Gespräche führen könnte – so klug, wie das eben nur bei Fettessern möglich ist. Weißbrot dagegen verbin-

de ich inzwischen mit teigigen Körpern, Kartoffeln mit aufge-
dunsenen Kartoffelgesichtern und Reiswaffeln, die übrigens
irrsinnig viele Kohlenhydrate enthalten, mit einer besonders
schmerzhaften Form der Folter. Zwei Packungen davon habe
ich behalten, gewissermaßen als Mahnmal meines früheren
Unwissens. Sie zerfallen im Vorratsregal langsam zu Staub,
während ich sie hin und wieder hasserfüllt betrachte. Denn es
ist mit den Nährstoffen am Ende wohl genauso wie mit den
Menschen: Einer hat immer die Arschkarte.   (T.K.)

Das Prinzip Fleisch

Es gab mal eine Zeit, noch gar nicht lange her und doch wohl endgültig Vergangenheit, da war Fleisch ein ungetrübtes Symbol für Energie und Gesundheit. Das frische, nur kurz gebratene Filetstück, innen noch blutig, bezeichnete eine reine, magische Kraft. Ein Griff zum Steakmesser, schon wurde tierische Vitalität angeschnitten. Die verdichtete Essenz des Rindes zerging auf der Zunge – und seine Lebenskraft gleichnishaft auf den Verzehrenden über. Im Jahr 1957, als der französische Philosoph Roland Barthes diesem bürgerlichen Mythos einen berühmten Text widmete, muss diese quasi-kannibalistische Idee noch universal gewesen sein – unbelastet vom Mitleid für das getötete Tier, frei von vegetarischen, hormonellen oder bakteriellen Zweifeln. Sogar drei Jahrzehnte später, Anfang der Neunzigerjahre, hielt es ein Joghurt-Hersteller noch für eine gute Idee, mit dem Slogan »So wertvoll wie ein kleines Steak« an die Legende anzuschließen. Heute würde das niemand mehr tun.

Schon immer hatte der Mythos eine offensichtliche Schattenseite, die jetzt ganz ins Zentrum gerückt ist. So explosiv die im Fleisch gebannte Kraft war, so instabil war sie auch. Die Drohung der schnellen Verderblichkeit begleitete sie von Anfang an. Jetzt kehrt diese Energie, einmal gekippt, mit negativem Vorzeichen wieder zurück, verwandelt sich in eine Verderben bringende Macht. Strenger Geruch, schleimige Oberfläche, grünliche Verfärbungen – nichts im Kühlschrank, das weiß jede Hausfrau und jede Küchenfibel, ist gefährlicher als verdorbenes Fleisch. Keine angefaulte Tomate, kein verschimmeltes Brot entwickelt diese durchschlagende, ja potenziell todbringende Zerstörungskraft im menschlichen Magen. Kein Verfallsdatum muss genauer im Auge behalten, kein verdächtiges Stück schneller entsorgt werden. Auch daraus erklärt sich die besondere Empörung der Verbraucher, die mit den

»Gammelfleisch«-Skandalen der letzten Jahre einhergeht.

Ein wissenschaftliches Fundament hat das nicht. Fleisch, wie
wir es gern essen wollen, also unbestrahlt und nicht-sterilisiert,
ist von Anfang an niemals »rein«. Es muss Keime enthalten,
die jedoch prinzipiell, in nicht zu hoher Zahl, für den Menschen ungefährlich sind. Geruchs- und Schleimbildner und
selbst jene Bakterien, die grüne Verfärbungen auslösen, tun
dem Esser für sich genommen nichts – das bezeugen Experten
wie Professor Dr. Dr. Andreas Stolle, Leiter des Instituts für
Hygiene und Technologie der Lebensmittel in Oberschleiß-
heim, der es sich zur Aufgabe gemacht hat, die Mythen um das
Fleisch zu entkräften. Gefährlich sind demnach nur wirkliche
Krankheitserreger, die aber weder stinken noch grüne Verfärbungen erzeugen noch sonst erkennbare Spuren hinterlassen:
Salmonellen und Clostridien. So entschlüsselt sich der paradox
klingende Zusatz in vielen Gammelfleisch-Meldungen: Trotz
der ekligen Details, heißt es immer wieder, habe eine »Gesund-
heitsgefährdung nie bestanden«. So geheimnisvoll überhöht
der Ruf eines saftigen Steaks einst war, so übersteigert ist jetzt
die Angst vor seinem überlagerten, halb zerfallenden, streng
riechenden Bruder.

Wie ist es am Ende aber zu erklären, dass nach all diesen Problemen und Skandalen, nach BSE-Toten und Salmonellen-
Opfern, nach Etikettenfälschungen und Großhändlerrazzien
der Fleischkonsum nicht dauerhaft zurückgeht? Dass, nach
kurzen Phasen der Beschmutzung, der Mythos Fleisch immer
wiederaufersteht? Ganz einfach: weil die Katastrophe schon
immer darin enthalten ist. BSE mag eine universale Gefahr
mit grauenvollem Siechtum sein – auf absurde Weise aber
bestärkte diese Krankheit auch wieder die Legende von der
essbaren Essenz: Wer die unabgekochte Energie des gesunden

Tieres schlürfen will, der muss damit rechnen, auch die Erreger des kranken in sich aufzunehmen – eine einfache Herausforderung an das Schicksal. Die potenzielle Gefährlichkeit ist der Idee dieses Nahrungsmittels schon eingeschrieben, als dunkle Seite seiner angenommenen Potenz. So können wir wütend auf schlechte Kontrollen durch Lebensmittelchemiker und auf die kriminelle Raffgier mancher Fleischgroßhändler sein, nicht aber auf das Fleisch an sich. Denn das Fleisch, so scheint es, hat aus seiner Gefährlichkeit nie ein Geheimnis gemacht. Ein Stück Gammelfleisch im Kühlschrank dementiert nicht etwa den Traum vom frischen, lebenssaftigen Steak – auf paradoxe Weise bestätigt es ihn sogar. (T.K.)

Das Prinzip Glutamat

Am Glutamat entzünden sich in der kulinarischen Welt immer
wieder Grundsatzdebatten. Der Gourmetführer Gault Millau
strich das Düsseldorfer Luxusrestaurant »Im Schiffchen« vor
einiger Zeit sogar ganz aus der Wertung, weil Küchenchef
Jean-Claude Bourgueil freimütig bekannt hatte, für die Vollendung seiner Gerichte auch Glutamat zu verwenden. In den
neueren Ausgaben wird das Lokal wieder regulär besprochen,
allerdings mit der einleitenden Bemerkung, man werde die
»völlig ungenierte Verwendung« der Substanz weiterhin bemängeln.

Erstaunlich ist die Diskrepanz zwischen der kulturellen Wahrnehmung des Glutamats und zahlreichen ernährungswissen-
schaftlichen Diagnosen. Institute wie die Deutsche Gesellschaft für Ernährung haben erst kürzlich wieder betont, dass
Glutamat, das Natriumsalz der Glutaminsäure, als Beigabe
zu Nahrungsmitteln völlig unbedenklich sei – nicht zuletzt
deshalb, weil es in nahezu allen Lebensmitteln ohnehin auf
natürlichem Wege vorkomme. In der öffentlichen Wahrnehmung dagegen gilt der Würzstoff weiterhin als Synonym für
das synthetische und gesundheitsschädliche Einerlei von Tü-
tensuppen und asiatischem Fastfood. Es geht nicht einfach um
die Konfrontation von Geschmacksvorlieben; Glutamat stellt
vielmehr die Frage nach der Wahrheit des Geschmacks selbst.
Kritiker warfen Bourgueil nach seinem Eingeständnis vor, er
gaukle »dem Gaumen etwas vor«, stelle die von einem Luxusrestaurant erwartete »geschmackliche Reinheit« in Zweifel.
Glutamat scheint die Speisen also elementar zu bedrohen.

Tatsächlich vermischen sich im westlichen Umgang mit dem
traditionellen asiatischen Würzstoff kulinarische und weltanschauliche Argumente. Das zeigt sich bereits im Begriff des
»Geschmacksverstärkers«, als der Glutamat auf deutschen Spei-

sekarten ausgewiesen werden muss. Die Bezeichnung qualifiziert die Substanz von vornherein als ein dem Nahrungsmittel Äußerliches, Fremdes, als etwas, das den Geschmack des Produktes über seine natürlichen Grenzen hinaustreibt. Die Wirkung von Glutamat ähnelt damit einem Dopingmittel, während die gebräuchlichen Gewürze den Geschmack der Speisen auf legitime Weise kräftigen. Aufschlussreich ist es, den kulinarischen und kulturellen Status des Kochsalzes zum Vergleich heranzuziehen. Denn im Gegensatz zum »Geschmacksverstärker« Glutamat erscheint die Würzkraft des Salzes als integrativ. Dem Eigengeschmack der Speise ist es niemals aufgesetzt; vielmehr bringt es ihn von innen heraus zum Vorschein. Die Metapher vom »Salz in der Suppe« – als dem Eigentlichen, Essenziellen einer Sache – illustriert dies. Als etwas der Nahrung Äußerliches wird Salz nur dann wahrgenommen, wenn es überdosiert, wenn die Speise »versalzen« ist. Für Glutamat hingegen steht das Kriterium der Dosis überhaupt nicht zur Verfügung. Egal, wie zurückhaltend es angewendet wird – wie ein hoch konzentriertes Gift scheint es den Eigengeschmack des Produkts auch in kleinsten Mengen zu lähmen. (Dazu passt, dass man trotz der ständigen Diskussionen um den Stoff nichts von seiner genauen Erscheinungsform weiß. Handelt es sich bei der Glutamatbeigabe in den Restaurants um eine Paste, um ein Pulver, um Körner? Die tatsächliche Konsistenz ist den meisten unbekannt – nur dass es um ein bedrohliches Übermaß geht, darüber herrscht allgemein Konsens.)

Woran liegt es aber, dass die massive Kritik am Glutamat trotz der ernährungswissenschaftlich immer wieder herausgestellten Unbedenklichkeit weiterhin anhält? Vermutlich daran, dass es ohnehin weniger um Gesundheitsfragen geht als um den Zusammenhang von Geschmacksempfinden und Politik: um eine Ideologie des Würzens, von der bestimmte Substanzen von jeher betroffen waren (der Knoblauch etwa galt lange als jüdisches Gewürz und transportierte den Antisemitismus in den Bereich des Essens). In der Auseinandersetzung um das Glutamat scheint ein latentes Misstrauen des Westens gegenüber dem Osten, der freiheitlichen Ordnung gegenüber den Resten des sozialistischen Systems auf. Denn welche Assoziationen sind es, die der »Gaumentäuscher« auslöst? Letztendlich die, dass die Wucht des Uniformen den Nuancenreichtum europäischer Kochkunst mit einem Einheitsaroma überziehen könnte. In der Rede von den befremdlichen Glutamatströmen schimmert immer auch die Angst vor befremdlichen, gesichtslosen Menschenströmen durch, die unsere vielfältige westliche Kultur bedrohen. Die Geißelung des Glutamats in der Feinschmeckerküche ist vielleicht nur die elaborierte Version jener alten Angst vor der »gelben Gefahr«. (A.B.)

Das Prinzip Schokolade

Edelschokolade als Lifestyle-Thema, Luxuskakao als Trend-geschenk, und an jeder zweiten Ecke gibt es inzwischen eine pseudofranzösisch angehauchte Schokoladen-Boutique. Brauchen wir das? Ist das nicht arg durchschaubar? Ich meine, schon klar, Schokolade steht für Wärme und Trost, während draußen die Stürme der Globalisierung toben und die körpereigenen Glücksbotenstoffe auf Tauchstation gehen... aber Eskapismus ist schließlich auch keine Lösung. Hier jedenfalls wollen wir der Realität ins Auge sehen, so hart sie auch sein mag, allenfalls zu Recherchezwecken lassen wir ein Stückchen Edelbitter aus Papua-Neuguinea auf der Zunge zergehen, Kakaogehalt 64 Prozent, »Premier Cru de Plantation«, »mit frischen Noten von grünen Bananen und feinen Aromen von Havannatabak, besonders stark im Abgang«. So steht es in Französisch auf der Verpackung, als wär's ein edler Wein. Hmmm.

Ideologisch ist dieser Trend natürlich völlig unverdaulich, ungefähr so schlimm wie dieser schreckliche, pseudofranzösische Film mit Juliette Binoche als Chocolatière, die ein ganzes verklemmtes Dorf mit ihren exotischen Pralinés enthemmt. Schokolade hilft den Frauen, endlich zu ihrer Lust zu stehen und gleichzeitig dem prügelnden Ehemann die Tür zu weisen, und dann gönnen sie sich alle zusammen Johnny Depp, der nichts anderes ist als ein Mann in Schokoladenform, geboren, um vernascht zu werden – jetzt hat er schon wieder Willy Wonka gespielt, den berühmten Schokoladenfabrikanten, das sagt ja wohl alles. Von dort wiederum führt ein direkter Weg zu Bridget Jones und *Schokolade zum Frühstück*, wir verspüren leichten Brechreiz, wenn wir nur daran denken... aber den bekämpfen wir jetzt erst einmal mit einer siebzigprozentigen, tiefdunklen »Caru Pano« von der Hacienda San José, Venezuela: ein Hauch schwarzen Pfeffers, dazu das nussige Flattern tropischer Hölzer, verdammt...

Vielleicht ist ja doch alles nur halb so schlimm. Viel weniger schlimm zum Beispiel als diese Espressokultur, die eigentlich nur dazu dient, uns wacher und fitter für die Arbeit zu machen. Ständig »To Go«, ständig gehetzt, ein heimtückisches Schmiermittel für den immer besser funktionierenden, immer subtiler knechtenden Kapitalismus, der nur dank einer regelmäßigen Dosis schnellen Koffeins noch das Letzte aus uns herauspressen kann. Schokolade dagegen heißt Muße, heißt verträumte Sonntage oder lang anhaltender Liebeskummer, heißt länger im Bett bleiben und etwas ganz für sich selber tun – und so, wie die Dinge liegen, ist das mutig und aufmüpfig und fast schon revolutionär. Und also auch ein Thema für Männer. Dunkle Schokolade schützt zudem gegen Herzinfarkt und Bluthochdruck, das ist wissenschaftlich erwiesen, Kakao enthält nur die allergesündesten Inhaltsstoffe, auch dieser handgeschöpfte Barren hier, aus einer Schokoladenmanufaktur in Bernried am Starnberger See, mit dieser fruchtigen Himbeernote, oh Gott ...

»Das Schöne ist, dass eigentlich nur freundliche Leute meine Schokolade kaufen«, sagte noch der Boutiquenbesitzer, als wir eine Tüte Recherchematerial für 25 Euro aus seiner supernostalgischen Schokoladenboutique namens »Amélie« heraustrugen. Wir hatten fest vor, uns über alles lustig zu machen, über die antiquarische Registrierkasse und den klimatisierten Pralinenschrank, über den Kakaobohnen-Herkunftswahn mit Single-Plantagen-Zertifikat, der nicht von ungefähr an den Single-Malt-Fetischismus der Whiskymänner erinnert oder den Jahrgangskult der Weinkenner ... Bevor es aber ans Schreiben ging, mussten wir natürlich alle Herkunftsländer durchprobieren, über São Tomé und Vanuatu bis Trinidad, versteht sich ... und ach, wir wissen auch nicht mehr, was dann genau passiert ist. Irgendwie waren wir plötzlich milde gestimmt, mit der Welt im Reinen, ja, man kann es nicht anders sagen: Wir spürten einen Hauch von Glück. Und sollten die Kolleginnen jetzt fragen, wo denn die ganze Schokolade hingekommen ist, die wir in die Redaktion getragen haben, dann erzählen wir ihnen von den ursprünglichen Entdeckern dieses wunderbaren Stoffes, dem weisen Volk der Azteken. Man sagt, dass der Genuss der Kakaobohne dort, sicherlich aus gutem Grund, allein den Männern vorbehalten war.   (T.K.)

ÜBERZEUGUNGEN

Das Prinzip Dreitagebart

Als Matthias Platzeck für kurze Zeit ins Rampenlicht der Berliner Republik trat, galt er als »Hoffungsträger«, als »unverbrauchtes Gesicht«, als Sympathieträger mit »erfrischend anderem Politikstil« und als »glaubwürdiger Vertreter einer neuen Generation«. Und auf seltsame Weise war man bereit, das alles erst einmal zu glauben – selbst wenn man nichts über den SPD-Mann wusste und keine Ahnung von seiner bisherigen Arbeit für das Land Brandenburg oder die Stadt Potsdam hatte. Der Grund war klar: Mit Platzeck zog erstmals der Dreitagebart in die höchsten Etagen der deutschen Politik ein. Sosehr man nachgrübelt oder Berliner Korrespondenten befragt – es fällt einem hierzulande kein bekannter Politiker ein, der diese Barttracht vor ihm zum Markenzeichen erhoben hätte. Und auch international gab es bisher höchstens den Palästinenserführer Jassir Arafat, der seine Stoppeln laut Legende mit dem Hunderasierer trimmte, aber wegen der notorischen Fusseligkeit seiner Gesichtsbehaarung nie wirklich stilbildende Wirkung entfaltet hat.

»Der Dreitagebart hat lange gebraucht, um akzeptiert zu werden«, schreibt der Buchautor Bernhard Roetzel in seinem Werk *Der Gentleman*. Noch heute sei er nur in »kreativen Berufen« wirklich verbreitet, und die Botschaft könne noch immer sein: »Ich komme nicht in die Puschen, und auf mein äußeres Erscheinungsbild lege ich nicht allzu großen Wert.« Diese Vorurteile sorgten bisher dafür, dass Männer vor der Bewerbung um hohe Ämter doch lieber zum Rasierer griffen – oder sie winkten, frei nach Eugen Roth, schon vor der Nominierung ab: »Der Mensch jedoch den Mut verliert, denn leider ist er unrasiert«, schrieb der Dichter einst über einen Möchtegern-Verführer, dessen »schlecht geschabtes Kinn« dem eigentlich schon schwachen Frauenzimmer alle sündigen Gedanken wieder austreibt. Diese Zeiten sind wohl endgültig vorbei – Platzeck gilt zuallererst auch als Frauentyp, und wahrscheinlich lässt sich die erotische Einschätzung der *Glamour*-Redaktion inzwischen nahtlos auf die Politik übertragen: »Männer mit Bartstoppeln haben Besseres zu tun, als sich jeden Tag zu rasieren. In ihrem Leben ist kein Platz für Nebensächlichkeiten.«

Das Gastspiel des Dreitagebarts im Zentrum der Macht erzählt auch von der Geschichte einer Ideologisierung, die um das Jahr 1984 begann. Vorher war man schlichtweg zu faul zum Rasieren, oder es fehlten, wie in den meisten Clint-Eastwood-Western, einfach die geeigneten sanitären Anlagen. Mit Don Johnson und der Serie *Miami Vice* aber begann der Aufstieg des Dreitagebarts zum emphatischen Statement einer neuen Männlichkeit, flankiert von so zweifelhaften Begleitern wie pastellfarbenen Sakkos und weißen Herren-Espadrilles. Ein Jahr später war mit Mickey Rourke in *Neuneinhalb Wochen* und Heiner Lauterbach in *Männer* bereits eine Art Zenit der Bewegung erreicht: Der Dreitagebartmann war in gewisser Weise wild und ungezähmt, verbarg aber unter den harten Stoppeln auch einen weichen, beinah femininen Kern. Vor allem aber positionierte er auch alle anderen Männer neu, nämlich entweder als nacktgesichtige, angepasste Karrieristen oder als vollbärtige, wirre, friedensbewegte Waldschrate. Noch ein Jahrzehnt später dann konnten die Punkrocker der Ärzte den Dreitagebart in einem gleichnamigen Song als herrschendes Männlichkeitsideal der Provinzdisco verspotten.

Seither schien er längst wieder zum puren Ausweis der Rasierfaulheit herabgesunken, überlebte als modisches Statement aber auf wundersame Weise in der Potsdamer Lokalpolitik – und rückte im Gesicht des SPD-Manns Platzeck wieder für ein paar Monate ins Scheinwerferlicht. Sein Träger war, so hört man, umweltbewegt, aber durchaus auch konservativ, sozial einfühlsam, aber auch streng auf der Hartz-IV-Linie, immer gut gelaunt, überall beliebt und ein großer Integrator. Damit markierte der Dreitagebart exakt den Sitz der neuesten Neuen Mitte und gab dem Mann ohne Eigenschaften Profil, der sich in schwieriger Zeit und Lage keine allzu scharf definierten Positionen mehr leisten mochte. Als Matthias Platzeck dann aus gesundheitlichen Gründen als SPD-Vorsitzender und Oppositionsführer aufgeben musste, wurde er durch den Vollbart Kurt Beck ersetzt. Der war zwar mindestens genauso orientierungslos, aber wenigstens sah man es ihm nicht gleich auf den ersten Blick an. (T.K.)

Das Prinzip Kaiserschnitt

Als Heidi Klum und Britney Spears im Herbst 2005 fast zeit-
gleich die Geburt ihrer Söhne bekannt gaben, reagierten die
Berichterstatter auf unterschiedliche Weise: Auf die Umstände
der Entbindung Britneys wurde nicht weiter eingegangen; die
Nachrichten konzentrierten sich eher auf die Zahl der Leib-
wächter, die vor der Klinik aufmarschiert waren. Jeder Artikel
über Heidi Klums zweite Niederkunft dagegen enthielt bereits
im Einleitungssatz einen Kommentar über die Besonderheiten
des Ablaufs: »Angeblich wieder kein Kaiserschnitt!«, hieß es
etwa in der Internetausgabe von *Bild*, und das Ausrufezeichen
am Ende des Satzes markierte gleichermaßen die Brisanz der
Information wie den Unglauben des Verfassers. Es ist mittlerweile also eine Nachricht wert, dass das Kind einer Prominenten auf natürlichem Wege zur Welt gekommen ist, wobei
sich die Frage stellt, ob diese Formel überhaupt noch die passende ist: Der »natürliche« und daher nicht mehr erwähnens-
werte Weg der Geburt scheint zumindest unter jenen Frauen,
deren Entbindung öffentlich verhandelt wird, längst der Kaiserschnitt zu sein. Britney Spears ist nur der letzte Name einer
Reihe, zu der auch Madonna, Claudia Schiffer, Victoria Beck-
ham oder Elizabeth Hurley gehören.

Aus der Notoperation, aus dem letzten Hilfsmittel, um eine
komplizierte Geburt doch noch erfolgreich zu Ende zu
bringen, ist eine Option unter anderen geworden. Der ohne
medizinischen Hintergrund durchgeführte »Wunschkaiser-
schnitt«, wie er von den Gynäkologen genannt wird, hat sich
nicht zuletzt durch seine Beliebtheit bei Prominenten auch in
Deutschland durchgesetzt; es liegen Statistiken vor, wonach
sich der Anteil der Kaiserschnitte im letzten Vierteljahrhundert von sechs Prozent auf 25 Prozent, in Privatkliniken sogar
auf mehr als 40 Prozent aller Geburten erhöht hat. Was sind
die Gründe für diese Entwicklung? Was heißt es, dass der na-

türliche Weg des Gebärens sich langsam in einen archaischen Weg zu verwandeln scheint? Alle von den Schwangeren wie von den Ärzten vorgetragenen Argumente – die Angst vor übermäßigen Schmerzen in den Wehen; die exakte Planbarkeit der Geburt; die geringeren Auswirkungen auf Körperform und Sexualleben (»Preserve your love channel« heißt eine amerikanische Initiative gegen die konventionelle Niederkunft) – all diese Argumente weisen in dieselbe Richtung: Es geht offenbar darum, das Ereignis der Geburt so wenig wie möglich in die eigene Biografie eingreifen zu lassen; die Schwelle zur Mutterschaft soll nicht in aller Intensität erfahren, sondern anästhesiert werden. Es ist kein Zufall, dass gerade Models und Popstars als Pioniere dieser Praxis gelten, Frauen, deren Körper ohnehin keine sprunghaften Verwandlungen erleiden dürfen. Der Kaiserschnitt ermöglicht ihnen, ein Baby zu bekommen und – dank perfektionierter Narbenkosmetik – trotzdem genau dieselbe zu bleiben wie zuvor. Im Operationssaal fungieren sie gewissermaßen als Leihmütter ihrer selbst.

Der Widerstand gegen diese Tendenz verschärft sich in letzter Zeit; in England wird sogar ein Gesetz debattiert, das den Kaiserschnitt ohne medizinische Notwendigkeit verbieten soll. Zweifellos ist der Affekt gegen die kollektive Auslöschung des Geburtsereignisses nachvollziehbar. Gleichwohl haben die Kritik an freiwilligen Kaiserschnitten und das Beharren auf dem Durchstehen der natürlichen Prozesse einen irritierenden Unterton. Was genau wird kritisiert, wenn man Gebärenden vorwirft, es sich zu bequem zu machen? Letztendlich, dass sie den mit Qualen verbundenen Augenblick der Entbindung auf unzulässige Weise umgehen und die Prägung der eigenen Existenz als Mutter nicht ausreichend zulassen. Aufschlussreich ist in diesem Zusammenhang ein Kommentar zu Britney Spears' Entbindung. »Sie hatte also einen Kaiserschnitt, klar«, heißt es in einem Internet-Blog. »Wahrscheinlich deshalb, damit sie schneller wieder ihre Sexlieder verkaufen kann.« In diesem Statement wird die ideologische Komponente der Debatte deutlich. Denn der Argwohn gegen den freiwilligen Kaiserschnitt ist vielleicht auch der Argwohn gegen Frauen, deren erotische Souveränität auch nach der Geburt eines Kindes nicht eingeschränkt ist. Der Kaiserschnitt ist in diesem Sinne auch eine Provokation: gegen die vorschnelle Domestizierung der Frauen in ihrer Rolle als bloße Mutter.   (A.B.)

Das Prinzip Kinderkriegen

Die kinderlose, aber gebärfähige Frau in diesem Land – sie stand im Sommer 2006 schwer unter Druck: anklagende *Spiegel*-Titel, Bestseller-Thesen von Frank Schirrmacher, *Bild*-Aufmacher mit Karrierefrauen ohne Nachwuchs, Deutschland als weltweites Schlusslicht der Geburtenstatistik und nicht zuletzt die Drohung der Politiker, den Kinderlosen in Zukunft die Rente zu kürzen. Junge Akademikerinnen, hieß es, handelten besonders unverantwortlich: missachteten die »Schöpfungsnotwendigkeit« der Mutterschaft, stemmten sich gegen die »Urgewalt« der Natur und hätten am Überlebensprogramm der Menschheit »gefingert« – um nur Schirrmacher und den *Spiegel* zu zitieren. Welcher halbwegs emanzipierten jungen Frau würde da nicht die letzte Lust am Kinderkriegen vergehen?

Das Wunder der menschlichen Existenz wird hier auf zwei prekäre Aspekte reduziert: erstens auf die angebliche »Pflicht« der Frauen, in besonderer Weise für den Fortbestand der Gemeinschaft zu sorgen; und zweitens auf ihre Überhöhung als Schöpferin des Lebens und Garantin des sozialen Zusammenhalts. Beides hängt natürlich mit der unbestreitbaren Tatsache zusammen, dass zur Fortpflanzung zwar beide Geschlechter notwendig sind, der männliche Anteil sich aber leicht auf eine Samenspende reduzieren lässt, während von der Frau ein unvergleichlich höherer Einsatz verlangt wird. Die scheinbare Machtposition à la »Ohne euch geht gar nichts mehr«, die hier auf dem Silbertablett serviert wird, ist allerdings ideologisch vergiftet: Dahinter steckt nichts anderes als das Ziel, das Bild der Frau wieder auf das biologische Minimum der »Gebärenden« zurückzuführen, in dem sie jahrtausendelang gefangen war – und in vielen Kulturen auch heute noch immer ist.

Alles, was moderne Frauen überhaupt erreicht haben, haben sie gegen diese fatale Zuschreibung erreicht. Den Wunsch, diese Errungenschaften nun wieder panisch in Frage zu stellen, müssen sie notgedrungen mit Sarkasmus beantworten – die Repliken auf Schirrmachers *Minimum* zeigen es. Als »Reproduktions-Enzyklika« verspottet eine Kollegin der *Süddeutschen Zeitung* das Buch; »dass überhaupt Frauen in diesem Land bereit sind, Kinder zu kriegen, ist ein Wunder«, bemerkt aufmüpfig eine Schirrmacher-Untergebene in der *FAZ-Sonntagszeitung*; und die Autorin der *Frankfurter Rundschau* bietet gleich in bitterer Ironie ihre Dienste an: »Gestatten, Frau und Gebärmutter, ich bin hier der soziale Kitt. Wo kann ich mich hinkleben?« Sollte es tatsächlich um die Lösung eines Gesellschaftsproblems und nicht nur um Gewinnmitnahmen auf dem Bestsellermarkt gehen, wirkt das ganze Getöse seltsam fehlgeleitet. Das großzügige Stellenangebot »Retterin des Abendlandes« können sich die Männer – sofern es nach den Frauen geht – jedenfalls sonstwo hinstecken.

Nur: Warum eigentlich? Warum sollte es nicht möglich sein, die Zumutung der Gebärmutterrolle zwar bedingungslos zurückzuweisen, die damit verbundene Machtposition aber anzunehmen? Wäre das nicht die angemessene Antwort auf das Doppelspiel des Patriarchats, und könnte es die Frauen nicht von dem schlechten Gewissen befreien, das sie in allen denkbaren Rollen quält? Als »egoistische« Nicht-Mutter, als arbeitende »Rabenmutter« oder als rückständige »Nur-Mutter« ist sie derzeit an allen Fronten in der Defensive – und allein das Gefühl, mit der Entscheidung fürs Kinderkriegen buchstäblich die Zukunft zu retten, sollte hier als machtvolles Gegengift wirken. Zum Bespiel beim Thema Kind und Karriere. Was bedeutet schon ein wichtiges Meeting angesichts der Aufgabe, am Wickeltisch das Überleben des Landes zu sichern? Und was zählt ein halber Tag Abwesenheit in der Redaktion der *Frankfurter Allgemeinen Zeitung*, wenn die Rente von morgen doch in Wahrheit doch im Kinderhort um die Ecke erwirtschaftet wird? Nichts, gar nichts – auch Frank Schirrmacher wird in seiner Rolle als Arbeitgeber nichts anderes mehr behaupten können. Hier gilt es nun, neue Vorteile eiskalt zu nutzen – und eine ganze männliche Führungsebene auf ihre eigenen Horrorszenarien festzunageln. (T.K.)

Das Prinzip Joschka

Stellen wir uns vor, der Mann wäre nicht als Joschka Fischer berühmt geworden. Sondern, wie's der Teufel will, als Sepp Fischer, Pepe, Joe oder gar Yusuf Fischer. Die Welt wäre eine andere: Er hätte es nicht zum beliebtesten Politiker Deutschlands gebracht, auch nicht zum zweitbeliebtesten, das ewige Auf und Ab seines Körpergewichts wäre allen egal gewesen genauso wie seine Visionen von Kern- oder Großeuropa, seine umfassenden Friedenspläne für den Nahen Osten und die Zahl seiner Frauen. Außerdem wäre er wohl immer noch voll berufstätig, auf einem sicheren Posten als Taxifahrer in Frankfurt am Main. Alles, worauf Fischer heute zurückblicken kann, verdankt er dem Joschka-Prinzip.

Die Macht dieses Prinzips begreift man am besten über seine Ausnahmen. Da wären zunächst die Sitzungsprotokolle des Bundestags, die ihn, in amtlicher Gültigkeit beziehungsweise Gleichgültigkeit, immer als Fischer, Joseph, bezeichnen. Genauso nennen ihn oft auch die Schreiber der *FAZ*-Politikseiten, die gern ebenfalls amtliche Gültigkeit hätten, ihn aber vor allem nicht mögen. Und schließlich wären da seine entmachteten Erzfeinde zur Linken, Jutta Ditfurth zum Beispiel, die immer noch einen draufsetzen müssen. Ditfurth sagt im Ernstfall Joseph Martin Fischer und spuckt diesen Dreiklang so hasserfüllt aus, als offenbare sich darin die ganze Niedertracht ihres großen Widersachers.

Der Umkehrschluss ist klar: Wer Joschka sagt, ist bereits Komplize. Er spricht dem Mann, ein Erbe seiner ungarndeutschen Herkunft, das Verschmitzte und Liebenswerte, vor allem aber das Besondere zu: Joschka, die Legende im Frankfurter Häuserkampf, Joschka der Rabauke und Versammlungsbrüller, Joschka, der Machtmensch und Realo-Taktiker, Aufsteiger, Verwandlungskünstler, Visionär. In Joseph würde ja, wie unpassend, christliche Demut mitschwingen und noch schlimmer: ein Hauch von Impotenz. Der fromme Mann halt, der Maria gerade nicht geschwängert hat. Obwohl Joschka katholisch ist, geht das natürlich nicht. Im Gegenteil: Wer Joschka sagt, sagt eigentlich auch Pascha, das steckt da praktisch drin. Sagt Weltenlenker, Großdenker, Detailverächter, Fragenwegwischer – im Brustton der Anerkennung. Sagt augenzwinkernd Ja zu vier oder fünf Ehen, geistigen Wendungen, bezaubernden neuen Freundinnen, Joggen, Nichtjoggen, Wampe, Nichtwampe, Wein, Apfelschorle, alles so irre menschlich, alles schon dabei.

In jenem historischen Augenblick, als der Mann Minister wurde und doch Turnschuh-Joschka blieb, so wahr ihm Gott half, war ihm eigentlich schon alles verziehen, was zu verzeihen war, stand seinem Aufstieg zu grenzenloser Beliebtheit nichts mehr im Weg. Das Prinzip Joschka, auch ein Verniedlichungsprinzip, verniedlichte vor allem seine Vergangenheit. Der Versuch im Jahr 2001, diese noch einmal karriereschädigend aufzurollen, musste daran zerschellen. Er hatte »Putz« gemacht, schon klar, aber war er ein Terrorist? Dann doch eher ein niedlicher Terroschka, der die Steine, wenn er sie warf, eigentlich nur »in die Luft« warf. Mit den Jahren ist aus dem Joschka-Prinzip eine Art Schutzpanzer geworden, ein politischer Deflektorschild, hinter dem der Mann sich beinah alles erlauben konnte. Er war auch durch den Untersuchungsausschuss in der sogenannten Visa-Affäre zuletzt nicht mehr zu knacken.

Die Wahrheit ist am Ende nämlich die, dass das Joschka-Prinzip nicht nur in Joschka verwurzelt ist – es steckt praktisch in uns allen: Unser innerer Joschka macht gern auf antiautoritär und ruft zum Beispiel »Arschloch« im Bundestag – aber er weiß genau, dass dies nur die politische Sprengkraft eines Silversterböllers hat. Er kämpft wie ein Löwe gegen Atomkraft und Großkonzerne und für den ewigen Frieden, kapiert aber auch, wann Schluss ist, und fügt sich danach staatsmännisch ins Unvermeidliche. Der innere Joschka ist, kurz gesagt, zeitlebens auf dem langen Lauf zu sich selbst. Und falls er der Einzige ist, der dabei vorankommt – dann ist das am Ende nicht sein Problem.   (T.K.)

Das Prinzip Manufactum

Natürlich hat Manufactum, das Versandhaus und exklusive Geschäftsimperium mit »altehrwürdiger Qualitätsware aus Omas Zeiten« (*Süddeutsche Zeitung*), das Prinzip seines Erfolgs nicht allein gepachtet. Aber es war doch der gelernte Buchhändler und ehemalige Grünen-Geschäftsführer in Nordrhein-Westfalen, Thomas Hoof, der die zentrale Idee erkannte, in eine gültige Form brachte und inzwischen zu einer kompletten Gegenideologie gegen die Moderne (alias Globalisierung, Massenproduktion, Designwahn) ausgebaut hat. Äußerlich geht es dabei um die Vermarktung vergessener Handwerkstraditionen, hochwertiger Materialien und nostalgischer Ästhetik, aber das ist nicht der Kern der Sache. Entscheidend ist ein letzter Produktionsschritt, der erst durch den Händler selbst erfolgen kann: die Veredelung der Produkte durch Geschichten.

Ohne die ausführlichen, oftmals sehr komplexen, extrem weitschweifigen Katalogtexte und Erklärtäfelchen wären die meisten Manufactum-Produkte nichts oder zwar einfach gut, aber viel zu teuer. Die Geschichten dazu jedoch ändern das. Zum Beispiel beim »Red Wing Roundtoe Boot 1909«, der wie ein ganz normaler, stabiler Arbeitsstiefel wirkt – bis man in einer langen Erklärung erfährt, dass sein Leder unter anderem das »offizielle Leder« der amerikanischen National Football League war, und zwar in den Jahren von 1930 bis 1960. Oder bei einem Handquirl, der vor allem nach Sehnenscheidenentzündung aussieht, bis man staunend lesen darf, dass er von den Amish People in Pennsylvania handgefertigt wird, die ihre Dinge eigentlich gar nicht verkaufen. »Dieses hier haben wir ihnen abgerungen«, prahlt der Katalog – und man sieht es direkt vor sich, wie der Quirl einem vollbärtigen Dorfältesten mit sanfter Gewalt entwunden wird. Schon ist er eigentlich jeden Preis wert.

Das ist genau der Punkt: So sinnlos diese Informationen scheinen mögen, die in den Anfangsjahren von Firmengründer
Hoof noch höchstselbst aufgeschrieben wurden – sie generie-
ren realen Mehrwert. Alles kann noch mal eine Ecke teurer
verkauft werden. Der erste Effekt bei Manufactum-Preisen ist
oft Fassungslosigkeit. Das ändert sich aber, wenn man erst einmal in das Leben der Korbmacher in Oberfranken eintaucht,
von schwedischen Schmieden erfährt, die handgeschliffene
Jagdbeile mit ihren Initialen signieren, oder nahezu live dabei
ist, wenn Trappistinnen-Nonnen im französischen Laval ihr
Puddingpulver mit Algenextrakten anreichern, sicherlich in
tiefstem Schweigen, wie es sich für den Orden der Trappisten
gehört. Überhaupt Produkte aus Klöstern, das ist eine der zug-
kräftigsten Geschichten überhaupt – sie haben im Katalog
gleich mal eine eigene Rubrik. Dass diese Geschichten auch
wahr sind, ist für den Käufer absolut entscheidend – Gegentei-
liges wurde allerdings bisher auch nicht nachgewiesen.

Wo immer sich also Erzählungen mit Produkten verbinden,
steigen die Preise – das sieht man auch an der »Starbucks Cof-
fee Story« (in jeder Filiale als Thekendisplay) oder an der Legende von der »Mon Chéri«-Piemont-Kirsche, die jedes Jahr
wieder in der Werbung erzählt wurde. Das Prinzip ist universal, und wir warten noch auf den Moment, in dem auch
Massenimporteure diese Technik entdecken. Dann könnte
nämlich auch ein chinesisches Billig-T-Shirt plötzlich die Story der 19-jährigen Fan Qunli erzählen, die in der Textilfabrik
Hongxing-Sabrina in Shaoxing arbeitet, aus der tiefen Provinz
kommt, mit zwei Kolleginnen in einem firmeneigenen Wohn-
heimzimmer wohnt und sehr stolz ist, dass sie ihren Eltern
jeden Monat Geld nach Hause schicken kann. Das T-Shirt
könnte sogar noch mehr berichten: Wie seine Fahrt in den
Westen von einem EU-Kommissar gestoppt wurde, wie es mit

achtzig Millionen anderen chinesischen Textilien wochenlang vom Zoll in Quarantäne gehalten wurde und schreckliche Unsicherheit durchleiden musste, bis ein Handelsquoten-Kompromiss es wieder befreite und es schließlich im Laden um die Ecke ankam. Noch kennen wir diesen dramatischen Lebensweg nur aus der Zeitung. Der Händler aber, der es schafft, ihn mit einem realen Produkt zu verknüpfen – der kann den Preis gleich mal verdoppeln. (T.K.)

Das Prinzip Nachbessern

Was bleibt von der ganzen Aufregung um Gerhard Schröders Memoiren, der Kritik an seiner Nachfolgerin, seinem letzten Auftritt als politischer Machtmensch? Im Wesentlichen ein Satz aus seinem *Spiegel*-Interview – das doch sehr knappe Fazit einer siebenjährigen Amtszeit: »Wenn es eines gibt, was man vielleicht lernen kann, dann dass dieser sehr abfällige Begriff der Nachbesserung eigentlich ins Positive gekehrt gehört.« Wer ein komplexes Reformwerk in der Gesellschaft durchsetzen wolle, so der Exkanzler weiter, müsse nun einmal mit dem Auftauchen von Fehlern rechnen – und diese dann auch korrigieren dürfen, ohne gleich als »schlechter Handwerker« diffamiert zu werden. Das kann man also lernen. Vielleicht. Wenn überhaupt.

Was hier einigermaßen kläglich klingt, enthält bei genauerem Hinsehen eine tiefe Wahrheit. Denn es ist ja richtig: Der Vorgang des Nachbesserns verbindet sich hierzulande mit Inkompetenz. Zum Beispiel mit dem Versager im Blaumann, der beim Anschluss der Toilette gepfuscht oder aus Versehen eine tote Katze mit eingemauert hat – und anschließend gezwungen wird, die Sauerei auf eigene Kosten zu beseitigen. Auch Kaufangebote im Fußball oder Übernahmeofferten im Wirtschaftsleben, die erkennbar indiskutabel sind, müssen zügig nachgebessert werden – sonst platzt das Geschäft. So haftet der Sache ein Odium des Betrugs und der Kleinlichkeit an, und dieses Stigma hat das eigentlich noble Prinzip des Nachbesserns auf keinen Fall verdient.

In der Welt der Computer und Programmierer gibt es dagegen eine Phase, in der Nachbesserungen selbstverständlich und keine Schande sind. Man nennt sie Beta-Phase. Dort hat sich der Grundsatz etabliert, dass man heutzutage überhaupt nicht mehr weiterkommt, wenn man die Dinge nicht versuchsweise startet und dann in schneller Folge Korrekturen vornimmt. Die Firma Google zum Beispiel funktioniert komplett nach dieser Philosophie und stürmt damit augenblicklich von Erfolg zu Erfolg. Also bitte: Warum bringen wir nicht die ewigen Alpha-Tiere der Politik zum Schweigen und schreiben ein kleines »Beta« auf jeden neuen Gesetzestext? Es wäre kein Weltuntergang. Niemand kann auf Anhieb perfekt sein. Der Erfolg hängt auch von Abstürzen, Rückschlägen und den Anregungen der User ab. Und im Grunde hat nicht nur die Softwareindustrie längst begriffen, dass die Beta-Phase des Lebens eigentlich nie zu Ende geht.

»Niemand weiß irgendwas«, lautet seit Langem das Motto Hollywoods. Zwar versuchen dort unzählige Experten, den nächsten Hit zu planen und den nächsten Flop zu vermeiden, aber sie liegen regelmäßig komplett daneben. Ungefähr so wie die Berliner Experten, wenn sie die Wirkung einer Arbeitsmarktreform vorhersagen oder die finanziellen Folgen einer Steuerrechtsänderung abschätzen. Filme funktionieren nur in Verbindung mit dem Publikum, Gesetze und Reformen nur in Verbindung mit dem Bürger. Das bleibt überraschend. Die Bosse von Hollywood werden deshalb oft gefeuert. Die Politiker auch. Also bitte: Warum gehen wir dann immer noch wütend auf die Barrikaden, wenn ein Regierungschef mal zugibt, dass er eigentlich keine Ahnung hat? Es ist einfach die Wahrheit, und Hollywood macht ja trotzdem oft ziemlich gute Geschäfte.

Schließlich muss gesagt werden, dass die Nachbesserung im Englischen *Amendment* heißt und dort einen völlig anderen Ruf genießt. Als die Gründerväter der Vereinigten Staaten von Amerika ihre Verfassung schrieben, haben sie, ganz ähnlich wie die Politiker heute, schlichtweg nicht alles gut bedacht.

Aber was taten sie? Statt diese Verfassung nun höhnisch als
»Stückwerk« und »Pfusch« oder »halbgaren Kompromiss«
zu diffamieren, besserten sie fröhlich nach und hängten ein
paar Zusätze daran, die sie von eins bis siebenundzwanzig
nummerierten. Zusatz Nummer eins ist als *First Amendment*
zum Beispiel sehr, sehr berühmt geworden: Darin geht es um
so marginale Verbesserungen wie die Meinungs-, Presse-, Ver-
sammlungs- und Religionsfreiheit. Eigentlich gibt es also keinen Grund, warum nicht auch der erste nachgebesserte Zusatz zur deutschen Gesundheitsreform dereinst mythischen
Status erreichen sollte. (T.K.)

Das Prinzip Naturtrüb

In der Anpreisung von »naturtrüben« Produkten ist eine Behauptung enthalten: dass das »Klare« im Umkehrschluss das Unnatürliche, Synthetische sei. Seit mindestens einem Jahrzehnt nehmen ungefilterte Biere, Säfte, Schnäpse oder Essige einen prominenten Platz in Bioläden und konventionellen Supermärkten ein. Ökologische Warentests treiben diese Etablierung voran, wenn sie in ihren Untersuchungen zu dem Ergebnis kommen, dass naturtrübe Fruchtsäfte oder Biere weitaus größere Mengen an Vitaminen und Mineralien enthalten. Sie legitimieren den Schritt vieler Brauereien und Saftproduzenten, Hefe- beziehungsweise Fruchtzuckerrückstände nicht mehr aus den Getränken zu entfernen.

Mit der Konjunktur des »Naturtrüben« ist aber die Frage nach der Geschichte und dem Status von Filtern verbunden. Spätestens seit Mitte des 19. Jahrhunderts, das zeigt ein Blick in Wissensgebiete wie öffentliche Gesundheitspflege oder Bakteriologie, stand die Perfektionierung von Filtrationsverfahren für die Perfektionierung menschlicher Zivilisation selbst. Das Vermögen, etwa Trinkwasser auf immer feinere Weise von Fremdstoffen zu befreien, erschien als Kulturleistung schlechthin, was sich auch auf den Umgang mit anderen Flüssigkeiten übertrug. Der Siegeszug naturtrüber Getränke mindert diese konstante Bedeutung des Filters. Die Kategorie des »Klaren« erfährt eine Umdeutung: Sie ist nicht mehr gleichbedeutend mit dem Reinen, sondern eher mit dem industriell Produzierten. Das Trübe aber, von jeher das latent Verunreinigte, gilt nun als Garant für Gesundheit und Wahrhaftigkeit. Einem Unertl-Weißbier oder Demeter-Apfelsaft würden gründliche Filter nicht mehr Schadstoffe entziehen, sondern die Seele.

Bis vor wenigen Jahrzehnten war das Konzept des Naturtrüben völlig undenkbar. Noch in den jüngsten chemischen Standardwerken zur Technik der Filtration ist die Identität von Klärung und Kultur vorausgesetzt. So heißt es in Gerhard Ross' umfangreichem *Beitrag zur Geschichte der Filtration von Flüssigkeiten* von 1959: »Die Entwicklung der Filtration kann als ein Spiegel für den jeweiligen kulturellen Stand und besonders für den Stand der Hygiene eines Zeitalters angesehen werden [...]. Das ästhetische Empfinden des Menschen fordert von Genussmitteln deren Sauberkeit, und besonders Getränke, wie z. B. Wein, Bier, Most u. a., sind als klare, reine und durchscheinende Flüssigkeiten beliebt.« Andreas Kufferaths jahrzehntelang aufgelegtes Buch *Filtration und Filter* wiederum stellt eine Diagnose, die heutzutage ein Lächeln hervorruft: »Alkoholhaltige Getränke (Biere, Weine, Liköre) sowie alkoholfreie (Obstsäfte, Limonaden) würden bei Vorhandensein auch nur geringer Trübungen oder von Bodensatz schwer verkäuflich sein.«

Diese Zitate geben einen Eindruck davon, welch Mentalitätswandel mit dem Erfolg ungefilterter Getränke verbunden ist. Das aus der Alternativkultur der Siebziger- und Achtzigerjahre erwachsene Augenmerk auf möglichst naturbelassener Ernährung hat eine fast zweihundert Jahre lang stetig verfeinerte Kulturleistung, die Kunst des Filterns, zur Stagnation gebracht. Die Feier des Naturtrüben steht dabei für die gleiche Tendenz wie etwa auch die verbreitete »Renaturierung« von Flüssen in den letzten Jahren, die Rückführung in ihren ursprünglichen, verschlungenen Lauf, die das seit dem frühen 19. Jahrhundert angewandte Verfahren der Begradigung – als eines Mittels der Rationalisierung und Kultivierung von Landschaften – wieder zurücknimmt.

Eines darf man aber nicht vergessen: Die scheinbare Rückkehr zu vormodernen, »natürlichen« Produktionsprozessen von Getränken ist eher deren Simulation mit modernsten Mitteln.

Die Vergröberung oder Eliminierung von Filtern ist kein einfaches Besinnen auf Vergangenes – sie geschieht im genauesten Wissen um die zeitgemäßen hygienischen und technischen Standards. Insofern sollte man eine Begriffskorrektur vornehmen. Die neuen Bier-, Fruchtsaft- und Schnapssorten sind allenfalls »kulturtrüb«. (A.B.)

Das Prinzip Rollenspiel

Sucht man nach Erkenntnissen über das menschliche Rollen-
spiel, dann sprechen Sozialforscher und Psychologen meist
von einem Stadium der kindlichen Entwicklung. Auf die
neue Bedeutung, die diese Form der Kommunikation in der
Welt der Erwachsenen entfaltet, sind wir nicht im Geringsten
vorbereitet. Nimmt man nur das Phänomen in seiner extrems-
ten Form – also Menschen, die komplett in Onlinewelten wie
World of Warcraft oder *Second Life* eintauchen, sich dort einen
neuen Körper auswählen, eine neue Identität konstruieren und
ein zweites ideelles, soziales oder sogar wirtschaftliches Leben
beginnen –, dann verdoppelt sich das Heer der Rollenspieler
derzeit alle zwei Jahre. Ihre Zahl wird Ende des Jahres 2006 auf
weltweit 15 Millionen geschätzt, allein acht Millionen davon,
meldet die Firma Blizzard Entertainment, sind zahlende *World
Of Warcraft*-Abonnenten und verbringen einen Großteil ihrer
Freizeit als Blutelfen-Hexenmeister, als Zwergenpriester oder
Orc-Schamanen.

Für jene, die nicht daran teilnehmen, ist das Phänomen noch
weitgehend unsichtbar – die Spieler sitzen in der Regel allein
vor dem Heimcomputer. Nur der Verkaufsstart einer neuen
Software sorgt regelmäßig für Schlangen vor den Geschäften
und ein wenig gesellschaftliche Aufmerksamkeit. Man darf
sich aber nicht täuschen lassen: Hier wird gerade in atem-
beraubendem Tempo eine Parallelwelt aufgebaut, deren An-
ziehungskräfte schon jetzt enorm sind, die süchtig machen
kann, wie es sonst nur Drogen tun, und die eine fundamentale
Herausforderung an jenes Leben darstellt, das wir gemeinhin
als »Realität« bezeichnen. Täglich kommen nun Meldungen
auf den Tisch, die zum Beispiel von der Verdoppelung des Lebens in *Second Life* berichten: Diese oder jene Band hat dort ein
virtuelles Konzert gegeben, dieser oder jener Konzern macht
dort eine Filiale auf, dieser oder jener Politiker hat ein Büro

eingerichtet. Die Botschaft ist klar: Wer in Zukunft noch eine bestimmte Gruppe von Rollenspielern erreichen will, muss sich schon selbst in deren Welt hineinbegeben – anders werden diese Menschen bald nicht mehr zugänglich sein.

Und warum sollten sie auch? Soziale Hemmnisse wie Hässlichkeit, Übergewicht, Schüchternheit, das falsche Alter, das falsche Geschlecht oder die falsche Herkunft spielen in diesen künstlichen Welten keine Rolle mehr. Jeder hat das Recht, sich beliebig oft neu zu erfinden. Es ist absehbar, dass diese virtuellen Sphären, die momentan noch verschiedenen Spieleanbietern gehören und streng voneinander getrennt sind, eines Tages fusionieren und dann ein gemeinsames Universum bilden werden – die Erfüllung jenes utopischen Konzepts, das der Autor Neal Stephenson Anfang der Neunzigerjahre bereits als »Metaverse« beschrieben hat. Die Möglichkeiten, sein komplettes Leben in dieser Zweitwelt zu verbringen, sind längst gegeben: Schon heute kann man dort Geld verdienen, das sich in echte Währungen konvertieren lässt, fast jeder Rollenspieler ist Teil eines sozialen Netzwerks, das sich zum Beispiel Gilde oder Clan nennt, Onlinesex und -hochzeiten sind an der Tagesordnung, sehr oft zwischen Partnern, die sich im wirklichen Leben noch nie gesehen haben.

Der alte Spruch, dass wir so mit der Erde umgehen, als hätten wir noch eine zweite im Keller, wird in der Sphäre des Rollenspiels schon bald schlichtweg die Wahrheit sein. Allein so fundamentale Bedürfnisse wie Stoffwechsel oder Fortpflanzung müssen auf die herkömmliche Realität beschränkt bleiben, aber diese, das zeigen schon die heutigen Erfahrungen, lassen sich entweder auf ein Minimum reduzieren oder ganz abschaffen. Für viele mag das wie ein Horrorszenario klingen – andererseits lässt sich philosophisch schwer erklären, warum wir die zugegebenermaßen höchst problembeladene und oftmals sogar tödliche Wirklichkeit nun unbedingt gegen eine virtuelle Lebensweise verteidigen sollten. Der Autor jedenfalls kann nur einen ganz pragmatischen Grund dafür anführen, warum er nicht längst ein neues Leben im Volk der Untoten, Klasse Schurke, begonnen hat: Bevor er nicht seine Steuererklärung erledigt, seine Großmutter besucht und seinen Bankberater endlich zurückgerufen hat, sieht er sich leider außerstande, auch noch mit einer zweiten Existenz fertig zu werden. (T.K.)

Das Prinzip Sony

Neulich habe ich ein Wort meiner Jugend wiedergefunden. »Walkman« stand da, in der Vitrine eines Telefonladens, auf dem neuen Handy von Sony Ericsson. Dort gehörte dieses Wort nicht hin. Es hatte auf einem Handy nichts verloren. Es hatte überhaupt, wie es schien, keinen Platz in der Gegenwart. Stattdessen hob eine Zeitmaschine ab, die mich zurück in die frühen Achtzigerjahre flog, in heftigste Teenagerzeiten, und in dem Moment ankam, als ich zum ersten Mal mit einem Walkman durch die Fußgängerzone der Stadt ging. Mein Gang war von federnder, nie gekannter Leichtigkeit; dazu ein Gefühl, beinah unangreifbar zu sein. Mit der Lieblingsmusik im Ohr, die ich allein hören konnte, war ich eine neue, autonome Entität im Stadtmoloch, Teil der rasenden Masse und doch zugleich auf einem ganz eigenen Planeten. In dieser Zeit, daran erinnere ich mich, musste jeder einen Walkman haben. Selbst der Gemeinschaftskundelehrer kam nicht umhin, persönlich einen Test zu machen – und warnte anschließend eine ganze Stunde lang vor arroganter Abkapselung und neuer sozialer Kälte. Danach war das Gerät erst richtig unverzichtbar.

»It's a Sony« stand auf meinem ersten Walkman, es stand jahrelang auf allen Sony-Geräten. Diese vier silbernen Buchstaben, genial aus dem amerikanischen »Sonnyboy« und dem lateinischen »Sonus« geformt, wurden ein Signet für Unfehlbarkeit und wahre Coolness, eine jugendkulturelle Kraft, die ihre Macht bis in Studententage bewahren konnte. Beim Kauf des ersten eigenen Fernsehers stand ich zunächst ratlos vor den riesigen, gleichgeschalteten TV-Batterien des Mediamarkts, Bildröhren in Käfighaltung, dröhnende Kakophonie. Dann aber fiel das Auge auf das vertraute Logo, ein Anhaltspunkt war gewonnen – und als ich näher trat, sprach der Verkäufer sogleich ein Zauberwort namens »Triniton«. Plötzlich sah ich es auch: Die Sony-Farben waren satter, die Schwärzen tiefer, die

Kanten schärfer – und obwohl dieses Gerät nicht das billigste war, blätterte ich, ohne zu zögern, die zusätzlichen Scheine auf den Tisch. Damit war ein Bund fürs Leben besiegelt, eine scheinbar unzerstörbare Marken-Kunden-Beziehung. Bei den Notebooks musste es später ein Sony Vaio sein, bei den Digitalkameras ein ultraflaches, silbern glänzendes Schmuckstück namens DSC-T1. Schon da fiel aber auf, dass unter dem noch immer makellosen Design nicht mehr automatisch die beste Technik wohnte: Die Sony-Software auf dem Notebook war Schrott, und die Bilder der Kamera neigten zur Unschärfe.

Wissen heutige Teenager noch, was ein Walkman ist? Dass man damit einst Kassetten abspielen konnte, 90 Minuten Musik in der Jackentasche, und dass dies im Juli 1979, als Sony das erste Gerät auf den Markt brachte, als Revolution galt? Wohl kaum. Das letzte Sony-Gerät von walkmanartiger Unverzichtbarkeit war die Playstation und ihre Nachfolgerin, die Playstation 2 – seitdem ist auch Sony einfach eine Marke unter vielen. Wer wirklich nach Coolness strebt, nach dem federnden Gang mit dem Knopf im Ohr, der träumt in diesen Zeiten zum Beispiel vom iPod. Auf geradezu apokalyptische Weise ist Apple in Sonys Terrain eingebrochen und kontrolliert inzwischen unglaubliche 60 Prozent des mobilen Musikplayer-Marktes. Wir bauen die Geräte, von denen andere Hersteller noch nicht mal träumen können – das war immer das stolze und arrogante Credo der Sony-Ingenieurskunst aus Japan. Firmengründer Akio Morita nahm immer für sich in Anspruch, den Walkman selbst erfunden zu haben – und für diesen Mythos war es auch egal, dass ein Deutscher zuvor bereits ein ähnliches Patent angemeldet hatte: An Sony-Technik kam niemand vorbei.

Umso trauriger ist es, den legendären »Walkman«-Schriftzug nun auf einem Handy zu sehen, das einfach nur Musikdateien

abspielen kann. Schon klar, Sony Ericsson ist eine 50-prozen-
tige Sony-Tochter, alles bleibt im Konzern, aber das Gerät ist
dennoch eine Verzweiflungstat: Hier soll ein berühmter Name
noch einmal reaktiviert, der Glanz einer vergangenen Epoche
beschworen werden. Aber die Wahrheit ist, dass keinerlei
technische Innovation mehr dahintersteckt. Handys, die Musik spielen können, hat auch vorher schon jeder gebaut, selbst
mein Nokia-Standardknochen kann das seit Langem. Wüsste
man nicht, dass Sony im Jahr 2005 zum ersten Mal in die Ver-
lustzone gerutscht ist, inzwischen einen Nichtjapaner an der
Spitze hat und vor einem langen, schmerzhaften Umbaupro-
zess steht – das Walkman-Handy allein würde schon die ganze
Geschichte dieses Niedergangs erzählen.   (T.K.)

Das Prinzip Stand-by

Der Stand-by-Modus technischer Geräte, jene Mittelstellung zwischen »An« und »Aus«, ist gleichermaßen Gegenstand der Geißelung wie der Glorifizierung. Von ökologischer Seite wird der »Bereitschaftsbetrieb« regelmäßig als der größte Feind eines gewissenhaften Energieverbrauchs ausgemacht. Studien weisen in eindringlichen Vergleichen darauf hin, wie viel Strom in Deutschland jährlich durch die Stand-by-Funktion von Fernsehern, Stereoanlagen, DVD-Playern, Computern verbraucht wird: der Bedarf einer mittleren Großstadt oder die Gesamtmenge des per Windenergie erzeugten Stroms. Mit welchem Aufwand der Kampf gegen den Stand-by-Modus mittlerweile geführt wird, zeigt sich etwa daran, dass das Umweltbundesamt diesem Thema ein eigenes Periodikum widmet, *Neues zum Thema Leerlaufverluste*, das seit 1998 mehrmals im Jahr erscheint. Der Tonfall dieser Publikationen ist von einer Art Pädagogik des Energieverbrauchs geprägt: Es gibt eine harte Grenzziehung zwischen dem »nützlichen« Verbrauch einerseits (die tatsächlich laufenden Geräte) und der Stand-by-Funktion andererseits, einem Modus der »Verschwendung«, »Vergeudung« und »Nutzlosigkeit«, wie es in den Artikeln immer wieder heißt. Guter Strom, böser Strom: Stand-by ist das Sinnbild des »Leerlaufs«, des verantwortungslosen Überflusses.

Diesem Zugang genau entgegengesetzt ist die Einschätzung der Kommunikationsmanager und Technikapologeten. Arbeitet die Ökologie an der möglichst klaren Scheidung von Ein und Aus, besteht die Sehnsucht in diesem Milieu darin, den Übergang im Dienste der Anschlussfähigkeit immer unmerklicher zu gestalten und schließlich ganz zum Verschwinden zu bringen. Computer oder Handys sollen schon in naher Zukunft, wie das aktuelle Schlagwort »Always-on« beschwört, überhaupt nicht mehr abschaltbar sein. In der Stand-by-Kul-

tur gibt es das zeitraubende Aktivieren und Hochfahren nicht
mehr; die Geräte kennen keinen tiefen Schlaf des Off, sondern
allenfalls einen leichten Schlummer, aus dem sie nach jeder
noch so sanften Berührung augenblicklich erwachen. Die
profane Frage nach dem Stromverbrauch ist vor dem Hintergrund der reibungslosen Einpassung in die Abläufe der Infor-
mationsgesellschaft zu vernachlässigen. Vielmehr gewährt die
Überwindung der hölzernen Ein-Aus-Zweiteilung den Zutritt
zum Wettbewerb. Was die Energiepädagogen als »Leerlauf«
verdammen, das ist in diesem Verständnis »Vernetzung«, die
Grundvoraussetzung moderner Lebensführung.

Interessant an den grundverschiedenen Wahrnehmungen des
Stand-by-Modus ist letzten Endes die Frage, wo genau diese
Zwischenstellung auf dem Weg von Ein zu Aus zu lokalisieren
sei. Nicht genau in der Mitte – darin wären sich beide Parteien
einig. Für die einen ist Stand-by nichts als eine betrügerische
Kategorie, ein Strom fressendes »Schein-Aus« (so eine beliebte
Formulierung), das sich über die eigentliche Aus-Funktion
gelegt hat. Für die anderen ist der Stand-by-Modus dagegen
ganz nahe am »On«, gewissermaßen seine Grundvoraussetzung, denn nur die ständige Aktionsbereitschaft sorgt dafür,
dass die tatsächlichen Datenströme auch optimal fließen
können. Zwei Vorstellungsbilder von Strom konkurrieren in
dieser Auseinandersetzung: ein ökonomisches, das ihn nur als
zeitweilig aktiven Zulieferungskanal von Daten ansieht, der in
dem Moment unterbrochen werden muss, in dem diese Lie-
ferung angekommen ist; ein ideelles, das ihn als unaufhörlich
fließendes Symbol moderner Kommunikation begreift.

»Bereitschaft« aber ist eine Kategorie, deren Standort zwischen
Null und Eins, zwischen Nein und Ja unklar ist. Man erkennt
das Problem auch in anderen Zusammenhängen als dem tech-

nischen, etwa in den jüngsten Diskussionen um die Bezahlung des »Bereitschaftsdiensts« bei Ärzten, in denen es letztlich um dieselben Fragen geht: Liegt diese Arbeit näher an der Freizeit oder an regulärer Arbeit; sollte sich die Vergütung an jenem oder an diesem Endpunkt der Skala orientieren? Stand-by: Im Zwischenbereich der digitalen Einheiten lauert das Missverständnis. (A.B.)

Das Prinzip T-Shirt

Das Nachdenken über das richtige T-Shirt, eine ständige
Herausforderung der Konsumgesellschaft, wurde im Jahr
2006 durch eine Meldung aus den vermischten Nachrichten
noch einmal verschärft. Ein Richter in Wilmington, Delaware,
verurteilte einen Gärtner namens Russell T., der wegen Ent-
blößung vor Minderjährigen für schuldig befunden wurde,
zu einer besonderen Strafe. Nach sechzig Tagen Haft muss
er zwei Jahre lang ein bedrucktes T-Shirt mit der Aufschrift
»Ich bin ein Sexualstraftäter« tragen. »Dies ist eine einzigartige
Möglichkeit, um seine Kunden wissen zu lassen, dass er ein
Sexualstraftäter ist«, erklärte der Staatsanwalt.

Sicherlich reagierte hier das amerikanische Justizsystem auf
den Trend zum Individual-T-Shirt, der sein neues Hauptquartier zur gleichen Zeit ausgerechnet in Leipzig gefunden hatte.
Dort sitzt die Firma *Spreadshirt*, die es jedem Internetnutzer
erlaubt, mit wenigen Mausklicks sein eigenes T-Shirt zu gestalten, zu beschriften und auch gleich zu bestellen. Mit dieser
Idee hat der Unternehmer Lukasz Gadowski in vier Jahren 200
Arbeitsplätze geschaffen. Mit anderen Worten, sein Laden ist
fantastisch angelaufen – und das Pranger-Urteil von Delaware
eröffnete noch einmal neue Perspektiven: Gerichtsdiener, die
sich noch während der Urteilsverkündung bei spreadshirt.net
einloggen, den Richterspruch in die Bestellmaske eintippen
und schon wenige Tage später ein Päckchen aus Leipzig erhal-
ten, sind nun ohne Weiteres vorstellbar.

Aber das ist natürlich nicht alles. Der verurteilte Russell T.
wurde im Januar 2007 entlassen – und man kann sich denken, dass er sich nahtlos in jene T-Shirt-Bekennerkultur ein-
fügte, mit der sich Menschen jeden Alters und Geschlechts
als »Flankengott«, »Zicke« oder »Pornostar« outen. Sehen die
Träger dies aber – Staatsanwälte aufgepasst – als »einzigartige

Möglichkeit, ihre Mitmenschen wissen zu lassen, dass sie ein Flankengott oder ein Pornostar sind«? Eher nicht. In seinem Glauben an die ungebrochene Verbindung von Zeichen und Bezeichnetem (was auf einem T-Shirt draufsteht, muss auch drin sein) wirkt das Urteil beinahe rührend. In Wirklichkeit wurde Russell T., der bei seiner Freilassung 69 Jahre alt war, mit dem neuen Spruch auf seiner Brust wohl zum coolsten Opa von Delaware. Insbesondere auf minderjährige Mädchen könnte das Flirren von Bedeutungen, das ihn plötzlich umgab, eine geradezu magische Wirkung entfaltet haben – was man auch darin sieht, dass man T-Shirts und sogar Boxershorts mit dem Aufdruck »Registered Sex Offender« bald danach schon im Internet kaufen konnte.

Die ewige Prinzipienfrage, welche Art von T-Shirt-Aufdruck für den modebewussten Menschen noch tragbar ist, gerät damit endgültig in ein unlösbares Dilemma. Selbst wer Spaß-T-Shirts wie »Bier formte diesen schönen Körper« nicht einmal mit der Beißzange anfassen würde, hing möglicherweise doch der Schule an, das konsequente Tragen zufällig abgestaubter Gratis- und Promo-T-Shirts ergebe als Langzeiteffekt ein Statement lässiger modischer Indifferenz. Nach dieser Philosophie lebte auch der Kolumnist ungefähr die letzten 15 Jahre lang, bis er einmal ein Fotoalbum dieser Jahre betrachtete und feststellen musste, dass er wirklich auf jedem einzelnen Foto scheiße aussah. Seitdem kann er keinen Buchstaben, kein Logo und keine Grafik, ja nicht einmal mehr einen Hauch von Farbe auf Brust oder Rücken ertragen. Selbst das hübsche blau-gelbe »Borat«-Shirt, das einen Filmstart unterstützen sollte und Ende 2006 in der Post war – es ging nicht mehr.

Kann man über die dritte oder vierte Metaebene vielleicht noch entkommen? »Was auf T-Shirts steht ist immer falsch«, steht zum Beispiel auf einem T-Shirt, das man über spreadshirt. net kaufen kann. Sicherlich ein faszinierendes Paradoxon, aber leider auch von begrenzter Durchschlagskraft. Das Statement »Sexualstraftäter« dagegen, in Verbindung mit der Tatsache, wirklich ein solcher zu sein, kann man drehen und wenden, wie man will: Es ist wohl nicht mehr zu toppen. Es ist das Ende des T-Shirt-Spruchs. Danach bleibt nur noch der Geist von Marlon Brando und James Dean – es bleibt nur die Farbe Weiß. (T.K.)

Das Prinzip Todesstrafe

Der Mann, der am Samstag, 27. Januar 2006, hingerichtet wurde, hieß Marvin Bieghler und hatte zuvor 22 Jahre lang in einer
Todeszelle im US-Staat Indiana gesessen. Er war der 1008. Mör-
der, der seit 1976 in den USA hingerichtet wurde. Seine letzte
Mahlzeit waren Shrimps, Pilze, ein »New York strip steak«, eine
Hühnerbrust, gebackene Kartoffeln, Salat und ein 7up-Soft-
drink. Seine letzten Worte waren: »Bringen wir's hinter uns.«
Nach den spärlichen Informationen, die man sonst über ihn
findet, ist nichts an seinem Fall sehr außergewöhnlich oder
bemerkenswert. Alle Gerichte, die über ihn urteilten, sahen
es als erwiesen an, dass er Drogendealer war, mit Marihuana
handelte und 1981 einen Komplizen und dessen schwangere
Frau erschossen hat, weil er die beiden für Verräter hielt. Ob er
seine Tat zuzugeben, bereut, um Vergebung gebeten oder zu
Gott gefunden hat, ist aus den Quellen nicht zu erfahren.

Sehr wahrscheinlich ist dieser Text auch der einzige Ort, wo Sie
je von Marvin Bieghler und seinem Schicksal hören werden.
Sein Fall, der der Website von Amnesty International nur eine
winzige Meldung wert war, steht damit in überwältigendem
Kontrast zu einem Todeskandidaten wie Stanley »Tookie« Williams, dessen Hinrichtung am 13. Dezember 2005 auf allen
Fernsehkanälen gemeldet wurde und auf vielen Titelseiten
die Hauptnachricht war. Williams hatte viele Dinge zu bieten, die Bieghler fehlen: eine aufregende Vergangenheit als
Bandengründer, eine zweifelhafte Verurteilung, eine dramatische Wandlung zum Friedensaktivisten und Kinderbuch-
autor, Literatur- und Nobelpreisnominierungen, ein eigenes
TV-Movie und eine weltweite Fangemeinde. Bieghler dagegen
fehlten selbst die Attribute Alter und Gebrechlichkeit – zwei
Dinge, die dem Todeskandidaten Clarence Ray Allen ungefähr
zur selben Zeit immerhin zu der Meldung »Schwarzenegger
verweigert blindem Greis die Gnade« verhalfen.

Was soll's?, könnte man hier sagen – so funktioniert nun einmal die Mediengesellschaft, und wenn ein Todeskandidat unser Mitleid will, dann sollte er schon selbst etwas dafür tun – zum Beispiel spektakulär bereuen. Aber so einfach ist es nicht. Die Gegnerschaft gegen die Todesstrafe gehört zu den wenigen Dingen, die echte Prinzipientreue erfordern. Kein Mensch hat es verdient, so lautet der Grundsatz, für seine Verbrechen von Staats wegen hingerichtet zu werden. Wenn dieser Grundsatz gewahrt bleiben soll, muss es vollkommen gleichgültig sein, wie banal, brutal oder unverständlich die Tat eines Verurteilten war, ob er im Gefängnis ein tiefreligiöser Mensch geworden ist, den Opfern höhnisch ins Gesicht lacht – oder gänzlich unspektakulär und teilnahmslos dahinvegetiert. Damit das Prinzip funktioniert, darf ein Gegner der Todesstrafe keinerlei Unterschiede machen – sonst verfällt er schon der Logik der Henker. Denn wer sagt, Stanley Williams habe den Tod nun wirklich nicht verdient – sagt der implizit nicht auch, Marvin Bieghler sterbe vielleicht doch nicht ganz zu Unrecht?

Der Kampf nur für besonders reuige, gebrechliche oder umstrittene Todeskandidaten mag auf den ersten Blick sinnvoll erscheinen, weil er Aufmerksamkeit auf die richtige Sache lenkt. Auf den zweiten Blick entpuppt er sich aber als eine populistische und letztlich kontraproduktive Strategie, weil man damit in eine Argumentationsfalle tappt, die auch der Film *Dead Man Walking*, seinerzeit als Statement gegen die Todesstrafe gefeiert, ungewollt vorgeführt hat. Die Gegenseite nämlich kann immer argumentieren, erst das Bewusstsein des nahen Todes habe einen Mann wie Williams zum Vorkämpfer gegen Bandengewalt gemacht: ein schöner Beweis für ihre Theorie, dass die Todeszelle eben doch einen läuternden Effekt haben kann – von dramatischen Konversionen bei Tätern, die nur lebenslänglich einsitzen, hört man schließlich weniger.

Diesem höchst komplexen Problemfeld entkommt man nur durch einen einfachen Vorsatz: Es gilt, um jeden Hingerichteten prinzipiell gleichermaßen zu trauern – auch wenn er nur ein ganz normaler, rachsüchtiger kleiner Dealer wie Marvin Bieghler war. (T.K.)

Danksagung

Die Autoren danken: Frank Müller für die
Betreuung der *Prinzip*-Kolumne im *SZ-Magazin*;
Dominik Wichmann für die Idee;
Rudolf Spindler, Angela Kesselring, Oliver Landgraf
und Isolde Durchholz für die Gestaltung des Buches.
Vor allem aber Stefanie & Nicolas
und Regine & Greta für ihre Geduld an den
Montagen der Textabgabe.

Gewissensfragen

Mit Witz und Tiefgang beantwortet
Dr. Dr. Rainer Erlinger jede Woche
im SZ-Magazin Leserfragen
zu moralischen Alltagsproblemen.
Seine beliebte Kolumne gibt es
nun endlich als Buch.
256 Seiten,
Hardcover mit Schutzumschlag
12,80 € (D) / 13,30 € (A) / SFr 23,30
ISBN: 978-3-86615-224-3

Lexikon des frühen 21. Jahrhunderts

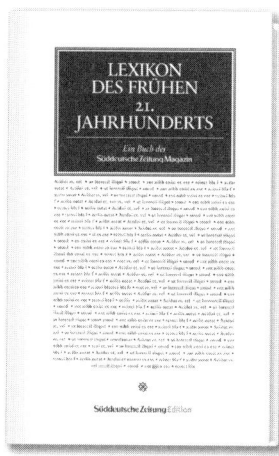

Jede Epoche prägt seine eigenen
Begriffe. Manche graben sich
tief ein, andere verschwinden
wieder aus dem Sprachgebrauch.
Von „Arschgeweih" bis „zeit-
nah" – das Lexikon erklärt all die
Begriffe, die nötig sind, um die
Gegenwart zu verstehen.
240 Seiten,
Hardcover mit Schutzumschlag
und Lesebändchen
18,– € (D) / 18,50 € (A) / SFr 31,90
ISBN: 978-3-86615-222-9